粮经作物机械化技术及装备

◎ 杨立国　李小龙　主编

LIANGJING ZUOWU JIXIEHUA JISHU JI ZHUANGBEI

中国农业科学技术出版社

图书在版编目（CIP）数据

现代农业机械化技术．粮经作物机械化技术及装备 / 杨立国，李小龙主编．— 北京：中国农业科学技术出版社，2020.1
ISBN 978-7-5116-4247-9

Ⅰ．①现… Ⅱ．①杨立国 ②李… Ⅲ．①粮食作物 – 农业机械化 ②经济作物 – 农业机械化 Ⅳ．① S23

中国版本图书馆 CIP 数据核字（2019）第 117609 号

责任编辑　褚　怡　穆玉红
责任校对　贾海霞

出 版 者　中国农业科学技术出版社
北京市中关村南大街 12 号　邮编：100081
电　　话　（010）82109707 82106626（编辑室）（010）82109702（发行部）
（010）82109709（读者服务部）
传　　真　（010）82106626
网　　址　http://www.castp.cn
发　　行　各地新华书店
印 刷 者　北京富泰印刷有限责任公司
开　　本　710 mm × 1 000 mm　1 /16
印　　张　17
字　　数　320 千字
版　　次　2020 年 1 月第 1 版　2020 年 1 月第 1 次印刷
定　　价　69.00 元

《粮经作物机械化技术及装备》

编　委　会

主　　任　杨立国

副 主 任　秦　贵　宫少俊　张京开　李小龙　赵景文
　　　　　张　岚　熊　波

委　　员　张　莉　李治国　禹振军　张艳红　徐岚俊
　　　　　崔　皓　刘　旺　王立成　张武斌　宋爱敏
　　　　　麻志宏　陈建民　郭连兴　秦国成　李珍林
　　　　　方宽伟　王尚君　赵丽霞　马继武　赵铁伦

编写人员

主　　编　杨立国　李小龙

参编人员　（以姓氏笔画为序）

王尚君　乔光明　刘京蕊　刘婷韬　李传友
李志强　李　震　张艳红　张　莉　贾　楠
滕　飞

前　言

农业机械化是实施乡村振兴战略的重要支撑，没有农业机械化就没有农业农村现代化。习近平总书记指出，要大力推进农业机械化、智能化，给农业现代化插上科技的翅膀。

改革开放40年来，我国的农业机械化伴随着社会的发展取得了长足进步，为保障粮食安全、促进农业产业结构调整、加快农业劳动力转移、发展农业规模经营、发展农村经济、增加农民收入等方面提供了有力的支撑。

为进一步提高我国的农业农村机械化水平，更好的服务乡村振兴战略和美丽乡村建设，提升现代农业发展的高精尖水平。在北京市农业农村局的指导下，北京市农业机械试验鉴定推广站组织编写了《现代农业机械化技术》系列丛书。本丛书涵盖了农业产业和农村发展亟需的粮经、蔬菜、养殖、生态、农机鉴定和社会化服务组织管理六大方面农机化专业知识，在编写中注重“融合、支撑、创新、服务”理念和“生产、生态、生活、示范”功能，以全面服务农机科研主体、农机生产主体、农机推广主体、农机应用主体为目标，用通俗易懂的语言、形象直观的图片、实用新型的技术以及最新的科技成果展示，力求形成一套图文并茂、好学易懂、易于实践的技术手册和工具书，为广大农民和农机科研、推广等从业者提供学习和参考资料。

目　录

CONTENTS

第一章　耕整地机械化技术……………………………………………1
第一节　深松机械化技术……………………………………………………1
第二节　旋耕机械化技术……………………………………………………8
第三节　翻耕机械化技术……………………………………………………15
第四节　起垄机械化技术……………………………………………………23
第二章　栽种机械化技术…………………………………………… 29
第一节　精密播种技术………………………………………………………29
第二节　免耕播种技术………………………………………………………34
第三节　条播技术……………………………………………………………42
第四节　穴播技术……………………………………………………………47
第五节　铺膜播种技术………………………………………………………51
第六节　水稻插秧技术………………………………………………………57
第七节　甘薯移栽技术………………………………………………………64
第三章　施肥与中耕机械化技术………………………………………… 73
第一节　颗粒肥撒布技术……………………………………………………73
第二节　厩肥撒布技术………………………………………………………79
第三节　液态有机肥撒布技术………………………………………………84
第四节　种肥施用技术………………………………………………………89
第五节　中耕追肥技术………………………………………………………95
第六节　中耕除草技术……………………………………………… 103
第七节　中耕开沟培土技术………………………………………… 108
第四章　高效植保机械化技术………………………………………… 115
第一节　喷雾技术…………………………………………………… 115

第二节　喷粉喷粒技术…………………………………………………… 128
第三节　烟雾技术……………………………………………………… 131
第四节　静电喷雾技术………………………………………………… 135
第五节　土壤消毒技术………………………………………………… 138

第五章　灌溉机械化技术………………………………………… 142
第一节　水泵…………………………………………………………… 142
第二节　水质净化技术………………………………………………… 146
第三节　灌溉技术……………………………………………………… 153
第四节　肥液注入技术………………………………………………… 167

第六章　收获机械化技术………………………………………… 173
第一节　谷物收获机械化技术………………………………………… 173
第二节　玉米收获技术………………………………………………… 187
第三节　根茎类收获技术……………………………………………… 196
第四节　花生收获机械化技术………………………………………… 200

第七章　产后加工机械化技术…………………………………… 208
第一节　脱粒机械化技术……………………………………………… 208
第二节　谷物清选机械化技术………………………………………… 211
第三节　谷物干燥机械化技术………………………………………… 215

第八章　农机信息化技术………………………………………… 218
第一节　作业管理系统………………………………………………… 218
第二节　定位导航技术………………………………………………… 225
第三节　信息采集技术………………………………………………… 236
第四节　作业质量监测技术…………………………………………… 242

参考文献…………………………………………………………… 258

第一章 耕整地机械化技术

第一节 深松机械化技术

一、技术内容

土壤深松技术在国内外的应用较广泛。所谓深松，一般是指超过正常犁耕深度的松土作业。它可以破坏坚硬的犁底层，加深耕作层，增加土壤的透气性和透水性，改善作物根系生长环境。进行深松时，由于只松土而不翻土，不仅能使坚硬的犁底层得到疏松，而且能使耕作层的肥力和水分得到保持。因此，深松技术可以大幅增加作物的产量，尤其是深根系作物的产量，是一项重要的增产技术。

二、装备配套

（一）设备分类

深松按作业性质可以分为全方位深松和局部深松两种作业方式。局部深松机主要有以下几种类型：凿铲式、翼铲式和振动式等，凿铲式、翼铲式是不同深松铲形式，振动深松根据振动动力源的不同可分为强迫振动式和自激振动式。

（二）机具结构及工作原理

1. 全方位深松机

全方位深松（图 1-1）是利用深松铲进行全面松土并打破犁底层的作业，一般从土壤中切出梯形截面土垡并铺放回田中，创造出适于作物生长的“上虚下实、左右松紧相间及紧层下部有鼠道”的土壤结构，有利于通水透气、积蓄雨水，改善耕层土壤特性。但全方位深松对土壤的扰动量较大，存在较大的水分蒸发量。

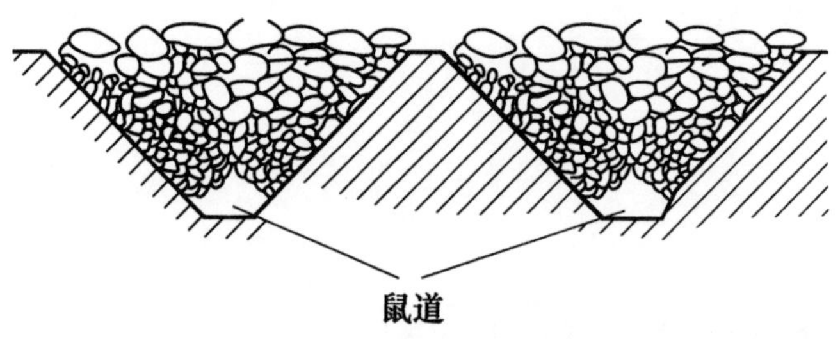

图 1–1　全方位深松土壤结构

全方位深松机（图 1–2）的深松铲主要是由左右对称的连接板、侧刀及底刀组成的梯形框架，使土壤受剪切、弯曲、拉伸等作用而松碎，并且不会对深松铲底部及侧边的土壤进行挤压。深松区域较大、碎土性能好，并保持表层秸秆、残茬的覆盖，可减少土壤的风蚀、水蚀。

全方位深松机工作原理完全不同于凿式深松机，它不仅能使 50 厘米深度内的土层得到高效的松碎，显著改善黏重土壤的透水能力，而且能在底部形成“鼠道”，但其深松比阻却小于犁耕比阻。

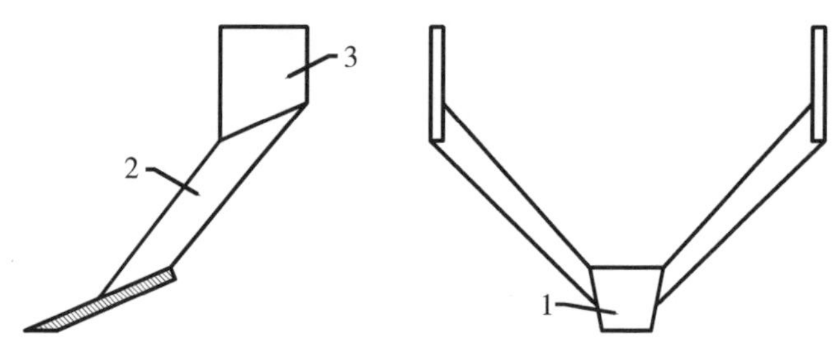

1 底刀　2 侧刀　3 垂直连接板

图 1–2　全方位深松部件

2. 局部深松机

局部深松是利用深松铲进行松土作业，实现疏松土壤，打破犁底层，增加蓄水量，不翻转土壤的保护性耕作方式。通常深松铲的耕深比深松犁的耕深大，并且其铲柄的宽度比深松犁的窄，深松铲的通过性能好，对土壤的扰动相对较小。

局部深松机主要由机架和深松铲组成，相邻两深松铲的间距可调。

（三）功能特点

1. 全方位深松机

全方位深松机采用梯形框架式工作部件对土壤进行高效率的深松，并可在松土层底部形成“鼠洞”。与传统的凿式深松铲相比，全方位深松比阻较铧式犁的耕翻比阻至少小 35%，全方位深松作业耗油 0.7L/ 亩左右。全方位深松机是一种节能、高效的土壤深松机具（图 1–3、图 1–4）。

图 1–3　1SQ–250 型全方位深松机

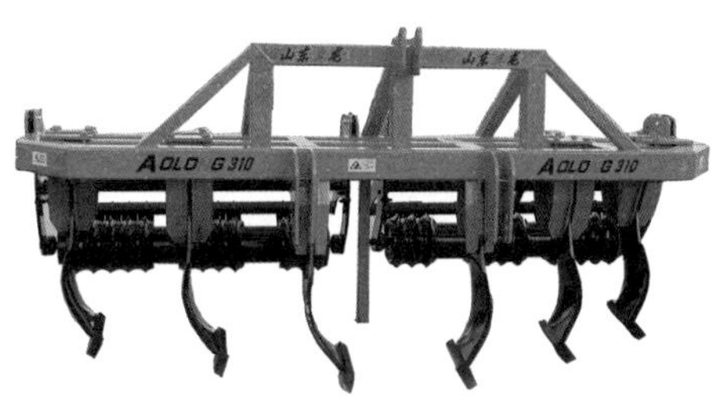

图 1–4　1SQ 320 型大铲全方位深松机

新型全方位深松机特点如下。

（1）应用全方位曲面深松铲，不翻动土壤，地表平整，保墒效果好。

（2）铲头前后对称，一端磨损后可以调头使用，延长深松铲的使用寿命。

（3）镇压轮压平地表，不破坏地表，有利于保墒。

（4）深松铲分成前后三排排列，通过性好，不拥堵。

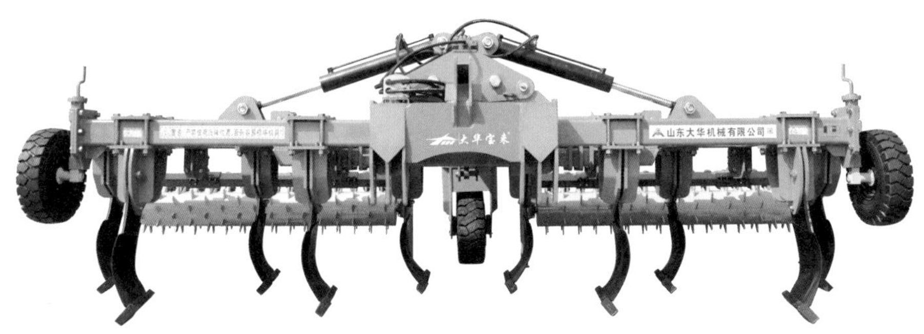

图 1–5　1S–550Z 型折叠式全方位深松机

折叠式深松机（图 1–5）属于全方位式具备单一深松功能的深松机具，“弧面倒梯形”深松铲，扩大对土壤的耕作范围。

折叠式深松机特点如下。

（1）深松铲采用特种弧面倒梯形设计，作业时不打乱土层、不翻土，实现全方位深松，形成贯通作业行的“鼠道”，松后地表平整，保持植被的完整性，经过重型镇压辊镇压提高保墒效果，可最大程度的减少土壤失墒，更利于免耕播种作业。

（2）采用高隙加强铲座和三排梁框架结构，可适用于不同质地及有大量秸秆覆盖的土壤进行作业，避免堵塞，提高机具通过性。单铲可进行 20cm 行距调整，适宜深松深度为 25~50cm。

2. 凿铲式、翼铲式深松机

凿铲式深松机的铲尖为凿形工作部件、翼铲式深松机的铲尖为带侧翼形的工作部件，两种深松机均只松土而不翻土（图 1-6、图 1-7）。

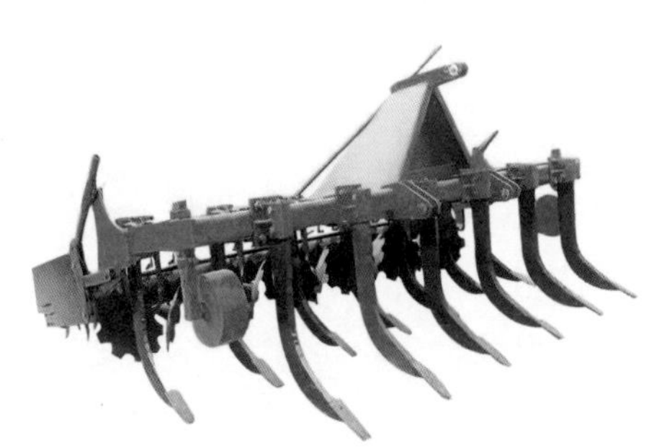

图 1-6 凿铲式深松机

图 1-7 翼铲式深松机

3. 振动式深松机

振动深松可减少牵引阻力，改善拖拉机的牵引性能。强迫振动式深松机是利用拖拉机的动力输出轴作为动力源驱动振动部件，使其按一定频率和振幅振动，减少牵引阻力，但驱动部件易增加拖拉机的功率消耗。自激式振动深松机主要是利用弹性元件使深松部件产生自激振动，可以减少拖拉机动力驱动造成的能耗（图 1-8、图 1-9）。机具上的深松铲依靠偏心轮使之振动，打破土壤板结，从而使土层松散开，不改变土层结构，达到保护性耕作的目的。

其特点如下。

（1）深松作业时遇到硬物深松钩可自动弹起，离开硬物后回落可继续深松作业。

（2）入土阻力小，被动式振动装置能够有效扩大松土范围，并减少作业

图 1-8　1SZL-570 振动深松整地机

图 1-9　振动式深松机

阻力。

4. 深松联合作业机

深松联合作业机（图 1-10）能一次完成两种以上的作业项目。按联合作业的方式不同可分为深松联合耕作机、深松与旋耕、起垄联合作业机及多用组合犁等多种形式。

深松联合耕作机是为适应机械免少耕法的推广和大功率轮式拖拉机发展的需要而设计的，主要适用于我国北方干旱、半干旱地区，以深松为主，兼顾表土松碎、松耙结合的联合作业，既可用于隔年深松破除犁底层，又可用于形成上松下实的熟地全面深松，也可用于草原牧草更新、荒地开垦等其他作业。

（四）械化技术应用范围

深松机械化技术对我国干旱、半干旱土壤的蓄水保墒、渍涝地排水、盐碱地和黏重土的改良及草原更新均具有良好的应用前景。可用于旱作土地打破犁底层、加深耕作层、提高蓄水保墒能力；用于灌溉地节约灌溉用水、改善土壤理化性质；用于缓坡地防止水土流失；用于盐碱地改良；用于涝地排水；用于草原更新。

在常规耕作制中，用来破碎由于长期用铧式犁耕作而在耕层底部形成的坚实土层，有蓄水保墒的功效；在少耕、免耕制中，用以进行深层松土，可不乱土层，并保留残茬覆盖地表，减少水分的蒸发和流失。

全方位深松必须在在秋后进行，局部深松可以秋后或播前秸秆处理后进行灭茬，再进行深松作业；夏季深松作业，宽行作物（玉米）在苗期进行，苗期作业应尽早进行，玉米不应晚于 5 叶期，窄行作物（小麦），在播前进行。但为了保证密植作物株深均匀，应在松后进行耙地等表土作业，或采用带翼深松铲进行下层间隔深松、表层全面深松。

三、操作规范

（一）准备工作

（1）工作前，必须检查各部位的连接螺栓，不得有松动现象。检查各部位润滑脂，不够应及时添加。检查易损件的磨损情况，如有需要应及时更换。

（2）正式作业前要进行深松试作业，调整好深松的深度；检查机车、机具各部件工作情况及作业质量，发现问题及时调整解决，直到符合作业要求。

（3）深松作业是保护性耕作技术内容之一，而保护性耕作地块可能存在秸秆覆盖，根据实际情况，选择是否有防堵功能的深松机，防止深松铲缠绕杂草秸秆等。

（4）根据土质、土壤墒情、深松深度、深松幅宽确定配套拖拉机功率。

（二）操作技术

（1）适合深松的条件。土壤含水量在13%~22%。

（2）深松间隔。深松间隔一般根据垄距决定，垄沟内深松。

（3）深松深度。苗期作业深度，一般为25~30 cm，秋季作业深度为30~40 cm。盐碱地改良排涝作业深度为35~50 cm。并需根据土层厚度等因素综合考虑来确定深松深度。

（4）作业中深松深度、深松间距应该保持一致。

（5）深松后为防止土壤水分的蒸发，应根据土壤墒情确定是否需要镇压。

（6）深松后要求土壤表层平整，以利于后续播种作业以及田间管理。

（7）配套措施。有条件的地区在深松作业中应加施底肥，因为常年免耕，下层土壤养分较少；土壤过于干旱时可以造墒。

（8）保护性耕作主要靠作物根系和蚯蚓等生物松土，但由于作业时机具及人畜对地面的压实，还是有机械松土的必要，特别是新采用保护性耕作的地块，可能有犁底层存在，应先进行一次深松，打破硬底层。在保护性耕作实施初期，土壤的自我疏松能力还不强，深松作业也有必要。根据土壤情况，一般2~3年深松一次，直到土壤具备自我疏松能力，可以不再深松。但有些土壤，可能需要一直定期松动。

（三）维护保养

（1）设备作业一段时间，应进行一次全面检查，发现故障及时修理。

（2）一个作业季完成后，工作部件表面应涂黄油，整机放置在避雨、阴凉、干燥处保管。

（四）注意事项

（1）在干旱少雨时，不利于深松作业，减少墒情损失。

（2）深松机作业后，应该保证不翻动土壤、不乱土层。

（3）深松机工作部件应使土壤底层平整均匀。

（4）机器入土与出土时应缓慢进行，不可强行作业，以免损害机器。

（5）深松机在作业时，未提升机具前机组不得转弯和倒退。

（6）作业时机具上严禁坐人。

四、质量标准

（一）标准

依据 DB11/T299–2005 深松机械作业质量见表 1–1。

表 1–1　深松机械质量指标

序号	项目	质量指标要求
1	入土行程	≤ 1m
2	深松深度	≥ 30cm
3	深松深度变异系数	≤ 10%
4	土壤容重变化率	≥ 5%
5	土壤坚实度变化率	≥ 5%
6	行距一致性	≤ 15%

（二）指标解释

（1）入土行程。从深松机械深松作业时与地面接触的点起，该点与达到规定深度时地面对应点间的直线距离。

（2）深松深度。深松机械达到的作业深度。

（3）深松深度变异系数。在作业区域内，深松深度值的离散程度。

（4）土壤容重变化率。深松后松土层土壤容重的减少量与深松前土壤的容重之比。

（5）土壤坚实度变化率。深松后松土层土壤的坚实度的减少量与深松前土壤的坚实度之比。

（6）行距一致性。邻接行之间的行距变异系数。

第二节　旋耕机械化技术

一、技术内容

旋耕机是一种由动力驱动的以主动旋转刀齿为工作部件，以铣切原理加工土壤的耕作机械。其切土、碎土能力强，能切碎秸秆并使土肥混合均匀，耕后地表平整、土壤细碎松软、土肥掺混均匀，减少拖拉机进地次数，在抢收抢种中能及时完成任务，一次作业能达到犁耙几次的效果，能满足精耕细作的要求，但其功率消耗较大。

二、装备配套

（一）设备分类

旋耕机的种类很多，按其工作部件的运动方式可分为横轴式（卧式）、立轴式（立式）和斜轴式等几种。按动力配置可分为手扶拖拉机用和拖拉机用两种。按动力传输路线可分为中间传动和侧边传动两种。卧式旋耕机的工作部件刀轴呈水平方向配置，根据刀轴的旋转方向不同，卧式旋耕机分为正转旋耕机和逆转旋耕机。立式旋耕机的刀轴呈铅垂配置，多用螺旋形刀齿，其耕地较深，可与铧式犁组合成耕耙犁。手扶拖拉机用旋耕机主要在水田地区、果园和小地块地区使用。

（二）机具结构及工作原理

旋耕机（图 1-10）工作时，刀片由拖拉机动力输出轴驱动做回转运动，是以旋转刀齿为工作部件的驱动型土壤耕作机械，又称旋转耕耘机。

旋耕机主要是由机架、传动系统、旋转刀轴、刀片、耕深调节装置、罩壳等组成。旋耕刀轴由无缝钢管制成，轴的两端焊有轴头，用来和左右支臂连接。轴上焊有刀座或刀盘，刀座按螺旋线排列，焊在刀轴上供安装刀片；刀盘周边有间距相等的孔位，便于根据农业技术要求安装刀片。机架是由中央齿轮箱、左右主梁、侧边传动箱和侧板等组成。旋耕机一般在拖拉机上为偏向右侧悬挂，所以侧边传动箱多配置在左侧，这样两边重量较均衡。传动系统是由拖拉机动力输出轴传来的动力经万向节传给中间齿轮箱，再经侧边传动箱驱动刀轴回转，也有直接由中间齿轮箱驱动刀轴回转的。除此之外，还配有挡泥板和平土板，用来防止泥土飞溅和进一步碎土，也可保护机务人员的安全，改善劳动条件。

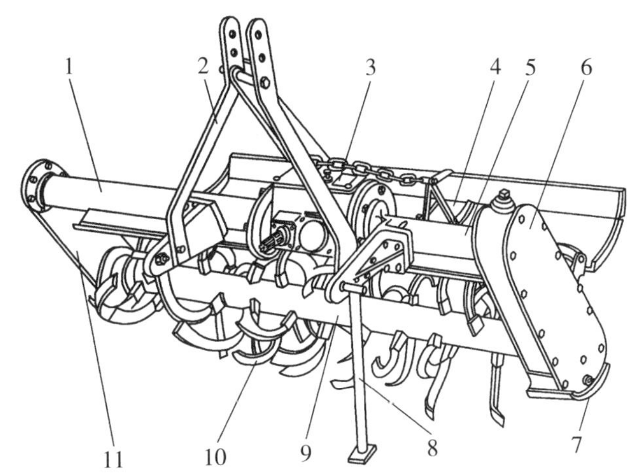

1 右主　2 挂接装置　3 齿轮箱　4 罩壳　5 左主梁　6 传动箱　7 防磨板
8 支撑杆　9　刀轴　10 刀片　11 右支臂

图 1–10　旋耕机的构造

（三）功能特点

1. 卧式旋耕机

横轴式（卧式）旋耕机（图 1–11）有较强的碎土能力，一次作业就能使土壤细碎，土肥掺和均匀，地面平整，达到旱地播种或水田栽插的要求，有利于争取农时，提高工效，并能充分利用拖拉机的功率。但对残茬、杂草的覆盖能力较差，耕深较浅（旱耕 12~16cm，水耕 14~18cm），能量消耗较大。重型横轴式旋耕机的耕深可达 20~25cm。

工作部件包括旋耕刀辊和按多头螺线均匀配置的若干把切刀片，由拖拉机动力输出轴通过传动装置驱动，常用转速为 190~280r/min。刀辊的旋转方向通常与拖拉机轮子转动的方向一致。切土刀片由前向后切削土层，并将土块向后上方抛到罩壳和拖板上，使之进一步破碎。刀辊切土和抛土时，土壤对刀辊的反作用力有助于推动机组前进，有时甚至刀辊会推动机组前进。

在与 15kW 以下拖拉机配套时，一般采用直接连接，不用万向节传动；与 15kW 以上拖拉机配套时，则采用三点悬挂式、万向节传动；重型旋耕机一般采用牵引式。

耕深由拖板或限深轮控制和调节。拖板设在刀辊的后面，兼起碎土和平整作用；限深轮则设在刀辊的前方。刀辊最后一级传动装置的配置方式有侧边传动和中央传动两种。侧边传动多用于耕幅较小的偏置式旋耕机。中央传动用于耕幅较大的旋耕机，机器的对称性好，整机受力均匀；但传动箱下面的一条地带由于切土刀片达不到而形成漏耕，常在中间位置配备深松机具或犁体。

图 1-11　卧式旋耕机

图 1-12　微型旋耕机

微型旋耕松土机（图 1-12）是根据丘陵、山区地块小、高差大，又无机耕道而设计的。适合沙质地、经济作物种植的松土、中耕和除草。广泛适用于田间耕作，开沟筑垄，塑料大棚、烟草、苗圃、果园、菜园的管理，茶叶等种植作业。

重量轻，体积小，结构简单，操作方便，可用于大姜、大葱、土豆等经济作物该设备种植开沟、培土和温室大棚种植瓜果、蔬菜等作物旋耕、开沟等。可以将果树下面的硬土进行松化，便于施肥。可以快速便捷的完成作业，替代劳累繁重的传统耕作方式。

2. 立式旋耕机

立式旋耕机（图 1-13）的刀齿或刀片绕立轴旋转。工作部件由两个钉齿构成倒置 U 形的转子。多个转子横向排列成一排。两个相邻的转子由两个齿轮直接啮合驱动，因此，每个转子与左、右相邻转子的旋转方向相反。

图 1-13　立式旋耕机

转子在安装时，相邻转子的倒置 U 形平面均互相垂直，故不会干扰，并使相邻钉齿的活动范围有较大的重叠量以防止漏耕。工作时，钉齿旋转破碎土壤。

3. 反转旋耕机

前述的卧式旋耕机刀辊都是属于正转方向的，即刀辊与拖拉机驱动轮转动方向一致。缺点是功耗过高、耕深较浅、覆盖不严密等，若加大旋耕机作用力，可能会发生旋耕机推拖拉机的现象，产生“寄生功率”，导致拖拉机传动系统发热、减少机件寿命，此外耕深也不一致。

采用反转的旋耕机在同样的条件下，切削土壤速度可以适当提高，对碎土有利。由于弯刀在切削过程中是由下往上，每次切削时其土垡厚度由小到大，逐渐增加，因此冲击小，工作平稳，沟底不平度也较小。此外，反转旋耕机的构造基本上与卧式正转旋耕机相似，但刀辊转向与拖拉机驱动轮转向相反。由于系反向切削，在水平方向上增加了拖拉机的牵引阻力，此外是向前方抛土，易引起 2 次旋耕问题，功耗也相应增加，这些是反转旋耕机的不足之处（图 1–14）。

图 1–14　反转式旋耕机

4. 立式耕耙犁

立式耕耙犁（图 1–15）是一种耕耙联合作业机具。它可以适当弥补犁碎土差、旋耕机耕深浅的不足，能将耕、耙（实际上是旋耕）一次完成。

耕耙犁是在原有悬挂犁的基础上，截去犁翼装上立式刀辊而成。通常犁架上所装的万向节轴及主传动轴经过主传动箱、分传动箱等将动力传至立式刀辊，使刀辊作顺时针方向转动（从上往下看）。工作时，犁体曲面将土垡升起，垡片向右悬空翻转时，刀辊上刀片在垡片背面作水平切削，并将切碎的土块抛向右侧犁沟内，从而达到翻、碎土的目的。

图 1–15　立式耕耙犁

5. 复式作业机械

为提高作业效率，旋耕通常与其他作业一次性完成复式作业，如深松旋耕、旋耕镇压、旋耕施肥播种等。

（1）旋耕施肥播种机。

在中间传动的卧式旋耕播种机（图 1–16）上，加装施用颗粒（或粉状）化肥的装置，在旋耕碎土的同时可完成播种、施肥作业。播种、施肥的动力分别由旋耕机两侧地轮驱动。播种量和施肥量可分别调整。复式作业机械对抢农时、减少压实土壤次数、减少作业成本均十分有利。

（2）旋耕镇压。

旋耕镇压联合作业机是在旋耕机上附装镇压滚组成。镇压滚与旋耕机刚性连接，镇压滚高度可调。工作中镇压滚还起到限制旋耕深度的作用（图 1–17）。

图 1–16　旋耕施肥播种机

图 1–17　旋耕轧滚机

（四）应用范围

旋耕机能一次完成耕耙作业。其工作特点是碎土能力强，耕后的表土细碎，地面平整，土肥掺和均匀。

卧式旋耕机具有较强的碎土能力，一次作业即能使土壤达到旱地播种或水田栽插的要求，主要用于水稻田和蔬菜地，也可用于果园中耕。重型横轴式旋耕机多用于开垦灌木地、沼泽地和草荒地的耕作。

立式旋耕机可以进行深耕，一般都能达到 30~35cm，较深的能达到 40~50cm，而且可使整个耕层土壤疏松细碎，但前进速度较慢，适用于稻田水耕，有较强的碎土、起浆作用，但覆盖性能差。

中间传动型旋耕机的动力经旋耕机动力传动系统分为左右两侧，驱动旋耕机左右刀轴旋转作业。结构简单，整机刚性好，左右对称，受力平衡，工作可靠，操作方便。

侧边传动型旋耕机的动力经旋耕机动力传动系统从侧边直接驱动旋耕刀轴旋转作业。结构较复杂，使用要求较高，但适应土壤、植被能力强，尤其适于水田旋耕作业。

切土刀片可分为凿形刀、弯刀、直角刀和弧形刀。凿形刀前端较窄，有较好的入土能力，能量消耗小，但易缠草，多用于杂草少的菜园和庭院。弯刀的弯曲刃口有滑切作用，易切断草根而不缠草，适于水稻田耕作。直角刀具有垂直和水平切刃，刀身较宽，刚性好，容易制造，但入土性能较差。弧形刀的强度大，刚性好，滑切作用效果好，通常用于重型旋耕机上。

二、操作规范

（一）准备工作

（1）使用前应检查各部件，尤其要检查旋耕刀是否装反和固定螺栓及万向节锁销是否牢靠，确认稳妥后方可使用。检查旋耕机时，必须先切断动力。更换刀片等旋转零件时，必须将拖拉机熄火。

（2）拖拉机启动前，应将旋耕机离合器手柄拨到分离位置。要在提升状态下接合动力，待旋耕机达到预定转速后，机组方可起步，并将旋耕机缓慢降下，使旋耕刀入土。严禁在旋耕刀入土情况下直接起步，以防旋耕刀及相关部件损坏。严禁急速下降旋耕机，旋耕刀入土后严禁倒退和转弯。

（二）操作技术

1. 耕深调整

轮式拖拉机配套的旋耕机一般耕深由拖拉机液压系统的位调节方式控制，或在旋耕机上安装限深滑板控制。手扶拖拉机配用的旋耕机，耕深通过改变尾轮的高低位置调节。

2. 水平调整

三点悬挂的旋耕机，左右水平用拖拉机右提升拉杆调节，前后水平用上拉杆调节。

3. 提升高度的调整

旋耕机在传动状态下的提升高度，与万向节倾斜角度不得超过 30°，不能提升过高，以免损坏万向节，一般使刀片离开地面 20 cm。

4. 碎土性能的调整

旋耕机的碎土性能与机组的前进速度和刀轴的转速有关。刀轴转速一定时，增大前进速度则土块变小，反之土块变大；此外调整拖板的高低，也能影响碎土性能及平地效果。

（三）维护保养

每个班次作业后，应对旋耕机进行保养。清除刀片上的泥土和杂草，检查各连接件紧固情况，向各润滑油点加注润滑油，并向万向节处加注黄油，以防加重磨损。一个作业季完成后，整机放置在避雨、阴凉、干燥处保管。

（四）注意事项

（1）作业开始，应将旋耕机处于提升状态，先结合动力输出轴，使刀轴转速增至额定转速，然后下降旋耕机，使刀片逐渐入土至所需深度。严禁刀片入土后再结合动力输出轴或急剧下降旋耕机，以免造成刀片弯曲或折断和加重拖拉机的负荷。

（2）在作业中，应尽量低速慢行，这样既可保证作业质量，使土块细碎，又可减轻机件的磨损。要注意倾听旋耕机是否有杂音或金属敲击音，并观察碎土、耕深情况。如有异常应立即停机进行检查，排除后方可继续作业。

（3）在地头转弯时，禁止作业，应将旋耕机升起，使刀片离开地面，并减小拖拉机油门，以免损坏刀片。

（4）在倒车、过田埂和转移地块时，应将旋耕机提升到最高位置，并切断动力，以免损坏机件。如向远处转移，要用锁定装置将旋耕机固定好。

（5）旋耕机运转时人严禁接近旋转部件，旋耕机后面也不得有人，以防刀片甩出伤人。

四、质量标准

（一）标准

依据 NY/T499-2002 旋耕机作业质量见表 1-2。

表 1-2　旋耕机作业质量指标

序号	项　目		质量指标要求
1	旋耕层深度合格率		≥ 85%
2	碎土率	土壤质地为壤土，绝对含水量 15%~25%，在可耕条件下	≥ 60%
		土壤质地为黏土，绝对含水量 15%~25%，在可耕条件下	≥ 50%
		土壤质地为沙土，绝对含水量 15%~25%，在可耕条件下	≥ 80%
3	耕后地表平整度		≤ 5cm

（二）指标解释

（1）旋耕层深度合格率。旋耕机作业后土壤耕作层上表面到耕作层底部的高度（应根据地块土壤墒情及当地农艺要求确定，一般为 12~16cm，误差≤ 2cm），测量合格点数占总测量点数的百分比。

（2）碎土率。最长边小于 4cm 的土块质量占取样点土壤总质量的百分比。

（3）耕后地表平整度。旋耕机作业后在地表面会留下高低不平的痕迹。表述其特征的术语叫地表平整度。

第三节 翻耕机械化技术

一、技术内容

翻耕是使用犁等农具将土垡铲起、松碎并翻转的一种土壤耕作方法。中国约在 2 000 多年前就已开始使用带犁壁的犁翻耕土地。翻耕是指把土地进行铲起、打散、疏通，把土地变得平整松散，翻耕可以让种子在土壤中得到呼吸和容易生长，翻耕也是中国南北方惯用了几千年的耕种方法，也是南北方唯一统一的耕种方法。

翻耕是种植前对土壤进行的一系列耕作准备工作。耕作有利于土壤形成团粒结构，增加土壤渗透性和持水性，使土壤通气良好，利于根系下扎，减少表面侵蚀，提高土壤耐践踏能力。耕作时要注意土壤的含水量，土壤过湿或太干都会破坏土壤的结构。看土壤水分含量是否适于耕作，可用手紧握一小把土，然后用大拇指使之破碎，如果土块易于破碎，则说明适宜耕作。土太干会很难破碎，太湿则会在压力下形成泥条。

翻耕可促进土壤风化，提高土壤活力。一般翻耕深度要求 25~30 cm。但在多雨地区，也不能翻耕过深，导致土壤蓄水过多，致使播期已到，土壤泥泞，一则容易延误播期，二则也易为软腐病创造发展条件。反之，如果年年浅耕，又难以提高土壤肥力。另外，深耕虽可改良土壤结构，促进根系发育，但是某些作物例如小麦是浅根系作物，根系密集层在地表下 0~20cm，所以也不能认为土壤翻耕得愈深，根系下扎得愈多，效果就愈好。深耕和根系纵深发展度，也只是相对而言的。为了防止耕度过深，引起土壤蓄水过多的弊害，那就要用冬深、夏浅、错综结合互相交替方法。那就是在干旱冬季，深耕晒垡，加厚土壤熟化层，改善土壤耕作质量，直接为春季作物，间接为秋季作物奠定地力基础。多雨夏季，夏粮收获后播种前，再进行一次浅耕，年年如此轮流，既可收深耕之利，又可避免深耕之弊。

同时，翻耕还要与基肥施用相结合，在翻耕前要求基肥细碎，铺撒得又厚薄一致，翻耕后土肥才能融合均匀，要注意细犁、密犁，犁底层高低一致。这样从耕作之日起，就注意到防止将来产生大小株的差异。耕后要耙平疏松，土粒细碎，防止出现大块坷垃，坷垃大、籽粒小，种子埋入坷垃下层，就会影响出土，造成缺苗。土壤形成坷垃的原因，除与土壤沙、黏结构有关外，也应密切注意翻耕时土壤水分含量。土壤水分少，地面干硬，容易出现硬块，土壤水分含量过多，翻耕时一经搅动，便成泥浆，泥浆一干，硬度更大，耙地时就不能耕碎耕细。因此，在翻耕时要求土壤含水量在 10%~25%。

二、装备配套

目前所使用的犁，由于其工作原理的不同，主要分为铧式犁、圆盘犁和凿形犁。铧式犁应用历史最长，技术最为成熟，作业范围最广。铧式犁是通过犁体曲面对土壤的切削、碎土和翻扣实现耕地作业的。圆盘犁是以球面圆盘作为工作部件的耕作机械，它依靠其重量强制入土，入土性能比铧式犁差，土壤阻力小，切断杂草能力强，可适用于开荒、黏重土壤作业，但翻垡及覆盖能力较弱，价格较高。凿形犁，又称深松犁，工作部件为一凿齿形深松铲，利用挤压力破碎土壤，深松犁没有翻垡能力。

（一）铧式犁

1. 设备分类

以犁铧为主要工作部件的犁，称为铧式犁。铧式犁按应用对象可分为旱地犁、水田犁、果园犁等；按重量可分为轻型犁和重型犁；按与拖拉机挂接形式（即运输状态下犁的支撑情况），可分为牵引犁、悬挂犁和半悬挂犁。

根据农业生产的不同要求、自然条件变化、动力配备情况等，铧式犁在形式上又派生出一些具有现代特征的新型犁：双向犁、栅条犁、调幅犁、滚子犁、高速犁等。

2. 机具结构及工作原理

铧式犁主要由犁体、犁架、调节机构、牵引装置或挂接装置等部件构成（图

1-18、图 1-19）。为了改善作业质量，有的犁还配有犁刀、覆茬器等辅助工作部件，还有超载安全装置等附件（图 1-20）。

主犁体为铧式犁的核心工作部件，其作用是切割、破碎和翻转土垡和杂草。主要有犁铧、犁壁、犁侧板、犁托和犁柱等组成。

犁壁又叫犁镜，可分为整体式、组合式和栅条式。

图 1-18　铧式犁单体

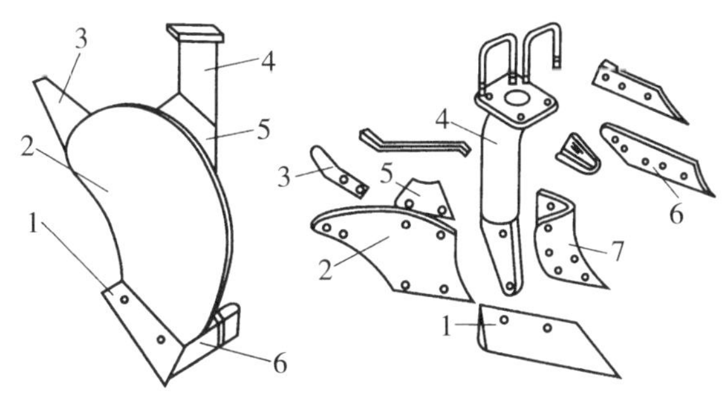

1 犁铧　2 犁壁　3 延长版　4 犁柱　5 滑草板　6 犁侧板　7 犁托

图 1-19　犁体

犁铧又称犁铲，按结构可分为三角铧、梯形铧、凿型铧（也可按三角犁铧、等宽犁铧、不等宽犁铧、带侧舷犁铧分类）。

犁壁和犁铧组成犁体曲面，根据犁体耕翻时土垡运动特点分为滚垡型、窜垡型和滚窜垡型三大类。滚垡型根据其翻土和碎土作用不同又可分为碎土型、通用型和翻土型。

图 1-20　1l-325 型铧式犁

犁刀安装在主犁体和小前犁的前方，其功能是垂直切开土壤和杂草残渣，减轻阻力，减少主犁体胫刃的磨损，保证沟壁整齐，改善覆盖质量。犁刀又分为直犁刀和圆犁刀。圆犁刀主要由圆盘刀片、盘毂、刀柄、刀架和刀轴组成。

心土铲又称深松铲，安装在主犁体的后下方，疏松耕层以下的心土，实现上翻下松。心土铲又分为单翼铲和双翼铲两种，在悬挂犁上心土铲与主犁体固定连接。

北方旱地系列犁的犁体曲面，根据其工作性能可分为熟地型、半螺旋型和螺旋型。熟地型是应用最普通的一种，其犁胸部较陡，翼部扭曲较小，碎土性能好，翻上能力差，适于耕熟地。螺旋型犁体曲面胸部平坦，犁翼长而扭曲程度大，翻土能力强，而碎土作用差，适于开生荒地和黏重、多草、潮湿的土壤。半螺旋型介于二者之间。

（二）栅条犁

犁壁为栅条形的铧式犁（图 1–21）。由于栅条之间有空隙，耕地时可减少土壤与犁壁的接触，因而脱土性能较好，且能减轻犁的工作阻力。适于耕较黏湿的土壤。犁壁多做成可调式。改变调节板位置，即可改变犁体的翻土及碎土性能。栅条犁壁还很容易做成向左右两面翻垡的双向犁。

图 1–21　HRPB7 栅条犁

（三）翻转犁

翻转犁（图 1–22、图 1–23）可以实现双向翻土，也称双向犁。用这种犁耕地，垡片始终向地块的一边翻倒，地表不留沟垄，耕后地表平整，空行程也较普通犁少。因有上述特点，故尽管双向犁的构造比较复杂、重量较大，且难以进行耕耙联合作业，但仍得到很大的发展。目前我国采用较多的翻转犁是在犁架上下装两组不同翻垡方向的犁体，由双联分配器控制犁的升降和犁的翻转。

图 1-22　1LF-535 型液压翻转犁

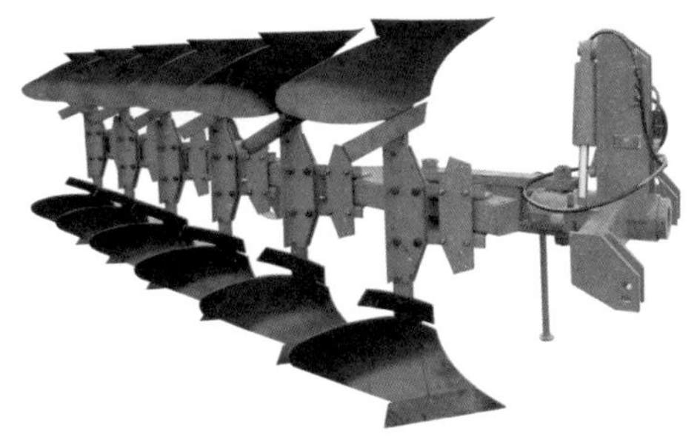

图 1-23　1lft-635 型悬挂调幅翻转犁

翻转犁包括悬挂架、翻转油缸、止回机构、地轮机构、犁架和犁体，通过油缸中活塞杆的伸缩带动犁架上的正反向犁体作垂直翻转运动，交替更换到工作位置；地轮是丝杠调节耕深的一轮两用机构。

该系列产品适用于坡地和秸秆还田地的翻耕作业，能够减少坡田坡度，耕地平整，可进行梭式作业。

（四）圆盘犁

圆盘犁是以球面圆盘作为工作部件的耕作机械，它依靠其重量强制入土，入土性能比铧式犁差，土壤摩擦力小，切断杂草能力强，可适用于开荒、黏重土壤作业，但翻垡及覆盖能力较弱。

它是经济性能较好、切割性能良好的耕作机具之一。它的工作部件是球面圆盘。工作时因圆盘转动，边切土，边松土、碎土、翻土，因为它有锋利的刃口，而且滚动前进，所以切割绿肥茎秆能力强，不易堵塞，适合于纯种绿肥田压青翻耕使用。翻压亩产 2 500kg 以上的绿肥田，无须耕前耙切处理，可直接耕翻，不论是直立型和匍匐蔓生型绿肥茎秆均可均匀被切断分布在耕层中，绿肥和土壤成半埋半掩状态。在较湿、较黏的土壤中工作，不易粘土，在较干硬的土壤中工作，入土性较好，且耕层不留地头，耕不到四角很小。也可在小块地作业。但圆盘犁耕地覆土性能不及铧式犁，容易跑墒，绿肥翻压后必须及时耙地保墒。

1. 单向圆盘犁

该圆盘犁适用于旱作区熟地或荒地的耕翻作业，特别适用于耕翻高产绿肥田及水稻、麦茬的回田。翻土、覆盖质量能满足农业生产技术要求。且有阻力小，操作方便等优点（图 1-24）。

2. 双向圆盘犁

圆盘犁是与拖拉机三点悬挂连接配套，作业时犁片旋转运动，对土壤进行耕翻作业，特别适用于杂草丛生、茎秆直立、土壤比阻较大、土壤中有砖石碎块等复杂农田的耕翻作业。不缠草，不阻塞、不壅土，能够切断作物茎秆、克服土壤中的砖石碎块、工作效率高、作业质量好，调整方便、坚固耐用等特点（图1–25）。

图 1–24　单向圆盘犁

图 1–25　双向圆盘犁

（五）菱形犁

菱形犁体由于犁体曲面的结构尺寸与传统犁不同，明显差别是切下的垡条断面不同。传统犁为矩形，菱形犁则以垡条断面为菱形而得名。菱形犁耕出的垡片断面呈菱形，故称菱形犁（图 1–26）。

传统犁垂直沟壁，翻转时需要的空间较大，且有平行侧压力的犁床，所以两犁体间距较大。而菱形犁体胫刃向左凸出，工作时形成倾斜的沟壁，倾斜沟壁成凹弧面，为翻转下一垡片创造了条件。因此，菱形犁体的纵向间距可以配置的较小，而不致引起垡片和前犁体的干涉。菱形犁体间的纵向间距通常为一般犁体的 2/3。因此适用于大马力拖拉机悬挂多体犁，减少机体总长度和机重，提高机组的纵向稳定性。

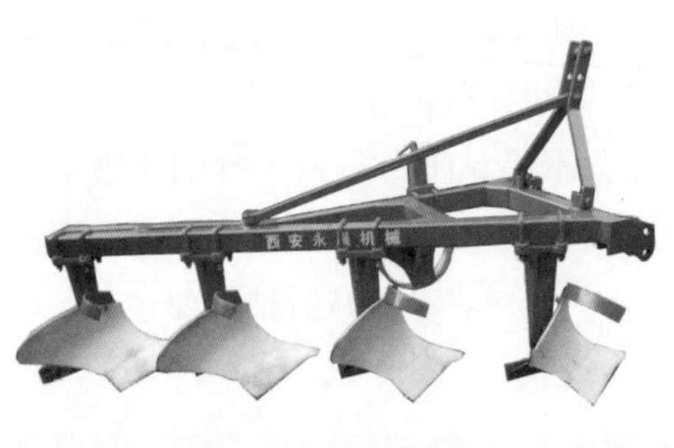

图 1–26　菱形犁

菱形犁的优点很多，突出的是翻垡稳定性好。

（六）滚子犁

为了改善铧式犁翻地时的碎土效果，减小阻力，近年来我国研制了滚子犁。滚子犁类型按每个犁体配置滚子的个数分为：单滚和双滚。其结构原理基本相同。单滚滚子犁，利用滚子代替犁翼部分，将已具有翻转趋势的垡片，用滚子强力撞击拉翻，碎土效果好。双滚犁由于土垡受到两次撞击，碎土效果比单滚好。而且利用滚动摩擦代替滑动摩擦，减小了犁耕阻力。

滚子犁根据动力来源分为驱动型和被动型。驱动型就是滚子由拖拉机的动力输出轴带动旋转。被动型是工作中犁铧的前部将土垡升至犁胸，然后土垡离开犁体撞到滚子上，使滚子产生转动，并使土垡破碎。其脱土性能比铧式犁好。

（七）双面犁

传统犁铧为单面，可以单向耕地，2008 年国内著名专业生产犁铧厂家生产了一种新型双面犁并获得质量技术监督部门认证推广，比起原来的单面犁，双面犁可以双向犁地，用调节杆控制左右方向，可以在左右 45° 角自由旋转，犁的材质采用全钢，比起生铁犁更耐用，犁嘴顶头螺丝更长，代替了原先的短距顶头螺丝，调节盘比起单铧犁加宽了 4 齿厚度加厚 1mm，犁长保持固定距离，使犁整体看起来更加圆润（图 1–27）。

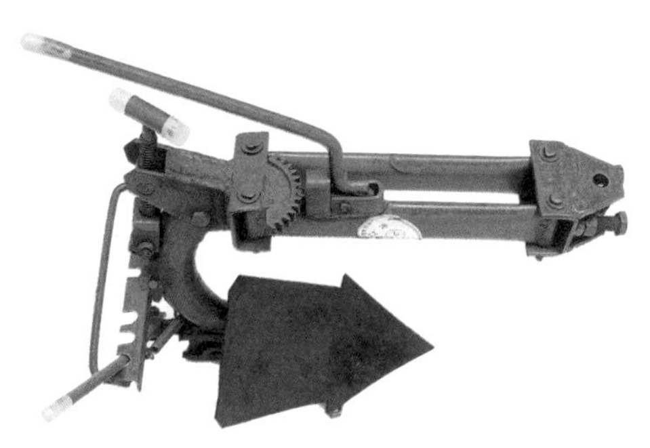

图 1–27　双面犁

三、操作规范

（一）准备工作

1. 做好田间准备

要求条田平整，四边平直，道路通畅。提前勘察作业地块的地形和地表状况，检查土壤墒度，确定最佳作业时间。清除影响机组作业的田间障碍物，如成堆的茎秆、石块、树根等。

2. 检查作业工具

犁壁表面应光滑，犁铲与犁壁接缝处应密接，犁侧板、犁踵无严重磨损和明显变形。犁工作结构的全部埋头螺丝栓必须紧固，不得凸出工作面。各犁体的铲尖应力求在同一平面上，各犁体的铲尖应在同一直线上，犁架应保持水平。

（二）操作技术

（1）翻耕面积大时，可先用机械犁耕，再用圆盘犁耕，最后耙地。首先对坪床土壤进行犁耕，使下层土壤松散。对底土中具有硬盘层（犁底层、粘盘层等）的地方，要用深耕犁地把它们破碎，以提高土壤通透性，并有利于草坪草根系的伸展。但犁过的土壤表面不平，常带有犁沟和垄，因此，必须对坪床进行圆盘犁耕。这样就能将翻动的下层土壤、土块和表层结壳破碎。从而让表层土与下层土充分混合，以改善土壤结构，平整坪床。如果犁耕后有机残留物埋于土中，在工期允许的前提下，可等其腐烂分解后再用圆盘犁；也可捡除这些有机残留物，犁耕后直接圆盘犁地，从而缩短工期。耙地目的是以破碎土块、草垡及表壳来改善土壤的团粒结构，使坪床形成平整的表面，耙地是在上述两项工作完成后立即进行，也可等有机残留物分解完后再进行，主要是用于平整犁耕和圆盘犁耕留下的沟和垄。

（2）翻耕的时间以秋、冬季为好，可以增加土壤的晒垡和冻垡时间，有利于有机质的分解。耕作深度和次数取决于土壤情况。新耕地耕作层浅，为利于草坪草根系的生长，应耕深 20~30 cm，一次耕不到位可分 2~3 次逐渐加深。老坪地或老耕地耕作层较深，土壤结构较好，可适当浅耕，一般为 15~25 cm。

（三）维护保养

每个班次作业后，应对翻耕机具进行保养。清除犁铲上的泥土和杂草，检查各连接件紧固情况，向各润滑油点加注润滑油，以防加重磨损。一个作业季完成后，整机放置在避雨、阴凉、干燥处保管。

（四）注意事项

（1）翻耕作业如翻耕和耙松土壤应在夏季土壤比较干燥的情况下进行。如果土壤全是潮湿的，那么深翻不可能缓解、减轻压实，犁耕后反而会形成一个犁底层，这样就不可能起到疏松土壤和破碎土块的作用。在非常潮湿的年份，翻耕最好延迟到翌年干旱的夏季进行。

（2）带翼的犁更易于对地面进行松动，建议在翻耕时使用，以减轻土壤压实。但是，土下埋的岩石和其他大砾石易损坏犁头，除非翻耕前石头被捡出，否则不宜使用有些形式的犁。犁的间距最好不大于 1.2m，犁的外侧要与拖拉机的轨迹一致。翻耕通常顺着下坡的方向进行，不安全的坡地除外。在垄沟地形，翻耕应横跨地垄，以有助于把水排到沟里。对于有孔隙的土壤材料，犁体最好沿沟地通过，可以促进向下排水。

四、质量标准

（一）标准

依据 NY/T 742–2003 铧式犁作业质量见表 1–3。

表 1–3　铧式犁作业质量指标

项　目	作业质量指标
平均耕深（cm）	≥要求耕深
耕深稳定性变异系数（%）	≤ 10
漏耕率（%）	≤ 2.5
重耕率（%）	≤ 5.0
立垡率（%）	≤ 5.0
回垡率（%）	≤ 5.0

（二）指标解释

（1）耕深。犁耕形成的沟底至未耕地表面的垂直距离。

（2）耕深稳定性变异系数。在作业区域内，耕深值的离散程度。

（3）漏耕率、重耕率。在作业区域内，若犁的实际耕宽大于理论耕宽，则称为漏耕，若犁的实际耕宽小于理论耕宽，则称为重耕。漏耕率和重耕率就是实际漏耕、重耕面积占检测区面积的百分比。

（4）立垡率、回垡率。土垡在翻转后其含植被或残茬表面与沟底夹角小于 90° 者为翻垡，90° ~100° 者为立垡，大于 100° 者为回垡。在检测区内，每个行程中最后一犁垡片的立垡长度和回垡长度占测区总长度的比值。

第四节　起垄机械化技术

一、技术内容

垄作法是一种在东北、华北、西北地区行之有效并沿用至今的防旱防寒耕作法。传统上使用三角犁铧起土成垄，铧过之处成沟，并通过苗期耥地培土，加高垄台。垄作受光面积大，白天可以提高地温 2~3℃，夜晚因散热大，温度降低 1~2℃。利用垄上不同部位播种，可以抗御旱涝灾害，如一般干旱时可耢去垄台上的部分干土，种子播在垄台的湿土上，最干旱时播在沟里。垄作可以减少风蚀，增加产量。

垄的形状与尺寸规格以在作物生长后期田间管理已经结束时垄形的横断面图为准。垄距有大垄与小垄之分。垄沟中有中耕时形成的疏松土。有时为了增加种植密度采用小垄。但垄距缩小，垄的高度不足。为了获得一定高度垄顶变尖，就不保墒，易受冲刷，作物易倒伏。垄台宜宽而平，呈方头垄。垄体的两侧各有一个三角形犁铧耕作不到的非犁铧耕作区，保持紧密的结构，它与耕作垄沟时由于犁铧侧压力形成的紧密部位连接在一起，形成波状封闭的犁底层。垄体斜坡上为疏松的耕作层，厚度为 7 厘米。垄台表面是由中耕耥地（即培土）时所培的覆土，其下为播种前准备的种床。

二、装备配套

（一）起垄犁

开沟起垄机械有垄作犁、开沟作畦机等数种。垄作犁（图 1–28）是垄作地区大量推广使用的一种耕作机具。它是在通用机架上装上两个以上的垄作犁体构成的。犁体由对的犁铧与犁壁、犁柱等组成。耕作时，各个犁体形成沟，两犁之间形成垄。垄作犁可完成平地起垄，原垄地的耕地起垄及破茬起垄作业。开沟作畦机是多易涝地区修筑高畦用的机具，工作部件为带有平土板的对称形开沟犁体。犁体入土后，向两边翻压土壤形成沟，同时用平土板将畦面刮平。这种作畦机也可用来筑垄。

该机的工作部件是起垄犁铧，由三角形犁铧、立轴、左右分土板和铧柄等部分组成。左、右分土板装在立轴上，其开度可按作业要求进行调整。作业时，随着机组前进犁铧将土铲起，由分土板推角犁铧向两侧起垄。备有大、中、小三角犁铧，可按不同行距和作业要求选用。犁架为单梁式，两个地轮固定在主梁上，用以支承机架。起垄犁铧通过仿形机构与主梁连接。仿形机构包括四连杆机构和仿形轮。仿形轮随地面上、下浮动时，犁铧也随之作上、下移动，保持稳定的耕作深度。

图 1–28　起垄犁

通过改变安装铧柄的高低位置来调节犁铧的耕作深度。

机组作业时，划印器在地上划出下一行程拖拉机行进的标记，使邻接垄距能与要求垄距一致。

图 1–28 所示起垄犁主要适用于薯类、豆类、蔬菜类的田间耕后起垄作业，具有垄距，垄高，起垄行数，角度调整方便，配套范围广，适应能力强等特点。

（二）水田起垄机

特点如下。

（1）适用性强。适用各种山地、丘陵、平原、旱田、水田作业。

（2）适合各种土质。硬土、黏土、黑土地、山地、软土均可使用。

主要用于水稻田的筑埂作业，同时也可用于筑水壕，是与拖拉机配套的后悬挂农机具，动力由拖拉机动力输出轴传递到齿箱，再由齿箱分配到筑埂部分进行取土、筑埂（图 1–29、图 1–30）。

图 1–29 单边水田起垄机

图 1–30 水田式起垄机

（三）起垄一体机

如图 1–31 所示。

图 1–31 履带自走式开沟起垄一体机

（四）圆盘式起垄机

圆盘式起垄机（图 1–32）主要用于农田耕后起垄作业。

（五）牵引式起垄机

如图 1–33 所示。

特点如下。

图 1–32　圆盘式起垄机

图 1–33　牵引式起垄机

（1）耕整后土壤排水良好，增加了种植层的深度，便于侧方灌水，垄面不易板结，有利于空气流通，提高地湿。

（2）该机专门为蔬菜栽培设计，具有旋耕、起垄、碎土、平整和镇压联合作业功能。

（3）创新采用二次碎土设计，达到精细化整地的目的，起垄后地表平整、垄型一致、碎土效果好，具有土壤上实下虚的效果。

（六）手扶式起垄机

手扶式起垄机（图 1–34）体积小、重量轻、操作灵活、安全方便，可上下调整高度，并可 360° 旋转，适合在任何方向操作，省力操作方便，简单实用。特别适合在大棚、水田、果园、葡萄园、梯田、坡地以及小块地中使用。广泛适用于平原黏土地、山区硬石地、丘陵的旱地等，特殊土质水田地、沼泽地。可爬坡、越埂、阶梯性强。

图 1–34　手扶式起垄机

三、操作规范

（一）准备工作

传统上使用三角犁铧起土成垄，铧过之处成沟，并通过苗期耥地培土，加高垄台。

“耕种结合、耕管结合”在继承原垄作耕法的基础上，又有所发展，也就是间隔深松。可在播前进行，也可结合播种进行随播随深松，或者在第一次中耕铲耥同时进行深松。深松式的深耕，没有耙、耢、镇压等辅助作业，故可与播种、中耕相结合。

（二）操作技术

（1）起垄要打起止线，确保起垄整齐。

（2）起垄铲铲尖在同一个水平面上，入土深度误差不超过 1cm。

（3）起大垄要坚持“高、宽、平、齐、匀、直、施、墒”标准，即高：大垄高镇压后达到 10~12 cm；宽：大垄垄台宽度不小于 90 cm；平：大垄垄台上部平整，高低误差不大于 5 cm；齐：地头整齐，到头到边；匀：垄距均匀，台内垄距偏差不大于 1 cm，往复结合偏差不大于 5 cm；直：垄向笔直，百米直线度偏差不大于 5 cm；施：有条件的进行秋施肥和秋施药；墒：根据土壤条件，及时镇压保墒。

（4）起小垄质量标准，高：垄高镇压后不低于 17 cm；直：垄直度百米偏差不大于 5 cm；匀：垄距均匀，台内垄距偏差不大于 1 cm，往复结合偏差不大于 5 cm；齐：到头到边，地头整齐；墒：及时镇压保墒。

（三）维护保养

（1）设备作业一段时间，应进行一次全面检查，发现故障及时修理，检查各连接件紧固情况，向各润滑油点加注润滑油，以防加重磨损。

（2）一个作业季完成后，工作部件表面应涂黄油，整机放置在避雨、阴凉、干燥处保管。

（四）注意事项

（1）关注天气，避免天气阴雨风险，当天整地面积过多，起垄不及时，如果下雨导致田块墒情差，增加用工成本。

（2）撒施肥料要与起垄能力相匹配。若撒施肥与起垄同时进行，当天撒施肥料过多，起垄跟不上，如果下雨肥料流失严重；如果过中午还没起垄，那么经过太阳暴晒硝酸钾和硫酸钾容易挥发流失。

四、质量标准

（一）标准

依据 DB11/T 654-2009 起垄机作业质量见表 1-4。

表 1-4　起垄机作业质量指标

项　目	质量指标
土垄垄形一致性	≥ 95%
土壤容重变化率	25%~35%
邻接垄垄距合格率	≥ 80%

（二）指标解释

（1）土垄垄形一致性：土垄横截面积的变异系数。

（2）土壤容重变化率：起垄作业前后，土壤容重的变化比率。

（3）邻接垄垄距合格率：邻接垄垄距合格数的比例。

第二章

栽种机械化技术

第一节　精密播种技术

一、技术内容

（一）技术定义

机械精密播种技术是使用机械将种子准确、定量播到土壤预定位置上，实现每穴粒数相等。它是一项科技含量高，节本增效的适用技术。

（二）技术原理

精密播种是穴播的高级形式，按精确的粒数、间距与播深，将种子播入土中。精密播种可以是单粒种子按精确的粒距播成条形（成为单粒精播）；也可将多于一粒的种子播成一穴，要求每穴粒数相等。

（三）技术特点

精密播种技术具有节约良种、节省用工、抗旱保苗效果好、培育壮苗、节本增效的特点。一是省种，可以减少种子的用量；二是省工，如玉米播种，省去间苗用工；三是抗旱，可以减少灌溉用水，节约水资源。

（四）技术分类

精密播种机依作物种类分为玉米及大豆精密播种机、谷物（小麦）精密播种机、甜菜精密播种机；依配套动力分为小型（5.8~13.2kW）、中型（16.2~36.8kW）和大型（40.4kW 以上）精密播种机；依排种器形式分为机械式和气力式两大类精密播种机，机械式中又可分为垂直圆盘式、垂直窝眼式、锥盘式、纹盘式、水平圆盘式、带夹式等。

二、装备配套

（一）设备分类

现有精密播种机按排种器工作原理可分为气力式、机械式两大类。气力式排种器播种机的整机性能优于机械式，但气力式播种机购机成本高，结构复杂，适用技术要求高；机械式排种器的播种机，结构简单，调试容易，购机成本低。下面就这两种排种器做一简要介绍。

1. 机械式排种器

（1）型孔轮式排种器。靠清种辊、刮种舌或清种滚刷清种，结构单一，排种可靠，造价低，但精播指标不好控制（图 2–1）。

（2）倾斜圆盘勺式排种器。主要针对的作物是玉米，工作性能稳定，投种点低，播种准确，漏播现象少，不损伤种子（图 2–2）。

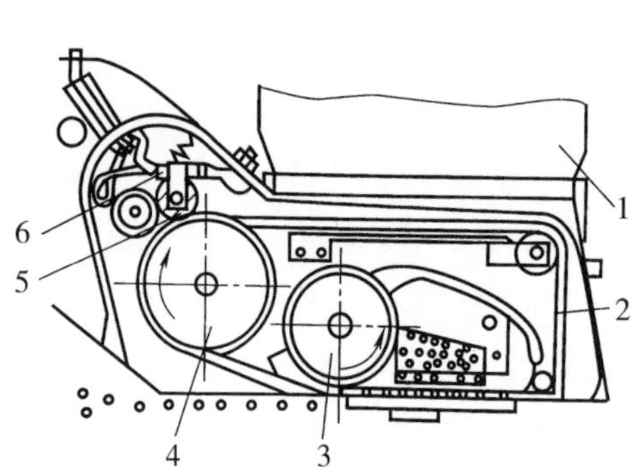

1. 种子箱　2. 型孔带　3. 清种轮　4. 驱动轮　5. 检测器滚轮　6. 金属触片

图 2–1　型孔带式排种器

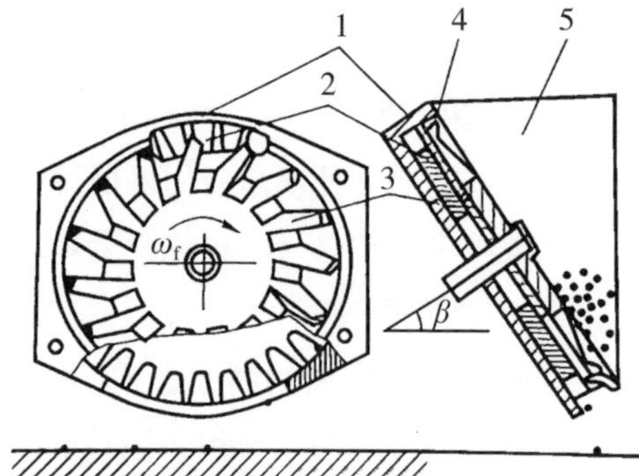

1. 排种器壳体　2. 投种轮　3. 分种勺盘　4. 隔板　5. 种子箱

图 2–2　倾斜圆盘勺试排种器

（3）勺轮式排种器。综合播种性能好，可在较高速度作业，而且不伤种，单粒率好，是主推机型之一（图 2–3）。

2. 气力式排种器

（1）气吸式排种器。可以单粒点播。穴播和条播。气室吸力可通过风机转速和进、出风门大小来调节，通过调节排种转盘转速或改变孔数适应不同的株距要求。主要用于玉米、大豆、甜菜、棉花等中耕作物的精密播种机上（图2–4）。

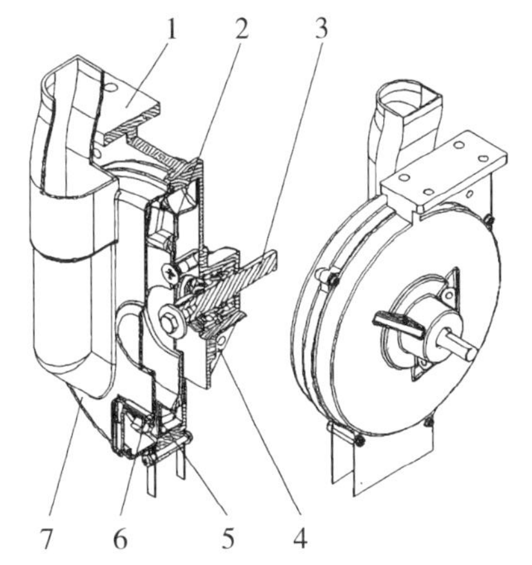

1. 排种器壳体　2. 导种轮　3. 轴　4. 轴承
5. 隔板　6. 勺轮　7. 透明盖
图 2-3　勺轮式排种器结构组成

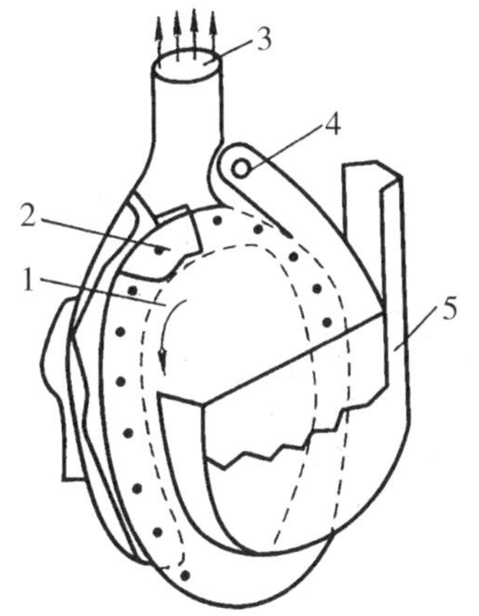

1. 排种圆盘　2. 真空室　3. 吸气管
4. 刮种片　5. 种子室
图 2-4　气吸式排种器

（2）气压式排种器。特点是采用集中排种，即只有一个排种滚筒。其上有 6~8 排排种孔，通过不同长度的输种管将种子送到各行，改变风机转速以调节风压来满足不同种子所需压附力，改变排种滚筒转速来调节株距，更换带有不同型孔大小和孔数的排种滚筒，可以精密点播玉米、大豆、甜菜、高粱和向日葵等作物（图 2-5）。

（3）气吹式。特点为种子自重充填入型孔，还可气流辅助力，且型孔较大，充填性能很好。对种子形状尺寸要求也不严，利用气嘴射出的气流将多余种子吹掉，达到单粒精播；还可在较高作业速度（8km/h）下作业。可以精密播种玉米、大豆、脱绒棉籽、球化甜菜和菜籽等（图 2-6）。

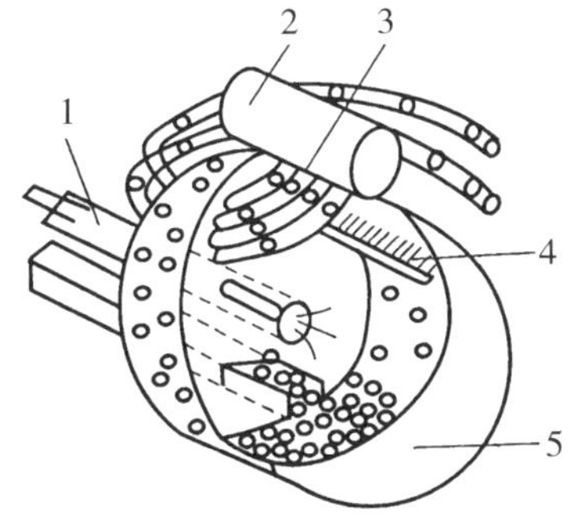

1. 进气管　2. 橡胶卸种轮　3. 接种漏斗
4. 清种刷　5. 排种筒
图 2-5　气压式排种器

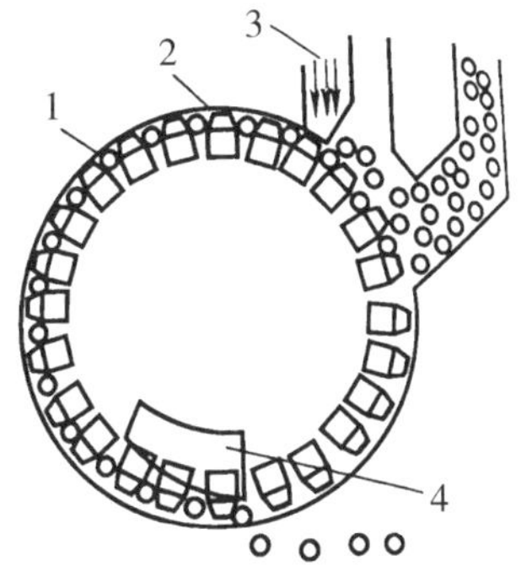

1. 排种板　2. 孔型轮　3. 气流　4. 推种片
图 2-6　气吹式排种器

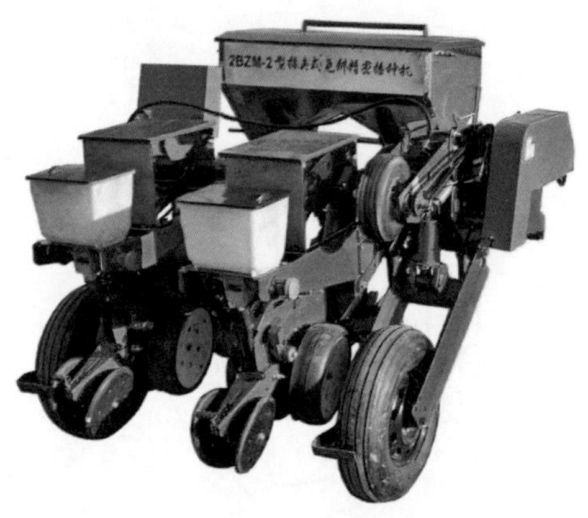

图 2-7　2BZM-2 型指夹式玉米免耕精密播种机

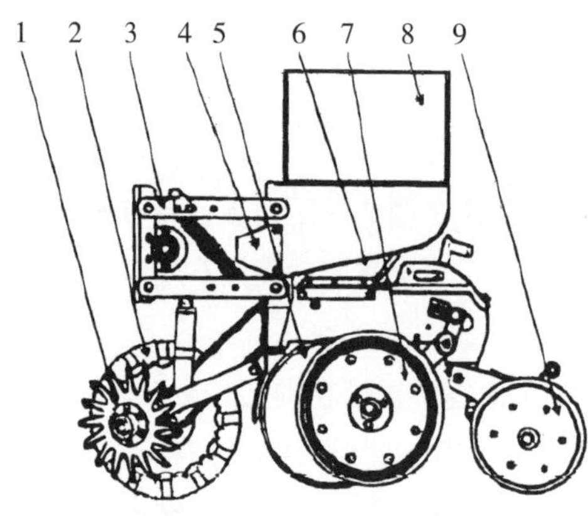

1. 除草轮　2. 破茬圆盘
3. 四连杆仿形机构　4. 限位机构
5. 双圆盘开沟器　6. 指夹排种器
7. 仿形限深轮　8. 种箱　9.V 形镇压轮

图 2-8　免耕精密播种机播种单体结构

（二）机具结构

以 2BZM-2 型指夹式玉米免耕精密播种机为例（图 2-7）。2BZM-2 型指夹式免耕精密播种机是为适应高速免耕播种和中小马力轮式拖拉机配套而开发出的一种新型播种机。该机能在未整地地块一次完成侧深施化肥、开沟播种、覆土镇压等联合作业，购买相应部件也可以进行中耕、起垄、分层施肥等单项作业。

玉米免耕精密播种机配套动力较大，机具自身质量大，播种单体离地间隙大，满足免耕播种作业要求。其播种单体是整机的核心，该播种单体能完成破茬、开沟、播种和覆土镇压等作业工序，能在未耕整土地上进行播种作业，节省整地成本，具备很好的保墒效果。免耕精密播种机播种单体由除草轮、破茬圆盘、四连杆仿形机构、限位机构、种箱、指夹排种器、双圆盘开沟器、仿形限深轮和 V 形镇压轮等部件组成，如图 2-8 所示。该播种单体的四连杆仿形机构实现了整机的单体仿形功能，有利于地表平整不一的免耕土地作业。同时，该播种单体具备了一次性完成破茬、开沟、播种和覆土镇压的作业工序。

三、操作规范

以指夹式免耕精密播种机为例。

（一）准备工作

（1）旋耕作业，平整深松沟和垄沟，保持土壤水分；对实施保护性耕作的地块，要用大型拖拉机悬挂深松旋耕机进行作业（以土壤含水率在15%~20%为宜），对地块进行适度镇压，使地块达到“齐、松、平、墒、净、碎”的要求，土层形成上实下虚，减少水分蒸发，以利于蓄水保墒、预防春旱，从而保证播种质量。

（2）选种。选择适宜当地的优良品种。选择品种一致的种子，并进行药剂包衣，对种子做发芽试验，发芽率保证达到92%以上，进而提高出苗效果和种苗质量。

（3）化肥要深施，要达到种侧3cm，种下3~5cm，量要准确，保证不烧种。

（4）播种前，要做好试播。播种后，必须及时镇压，可根据土壤墒情决定镇压强度和时间。

（5）地表特殊杂草多的地块，要进行清理。

（6）适时播种，在保证墒情的情况下要适时晚播。

（7）包衣的种子要进行充分的晾晒。

（二）操作

（1）行距调整。根据播种作物行距要求，按照机具要求进行调整。松开左右两侧两个种箱底座前后4个固定螺母，使两个播种单组离开或靠近中间播种单组，即可改变行距。

（2）播深调整。松开开沟器升降拉杆前端螺母改变其长度，播深即可调整，缩短拉杆，播深变浅，反之变深。

（3）更换排种轮。将播种单组从机架上拆开，拆下排种轴，将排种齿轮从侧护板中取出，换上新的排种轮即可，在安装的同时将行距一次性调整好。

（4）播种前应检查各种箱内有无杂物，各运行连接螺母、螺栓是否松动、齐全、可靠。

（5）提升器放下时严禁倒退，转弯时防止损坏开勾器。

（6）播量、行距和播深要调整一致，试播10m左右后，扒开土壤检查深浅及株距。

（7）播行要直，并随时观察拍种是否良好，种箱内种子是否充足。

（8）随时查看播种机工作情况，出现故障立即排除，以防出现漏报或断行，对漏播或断行要及时补播。

（9）运输时不可高速行驶，最好用车运输，播种机上不得坐人或压重物。

（10）播种完毕存放时，清除杂物和泥土，润滑各运动部位，用塑料、麻袋等物覆盖放置在干燥处，最好是放置在棚内，防止日晒雨淋，并用土块垫起开沟器和地轮，弹簧要调到松弛状态。

（三）作业质量标准

粒距合格指数：种子距离小于等于 10cm，则应≥ 60.0；

重播指数：种子距离小于等于 10cm，则应≤ 30.0；

漏播指数：种子距离小于等于 10cm，则应≤ 25.0；

机械破损率：机械式≤ 1.5%，气力式≤ 1.0%；

播种深度合格率：≥ 75%；

各行施肥量偏差：≤ 5.0；

总施肥量偏差：≤ 5.0；

行距一致性合格率：≥ 90.0；

邻接行距合格率：≥ 90.0；

播行直线性偏差：≤ 6%；

田间出苗率：≥ 95.0%；

作业后地表地头状况：地表平整、镇压连续、地头五漏种、漏肥和堆种、堆肥。

地头重（漏）播宽度：≤ 0.5m。

第二节　免耕播种技术

一、技术内容

（一）技术定义

免耕播种是在保留地表覆盖物的前提下免耕播种，不翻动土壤，不仅减少作业次数，节省时间、劳动力和能耗，大幅降低生产成本，而且能控制土壤水土流失，保持土壤自我保护机能和营造机能，增加土壤有机质含量，提高水分利用率，改善土壤的可耕作性，是对传统生产方式的重大变革，是未来玉米可持续生产的技术发展方向。

（二）技术原理

在前茬作物收获后，土地不进行耕翻，让原有的秸秆、残茬或枯草覆盖地面；待下茬作物播种时，用特制的免耕播种机直接在茬地上进行局部的松土播种；并在播种前或播种后喷洒除草剂及农药。

（三）技术来源及沿革

伴随着保护性耕作在全球传播推广，我国开始从 20 世纪 60 年代在东北和长江下游分别进行小面积小麦和玉米免耕播种试验；之后的 20 年，校企研究院所联合开展免耕试验研究，并取得了增产效果；20 世纪 90 年代起结合我国农田地块小、集约性差的特点，中国农业科研单位联合研制出适合我国农业国情的农机具，并整理了试验中可行的作业模式；2000 年以后，我国在黄河流域及其以北的各县级地区进行免耕播种技术示范和推广，免耕播种面积有所扩大。2005 年农业部文件已将保护性耕作列为农业重点推广项目，仅 1 年时间全国免耕播种面积就增加了 400 万 hm^2，粮食产量连年增加，农民增收，生态环境恶化局面得到遏制，从长远来看，农业发展和生态进步共同营造了相互促进、互利共赢、人与自然和谐相处的局面。2005—2009 年中央再次发布一号文件，强调发展保护性耕作技术利国利民，支持保护性耕作技术进一步发展。农业农村部、国家发展和改革委员会关于发展保护性耕作做出了 5 年规划，规划将我国西北、东北、黄河流域等广大区域统筹到免耕播种范畴。

（四）技术优点

免耕播种有节能、省工、增产的效果，且对防止土壤侵蚀和保持水土方面有显著作用。免耕播种利用作物、土壤生物和土壤三者之间的相互作用，使之形成良好的农业生态环境。

（五）技术分类

当前推广使用的玉米免耕直播（覆盖）播种机具种类较多，结构配置大同小异，按排种方式不同可分为水平圆盘式、外槽轮窝眼式、整体可调外槽轮式和气力式。

1. 水平圆盘式玉米免耕播种机

工作时，拖拉机连接悬挂架牵引播种机作业，地轮通过伞齿轮传动机构驱动圆盘水平旋转，种子经排种盘的型孔落入排种管，再经排种管落入种沟。在开沟铲和开沟器等部件的共同作用下，二次完成播种机的开沟、播种及覆土作业。

2. 单体外槽轮窝眼式玉米免耕播种机

工作时，拖拉机连接悬挂架牵引播种作业，地轮通过传动链带动单体外槽轮窝眼式排种器排种，在开沟器和覆土圆盘等部件的共同作用下，一次完成开沟、播种、覆土、镇压作业。

3. 外槽轮式玉米免耕播种机

工作时，拖拉机连接悬挂架牵引播种机作业，地轮通过传动链带动排种装置排出种子，通过输种管和开沟器使种子着床，一次完成播种机的开沟和播种作业。

4. 气吸式免耕播种机

工作时，该机与拖拉机三点挂接，用于玉米，大豆等中耕作物的免耕播种。技术重点在于破垄开沟技术、种肥分施技术、防堵技术、覆土镇压技术。

（1）破茬开沟技术。免耕施肥播种时，地表有秸秆残茬覆盖，有的土壤紧实，因此要求有良好的破茬开沟技术。主要有移动式破茬开沟、滚动式破茬开沟、动力驱动式破茬开沟等方式。

（2）种肥分施技术。保护性耕作取消了铧式犁翻耕，基肥和种肥必须在免耕播种时一次施入土壤，施肥量大，为防止烧种，必须将种、肥分施，且要求种、肥间隔一定的距离。一般采用侧位分施，即化肥施在种子侧下方；也有垂直分施，即化肥施在种子正下方。

（3）防堵技术。保护性耕作地表有大量的秸秆残茬覆盖，播种时常常会缠绕和堆积在开沟器上造成堵塞，影响播种作业正常进行，因此必须研究防堵技术。主要有圆盘滚动式开沟装置防堵、秸秆粉碎和加大开沟器间距防堵、非动力式防堵、动力驱动式防堵等方式。

（4）覆土镇压技术。实施保护性耕作对覆土镇压要求较高，需要将较大的土块压碎，并对种行上的土壤进行适当的压密。主要采用较大的镇压轮，利用镇压轮的自身质量进行碎土和压实。也可在镇压轮上加装加压弹簧，适当将播种机机架上的质量转移到镇压轮上，保证镇压效果。

图 2–9　2BMQE–2C 气吸式免耕播种机

二、装备配套

（一）设备分类

以玉米免耕播种技术为例。玉米免耕播种技术包括秸秆处理、免耕播种、化学除草、机械深松、肥料运筹、病虫害综合防治等技术环节，如图 2–9 所示。

（二）机具结构

以 2BQM-6A 型气吸式免耕播种机为例，见图 2-10。免耕播种机主要由地轮、主梁、风机、肥箱、四杆机构、种箱、排种器、覆土镇压、开沟器、输种管等组成。

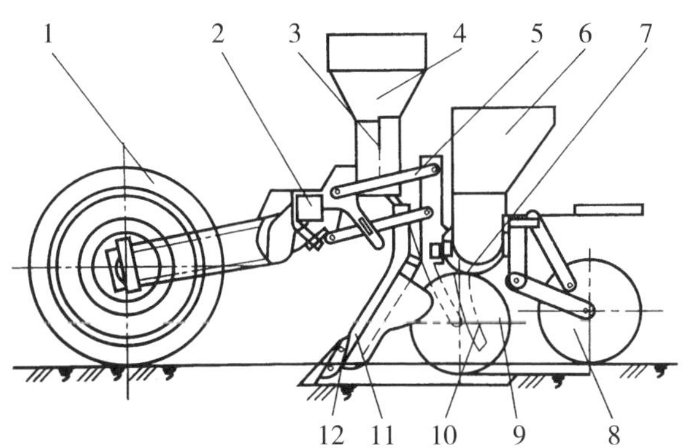

1. 地轮　2. 主梁　3. 风机　4. 肥箱　5. 四杆机构　6. 种箱　7. 排种器　8. 覆土镇压轮　9. 开沟器　10. 输种管　11. 输肥管　12. 破茬松土器

图 2-10　2BQM-6A 型气吸式免耕播种机

（三）工作原理

破茬松土器开出 8~12cm 的肥沟，外槽轮式排肥器将肥料箱中的化肥排入输肥管，肥料经输肥管落入沟内，破茬松土器后放的回土将肥料覆盖。由气吸式排种器排出的种子经输种管落入双圆盘式开沟器开出的种沟内，随后，靠 V 形覆土镇压轮覆土镇压。

（四）技术特点

气吸式玉米免耕播种机可一次性完成破茬、施肥、开沟 、播种 、覆土和镇压等作业，且有较强的防堵塞功能 ，可解决玉米免耕播种作业时对种子尺寸要求高、适应性差等问题。

三、操作规范

（一）作业要求及准备工作

1. 种子的选择

用免耕播种机播种的玉米品种，种子的发芽率要达 96% 以上，并要适度增加种植密度。为了确保增产，种子在播种 5~7d 前还要对种子进行等离子处理，进一步激发种子活性，提高发芽率，保证出苗率。

2. 试播

免耕播种前要根据情况进行试播，试播的前提条件：①免耕播种机调整完毕；② 加足种子和化肥；③ 正常的作业速度；④ 打开播种监测器。试播时每行检查的内容：① 播种深度；② 播种株距；③ 底肥与种子的距离；④ 化肥施入深度；⑤ 播种行间均匀度；⑥ 覆土镇压效果；⑦ 机具各部件工作状况。确认正常后方可进行播种作业，每天播种前和更换地块后都要试播。机器发生故障，故障排除后也要进行相应的试播。

3. 适时播种

根据当地不同的土壤和气候条件适时播种。朝阳坡地宜早播，平地、背阴地宜晚些，洼地放到最后播种。根据当地土壤积温适时播种，是保苗促增产的关键。

（二）操作

操作前读懂使用说明书，留意警示标志，安全生产，禁止违规操作。

1. 行距、轮距调整

注意拖拉机的轮距与播种行距相匹配，满足各种播种模式的要求。

2. 播种密度的确定

根据玉米品种、地力（黑土、黄土、沙土）确定播种密度；根据施肥量和肥力大小确定播种密度；还要根据区域降雨情况、土壤蓄水效果、地势高低、水分多少确定种植密度，切忌不能过密。

3. 宽窄行垄作

留茬地块适宜，在相邻两垄内侧播种 40cm，隔一个垄沟在另外两垄内侧播种 40cm，形成窄行 40~50cm，宽行 80~90cm 的种植模式。一般在宽行间深趟或深松追肥，适合积温低的区域（吉林中北部，黑龙江南部等）。宽窄行平作：平作播种窄行 40~50cm，宽行 80~90cm 宽窄行距，在宽行间播种，适宜有效积温高的区域（吉林西部、辽宁中西部等）。

4. 播种作业速度

免耕播种速度越快或速度过低，作业质量都不能保证。免耕播种最佳作业速度 8km/h，每小时最高不能超过 10km，低速作业不能低于 3km/h。

5. 播种深度

应视土壤墒情的好坏进行选择，当墒情较好且保证出苗率较高的情况下，播种深度以较浅为宜，以播种小麦为例，墒情较好时播种深度可控制在1.5~2.5cm，墒情不佳时可适当增加播种深度。

6. 控制播种施肥的深度

在墒情适合的情况下，播种深度应控制在3~4cm，沙壤土和干旱地块播种深度应适当增加1~2cm，保证种子出苗。施肥深度应控制在8~10cm，种子与肥料之间最少应间隔在5cm以上，避免因种肥间距离不足而出现烧苗现象。

7. 作业中要多注意观察

要随时注意观察种肥消耗情况，观察秸秆堵塞和缠绕情况，如有堵塞，要及时停车排除和调整，否则会导致镇压轮打滑，覆土器覆土达不到作业要求，出现漏播、晾籽和镇压不实的现象。在实际生产中作业机组在工作状态下不可倒退，地头转弯时应降低机组速度，及时起升和降落免耕播种机，保证作业质量。

8. 适时进行化学植保

对于地下害虫超标的地块，播种时应用甲拌磷、辛硫磷等农药拌种，达到杀虫效果。免耕播种后适时喷施化学除草剂和杀虫剂，保证化学除草和杀虫。

（三）注意事项及解决办法

1. 下种不准确

空粒率多的原因：排种器指夹故障；排种器进异物；毛刷间隙小；种子不足；种籽粒过大；速度过慢（小于3km/h），排种器转动发卡。双粒率多的原因：毛刷间隙大；种籽粒过小；速度过快（大于10km/h）。株距不均匀的原因：排种器轴传动不同心；种箱不正位；导种管内有异物或堵塞；传动链条不连续；播种速度过快。

2. 施肥量不准

影响施肥量的因素：传动打滑；传动系统故障阻力影响；肥料受潮、结块、化肥流动性变化；土壤松实程度，作业速度等。施肥量过大的原因包括：调整不当、肥料流动性过大、肥量控制挡板松动。施肥量过小的原因包括：调整不当、更换的肥料流动性差、出肥口堵塞。出现各行不匀的原因：排肥槽轮或绞龙进杂物以及槽轮损坏导致施肥一头多一头少。

3. 播种深度不足

仿形轮粘泥过多，播种变浅；仿形轮转动时快时慢会造成播种有深有浅；播种开沟器粘泥、夹土严重时不转、拖堆，导致播种深度不够；耕地表层机器进地碾压过硬，造成播种开沟过浅；免耕播种机四连杆拉簧折断或失效；播种机作业速度过快，开沟深度不够；土壤过于干旱，形成不了种沟。

4. 播种过深

播深调整部件损坏，失控或调整不对；机具太重，土壤过于松软。

5. 施肥深度不足

施肥开沟器粘土；开沟器磨损过甚，直径变小，切的深度不够；挤土刀磨损过甚，肥下不到沟内；施肥弹簧损坏，没有压力；耕地太硬，施肥开沟圆盘根本开不了沟；土壤过于干旱，开沟回土，作业速度过快，化肥覆盖不上。

6. 机器行驶不正

播种单体不正位；牵引点偏，主梁与牵引点不等腰不对称。各单体施肥开沟圆盘与前进方向夹角不一致；各开沟器开沟深度不一致；拖拉机行走不正；垄距与拖拉机轮距不匹配；拔草轮调整高度不一致。

7. 机架前后、左右不平

前后不平可能牵引点过高或过低；左右不平可能偏坡地、播种机不正；一侧油缸有空气，某个油缸内漏或外漏，油缸偏；单体拉簧拉力不一致。

8. 覆土、镇压效果不好

地硬导致开沟深度不够，覆土镇压不好；地湿、土黏导致镇压不上；牵引点过低，覆土镇压调整不到位；镇压拉簧折断；机器没有落到位；秸秆清理不彻底，覆土镇压效果差；覆土镇压轮偏了，不在中心。

9. 油缸故障

不工作可能油路没打开，快速接头故障；提升慢可能油管细或油泵磨损，压力不够；油缸一侧下沉的原因是油缸外漏；油缸升起时左右不平的原因是油缸内漏；油缸同时下沉的原因可能是分配器内漏。

10. 仿形轮内夹土

播种机没有升起就倒车了和仿形轮与开沟器贴合不严都会造成仿形轮内夹土，解决的办法是调整仿形轮大臂；地太黏、黏土、播种开沟器刮土刀损坏，也会导致仿形轮内夹土。

11. 播种开沟器故障

播种开沟圆盘闭合过紧造成两个圆盘不能相对运动，闭合过松会造成没有闭合点，以及前面挡板损坏，都会导致播种开沟圆盘内夹土。

12. 快速接头故障

快速接头漏油原因是内部的胶垫破损；油质脏、杂物垫住回位弹簧出现弹力不足都可能导致快速接头打不开油路失效。

13. 电动口肥故障

口肥不排肥可能是电源不通或者排肥轮卡死。排肥不匀是电机卡滞转速不稳或者排肥轮损坏，口肥流动性不一致影响排肥量大小，通过改变口肥转速调速旋钮的高低，可以控制排肥量大小。

14. 强制升降故障

快速接头出现问题，液压油管接头油泥堵塞，分配泵或液压油泵出现问题，导致强升强降失灵。

15. 传动易掉链子或断轴

出现传动易掉链子或六方轴断轴的原因有可能是底肥堵塞、传动齿轮偏轴或者链子没有润滑出现磨损过甚，导致卡死。

16. 肥料堵塞的原因

底肥堵塞是机器没有升起就倒车或者地过软导致排肥下口进土。也有可能由于空气湿度大或者雨水淋湿，肥料潮解，导致槽轮、绞龙或排肥管内壁挂肥，结块肥料进入排肥口，加上溢肥孔窄，造成堵塞。

（四）作业标准

种子机械破损率（%）：应小于等于 1.5；

播种深度合格率（%）：应≥ 75.0；

施肥深度合格率（%）：应≥ 75.0；

邻接行距合格率（%）：应≥ 80.0；

晾籽率（%）：应≤ 3.0；

播种均匀性变异系数（%）：应≤ 45；

断条率（%）：应≤ 5.0（条播）；

粒距合格率（%）：≥ 95.0（精播）；

漏播率（%）：应≤ 2.0（精播）；

重播率（%）：应≤ 2.0（精播）；

地表覆盖变化率（%）：应≤ 25.0；

地标地头状况：地表平整，镇压连续，无因堵塞造成的地表拖堆。对头无明显堆种、堆肥，无秸秆堆积，单幅重（漏）播宽度≤ 0.5m。

第三节　条播技术

一、技术内容

（一）技术定义

条播，播种的一种方法。把种子均匀地播成长条，行与行之间保持一定距离，且在行和行之间留有隆起，供农民走路、踩踏。条播是最为常用。基本能保证通风透光，间苗、除草操作亦方便。

（二）技术原理

条播是按照要求的行距、播深与播量将种子播成条行。条播一般不计较种子的粒距，只注意一定长度区段内的粒数。作业时，由行走轮带动排种轮旋转，种子按要求由种子箱排入输种管并经开沟器落入沟槽内，然后由覆土镇压装置将种子覆盖压实。

（三）技术特点

条播技术具有覆土深度一致，出苗整齐均匀，播种质量较好，且省工、省时、节水、节本、产量高、效益高等特点，且条播的作物便于中耕除草、施肥、喷药等田间管理工作。

二、装备配套

（一）设备分类

条播机主要用于谷物、蔬菜、牧草等小粒种子的播种作业。常用的有谷物条播机，蔬菜条播机等（图 2–11）。

图 2–11　SC250 条播机

（二）机具结构

条播机一般由机架、排种器、排肥器、种子箱、肥料箱、行走装置、传动装置、开沟器、输种管、覆土器、镇压器及开沟深浅调节装置等组成。图 2-12 为国产 24 行谷物挑拨及的结构简图。

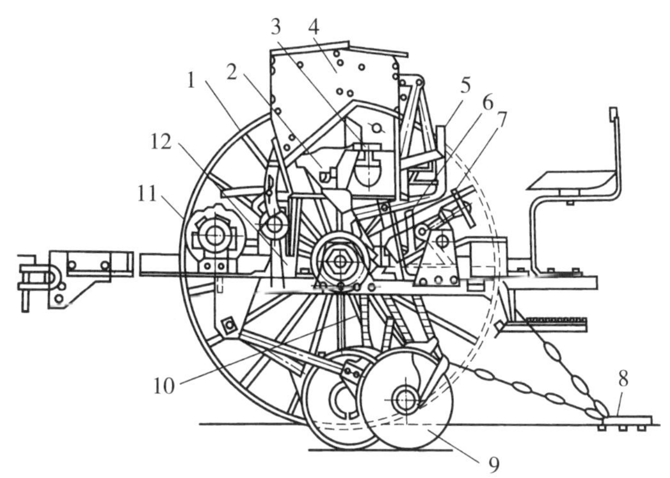

1. 地轮　2. 排种器　3. 排肥器　4. 种肥箱　5. 自动离合器操纵杆　6. 起落机构
7. 播深调节机构　8. 覆土器　9. 开沟器　10. 输种肥管　11. 传动机构　12. 机架

图 2-12　国产 24 行谷物挑拨及的结构

（三）设备原理

条播机工作时，开沟器在地上开种沟，种子箱内的种子被排种器排出，通过输种输肥管落到种沟内。另外，肥料箱内的肥料，则由排肥器排入输种输肥管或单独的排肥管内，与种子一起或分别落到种沟内，在用覆土器覆土、镇压器镇压而完成播种工作。

（四）条播排种器分类

1. 外槽轮式排种器

我国大部分谷物条播机均采用外槽轮式排种器。其特点是通用性好，能播各种粒型的光滑种子，尤其适合于小麦精（少）量播种，也可用作大麦、高粱、豆类、谷子、油菜等作物的播种。播量稳定，受地面不平度、种子箱内种子存量及机器前进速度较小；播量调整机构的结构较简单，调整方便可靠（图 2-13）。

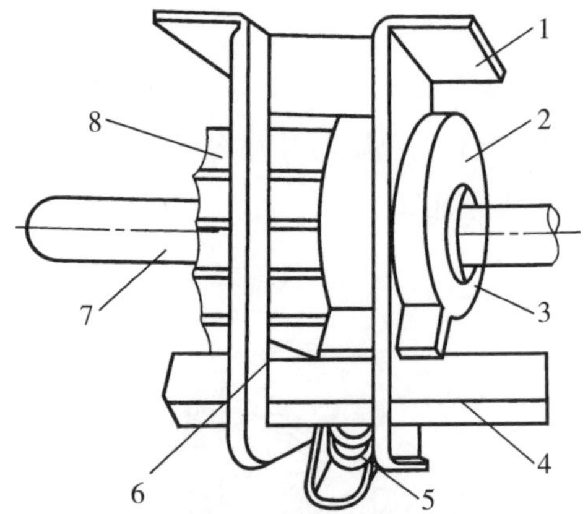

1. 排种杯　2. 阻塞轮　3. 挡圈　4. 清种方轴　5. 弹簧　6. 排种门　7. 排种轴　8. 外槽轮

图 2–13　外槽轮式排种器

2. 内槽轮式排种器

排种器的工作部件是一个内缘带凸棱的圆环（图 2–14），成为内槽轮。它与排种轴一起转动，排种均匀性比外槽轮好，但易受震动等外界因素影响，稳定性较差，适宜播麦类、谷子、高粱、牧草等小粒种子。

3. 拨轮式排种器

排种器安装在种子箱的下外侧，排种轮和外槽轮的形状很相似，工作质量也相近，只是波轮的工作长度不能改变，调整播量全靠改变波轮转速，故传动机构比较复杂。如图 2–15。

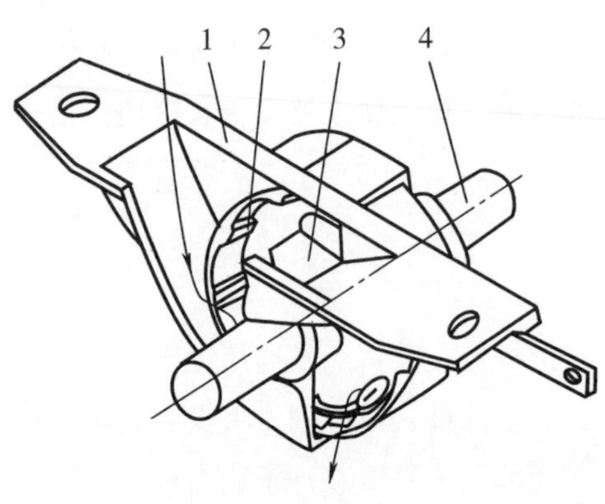

1. 排种杯　2. 内槽轮　3. 排种闸门　4. 排种轴

图 2–14　内槽轮式排种器

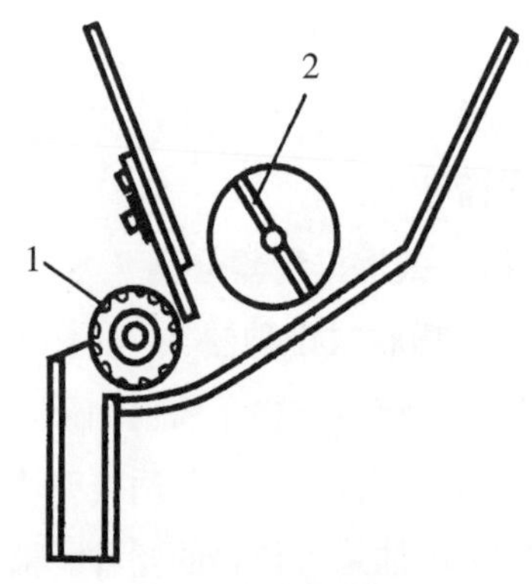

1. 拨轮　2. 搅拌器

图 2–15　拨轮式排种器

三、操作规范

（一）准备工作

1. 选择适宜的地块

实施条播技术播种小麦，其地块选择要在满足农艺栽培要求的同时便于机械作业。因此，应选择再大一些的地块或尽量连片的地，田间留有机耕路，便于农业机械作业，提高生产效率；土壤肥力较好，土层深厚疏松，通气性好的田块。

2. 适时搞好土地耕整

通过耕翻改善土壤物理性状，减少土壤容重，增加孔隙度，维持土壤水、气适宜比例，增强土壤蓄水保墒能力，利于土壤中有益微生物生育繁殖，有效分解小麦难以吸收的养分，通过耕翻打破犁底层，加深活土层，提高地温，有利于小麦根系发育，减少病虫草害发生，耕整地要做到上松下实，防旱保墒，便于机械精播作业。

3. 选择适宜的播种机具

在实施作业前，做好机组检查、机具调整等工作。

4. 施足肥料

可与耕整地结合进行机械深施底肥作业，施用底肥应以农家肥为主、化肥为辅。

5. 选好精播的小麦品种

对种子进行精选及药剂加工处理。选择适于当地栽培的穗大、粒重、有效分蘖多、发芽率高、抗倒伏和抗病虫害的优质高产小麦品种，在播前要对所选种子进行清选，去除杂质和干瘪破碎的种子。

6. 适时播种

做到足墒播种，若墒情不适合种子发芽时，要及时进行灌水造墒。小麦机械播种旱地亩播量为 8~10kg（亩保苗 15 万 ~18 万株）；稻茬麦亩播量为 10~12kg（亩保苗 18 万 ~20 万株），播种深度控制在 3~5cm，要求播深一致，落籽均匀，覆盖严密。

7. 加强田间管理

重点加强对病虫害的防治及化学除草等，做到遇到情况及时解决。

（二）操作

（1）起步要平稳，在小油门慢速前进中合上碎土装置离合器及排种离合器，然后逐渐加大油门进行作业。

（2）往返作业时，按照镇压轮的压痕依次而行。播种作业中，应当用手推动扶手来掌握方向，尽量避免使用转向离合器。

（3）作业过程中，要注意观察种子储量，各行播种状况，以及是否有堵种、漏播和壅土等现象。

（4）作业到地头时应减小油门，在距地头 2~4m 处分离排种离合器，然后操作转向器，抬起扶手架转弯。

（5）机具过埂或转移运输时，要分离排种传动和碎土传动离合器，行走时要将镇压轮降至最低位置。

（6）经常检查链条的松紧度，并注意调整。

（三）维修保养

（1）条播机在工作前应及时向各注油点注油，保证运转零件充分润滑。丢失或损坏的零件要及时补充、更换和修复。注意不可向齿轮、链条上涂油，以免沾满泥土，增加磨损。

（2）各排种轮工作长度相等，排量一致。播量调整机构灵活，不得有滑动和空移现象。

（3）圆盘开沟器圆盘转动灵活，不得晃动，不与开沟器体相摩擦。

（4）每班工作前后和工作中，应将各部位的泥土清理干净，特别注意清除传动系统上的泥土、油污。

（5）每班结束后应将化肥箱内的肥料清扫干净，以免化肥腐蚀肥料箱和排肥部位。检查排种轴及排肥轴是否转动灵活。

（6）每班作业后，应把条播机停放在干燥有遮盖的棚内。露天停放时，要将种肥箱盖严。停放时落下开沟器，放下支座将机体支稳，使播种机的机架上减少不必要的负荷。

（四）作业标准

各行排量一致性变异系数（%）：≤ 3.9；

总排量稳定性变异系数（%）：≤ 1.3；

播种深度合格率（%）：≥ 75；

总播种量偏差率（%）：± 2；

总施肥量偏差率（%）：± 3；

单台内行距偏差（cm）：± 1；

往复邻接行距偏差（cm）：±5；

直线度偏差率（%）：≤0.1；

覆土率（%）：≥98；

断条率（%）：≤2。

第四节　穴播技术

一、技术内容

（一）技术定义

穴播也称点播，是按规定的行距、穴距、播深将种子定点播入土中的播种方式。

（二）技术原理

与传统谷物开沟播种作业相比，打穴播种工艺的主要特征是利用成穴器在投种点位置的土壤上形成穴孔来代替开沟作业，然后利用投种装置将所播的谷物种子投入形成的穴孔中。在有残茬及秸秆还田的土壤上播种时，成穴部件拨开残茬和秸秆，在土壤上形成穴孔；在地膜覆盖的土壤上播种时，成穴部件只是在播种位置上将地膜切开，并在土壤上形成穴孔。

（三）技术特点

穴播法适用于播种中耕作物，可保证株苗行距及穴距准确，较条播法节省种子并减少间苗工作量，某些作物如棉花、豆类等成簇播种，还可提高出苗能力。

二、技术装备

（一）穴播排种器分类

穴播排种器用于中耕作物的穴播或单粒精密播种。穴播机精密播种对播种质量的要求比较高，影响工作质量的因素也比较多，这些因素大多与排种器有关。穴播排种器主要有圆盘式排种器、型孔带式排种器、窝眼式排种器、指夹式排种器、气吸式排种器、气吹式排种器、气压式排种器等。此节简介指夹式排种器，其他排种器同本章第一节精密播种排种器分类。

指夹式排种器（图 2-16），竖直圆盘上装有由凸轮控制的带弹簧的夹子，夹子转动到取种区时，在弹簧作用下夹住一粒或几粒种子，转到清种区时，由于清种区表面凹凸不平，被指夹夹住的种子经过时引起颤动，使多余的种子脱落，只保留夹紧的一粒种子。当指夹转动到上部排出口时，种子被推到位于指夹盘背面并于指夹盘同步旋转的导种链叶片上，叶片把种子带到开沟器上方，种子靠重力落入种沟。这种排种器对扁粒种子玉米等效果良好，但不适于大豆等作物。

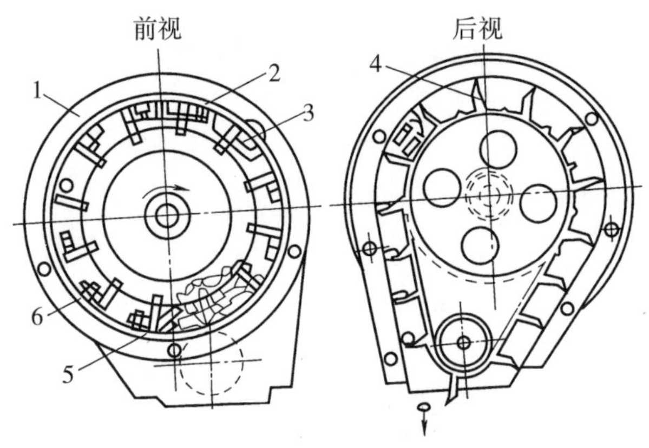

1. 排种底座　2. 清种区　3. 排出口　4. 导种叶片　5. 夹种区　6. 指夹

图 2-16　指夹式排种器

（二）整机结构

随着作物栽培技术的提高，在播种玉米、大豆、棉花等大籽粒作物时多采用单粒点播或穴播，主要是依靠成穴器来实现种子的单粒或成穴摆放。如图 2-17

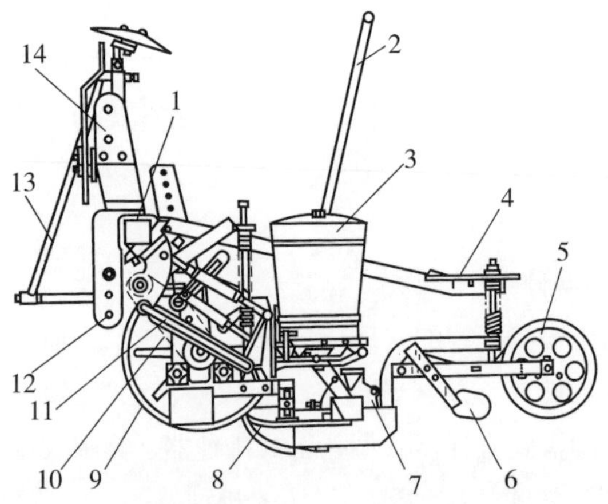

1. 主横梁　2. 扶手　3. 种子箱及排种器　4. 踏板　5. 镇压轮　6. 覆土板　7. 成穴器　8. 开沟器　9. 行走轮　10. 传动链　11. 四杆方形机构　12. 下悬挂点　13. 划形器架　14. 上悬挂架

图 2-17　2BZ-6 型悬挂式穴播机

所示为 2BZ-6 型悬挂式穴播机，主要用于大粒种子的穴播。主要组成包括机架、房性结构、行走轮、种子箱、排种器、开沟器、覆土器和传动装置等。通过种子箱、排种器、开沟器、覆土镇压器等完成一行播种的组件称为播种单体，单体数等于播种行数。

（三）工作原理

该播种机工作时与动力机械以悬挂的形式进行连接，首先由滑刀式开沟器开出肥沟，通过外槽轮式排肥器实现种肥和底肥的撒施，滑刀式开沟器工作时滑切性能强，工作阻力小。播种时由开沟器开出深度均匀地种沟，并由水平圆盘式排种器实现精密播种，最后覆土器完成覆土工作。

三、操作规范

（一）操作使用及保养

以水稻精量穴播机的操作使用为例，见图 2-18。

图 2-18　自走式水稻精量穴播机

（1）播种前准备。平整土地。播种水稻畦宽与机播工作幅度和每畦机播次数要算准，沟宽一般 17cm，畦面掌握泥糊适当不积水（不淌水）就可机播。种子芽长以露白到 0.5cm 为好，须将芽种子适当摊凉。以免水分过多种子相互粘住。种箱内装种不宜过满，使种子呈倾斜状态，低处能见到输种管口，往上倾斜到另一端，保持种子疏松，输种管内种子将完时，及时补充拨满。

（2）播种操作。一人拉着向后退，保持每分钟 15~30m 的行走速度，要匀速前进。机播第一遍可以拉线或活畦边直拉。一般播后不必搭谷，灌水参照秧田，播后到稻苗一叶一芯扎根，一般不灌水上畦，阵雨之前要灌好平沟水。

（3）边机播边观察播种质量，螺丝钉有否松坳、拉璜松紧程度等。

（4）转头。未到田头一米处，双手抬起拉动柄，让滚动轮离地停转，再向前拉一米，接着将机子转头，如田两端留，未播的转头处，最后可以用机子横播一次。

（5）清种。换品种时，先将种子箱内多余的种子取出，将播种盘转到某一排种门打开状态时停转，同时手柄往下降低，使盘内种子从打开的门中清理干净。

（6）保养。每天工作完毕应洗净泥土，输种管、播种盘内的芽种子应及时清除。一季用完，上油防锈，放在干燥处，妥善保管，确保安全。

（二）技术要求

1. 水稻机穴播对品种的技术要求

水稻机穴播应根据水稻生长特性选择适宜品种种植。

（1）生育期。与移栽稻相比，机穴播水稻品种的全生育期一般会缩短 5~7d，主茎总叶片数减少 0.5~1.0 片。因此，过于早熟的水稻品种不利于发挥机穴播的增产潜力，宜选用通过国家审定的高产、优质、抗逆性较强的早、中熟晚粳水稻品种种植，或搭配种植迟熟晚粳品种。

（2）株型。与移栽稻相比，机穴播水稻的每穗总粒数减少，株高降低，宜选用株高适中、分蘖力中等的中、大穗型品种种植。

（3）根系活力。与移栽稻相比，机穴播水稻扎根略浅，宜选用根系活力强、具有明显抗倒能力的水稻品种种植。

（4）要求种子无芒。要求尽量选用无芒或通过除芒机械加工处理后的种子，避免机穴播播种时堵塞播种槽，造成断穴、断行或播种不均匀的情况。

2. 水稻机穴播对浸种催芽技术的要求

（1）晒种。选晴好天气晒种 1~2d，摊薄、勤翻，防止破壳。

（2）浸种消毒。可用 17% 杀螟乙蒜素可湿性粉剂 20~30g 加 10% 吡虫啉可湿性粉剂 10g，两种药剂混合后先用少量清水将药剂调成糨糊状，再加清水 6~8kg 均匀稀释，配制成浸种消毒液，可浸稻种 5~6kg。浸种时间要求：日平均气温 18~20℃时浸种 60h，日平均气温 23~25℃时浸种 48h。

（3）催芽。稻种经浸种消毒处理后捞起，堆成厚度为 20~30cm 的谷堆，覆盖湿润草垫，保持适宜的温度、湿度和透气性。要求谷堆上下、内外温湿度基本保持一致，并按照“高温破胸（上限温度 38℃、适宜温度 35℃）、保湿催芽（温度 25~28℃、湿度 80% 左右）、低温晾芽”三大关键技术环节做好催芽工作。催芽标准以 90% 稻谷“破胸露白”为准，芽长控制在 0.3 cm 以下。催芽后室内摊晾 4~6h 炼芽，至芽谷面干内湿后待播。

（三）作业质量标准

种子破损率：≤ 1.5%；

播种空穴率：≤ 6%；

均匀性穴粒数合格率：≥ 85%；

播种深度合格率：≥ 80%；

种肥间距合格率：≥ 90%；

适用度：≥ 4。

第五节　铺膜播种技术

一、技术内容

（一）技术定义

覆膜播种技术是运用覆膜播种机，一次性完成开沟、播种、追肥、覆膜、覆土、镇压等工序的机械化操作技术。覆膜播种主要可分为先播种后盖膜和先盖膜后打孔两种技术模式。

（二）技术原理

先播种后盖膜。春雨早的地区，采用先播种后盖膜，引苗出膜的办法。好处是能防止膜面土壤结壳，避免种子盘芽；工序少，整地、施肥、播种、盖膜连续作业，一次完成，适宜机械化作业：从盖膜到引苗出膜期间，膜面无土无孔，采光面大，有利于增温保墒；播种深度一致，出苗整齐。问题是用工比较集中，放苗不及时容易烧伤幼苗，造成缺株。播种时要按规定的株行距播种，深浅要一致，播后盖膜保温。出苗后及时检查，打孔放苗，以防高温灼伤幼苗。

先盖膜后打孔。播种常有春旱发生的地区，整地施肥后先盖膜，可提前 10 天左右，待播种适期一到，在膜面上按要求株行距，用简易打孔器打孔播种。一般深度 4~5cm，膜孔直径 2~3cm，然后适量浇水，用细土压好膜边和膜孔。这种方法的好处是能提早增温、保水、提墒、减少土壤水分蒸发：不用放苗，节省用工，对保证全苗有明显作用，能使整地、施肥、盖膜和播种分开作业，缓和劳力紧张矛盾。缺点是膜面用土压膜孔，不但减少采光面积，降低增温效果，而且遇雨土壤容易结壳，影响出苗，还有一部分出苗不对孔，需及时引苗出膜，然后用细土盖严膜口保温。提早盖膜有利于土壤增温保墒，是夺取高产的重要措施。根据土壤解冻情况，玉米播种盖膜时间可提前到 3 月末和 4 月初。在整地作床，喷除草剂后即可盖膜。盖膜要掌握盖早不盖晚，盖湿不盖干的原则，如果土壤墒情较差，就应浇水补墒后再盖膜。旱地要顶凌整地盖膜，力争保住返浆前的土壤墒情。早盖膜还可缓解春播期间劳动力紧张状况，有利于提高盖膜和播种质量。

（三）技术特点

地膜覆盖可以有效地保墒和防旱。露地栽植作物其地表蒸发量大，不利于对墒情的保护，而采用了地膜覆盖技术之后，能够很好地起到防旱和保持墒情的作用，经过地膜覆盖之后，水分的散失主要是通过土壤渗透和作物的蒸腾作用进行的；其次，保持土壤肥力，改善土壤理化性质。地膜覆盖之后，降水和灌溉主要是通过横向的渗透作用对地膜地下土壤进行浸润，避免大水漫灌而造成的土壤板结现象，保证了土壤良好的通透性，同时，还能够有效地阻止土壤中的养分挥发和流失，覆膜之后地表的温度显著提升，土壤墒情和透气性良好，这样就十分有利于土壤微生物的生存和繁殖，加速对土壤中的有机物进行分解，促进土壤养分进一步转化和分解，增加土壤肥力。

（四）技术来源及沿革

在 20 世纪 60 年代初，随着少耕和免耕种植工艺在农业生产上的推广应用，特别是地膜覆盖种植工艺在生产上的广泛应用，传统的开沟播种方式已经不适用于农业生产的要求，促使人们积极开展不同种类的打穴播种机的研制。

1961 年，Hunt 报道了一种能够在覆过地膜的地面上进行蔬菜精密播种的打穴播种机。这种“蔬菜播种机”与覆膜机联合作业，可播种南瓜、西瓜和黄瓜等种子。该打穴播种机的主要结构有排种器、持种盘和成穴器等。播种深度和行内株距可通过改变成穴管的结构尺寸和数目来调节。

1978 年，从日本引进覆膜栽培技术后，我国就开始了各种地膜覆盖机的研制、改装和试验。特别是 20 世纪 90 年代以来，加大了对覆膜播种机的研究力度，并取得了很大的进展。

1988 年，汪遵元、胡敦俊等人在《滚轮式膜上打孔精量播种机》一文中，分析了该覆膜播种机的排种器及开穴器的主要工作原理，推导出了主要参数的计算公式，并分析了影响工作的主要因素。

1989 年，马旭等人报道了一种“地膜覆盖播种机成穴器”，该成穴器为鸭嘴式成穴器。对成穴器鸭嘴的结构和工作参数进行了优化，播种时使其在地膜上的穿孔最小，并在土壤上生成穴孔。

膜覆盖栽培技术自 20 世纪 70 年代引进我国，首先引起西北、东北地区的关注，在进行小面积试验示范的同时，研制了一批人力与机引地膜覆盖机具。20

世纪 90 年代初该项技术已推广到全国近一半省份，机械铺膜面积突破 1 000 万亩。进入“九五”之后，地膜覆盖栽培技术进一步扩展到全国 2/3 以上的省份，机械化装备大中型地膜覆盖（播种）机 7 000 多部，小型地膜覆盖（播种）机具 5.7 万部，发展势头十分强劲。

二、装备配套

（一）设备分类

地膜覆盖播种技术主要适用于我国干旱、半干旱地区农作物的种植，可用于种植玉米、花生、棉花、谷物作物等，图 2-19 为玉米覆膜播种机。

图 2-19　玉米覆膜播种机

（二）机具结构

以 2BMP-2 型玉米精量覆膜播种机玉米覆膜播种机为例，该机主要由机架 、地轮、传动机构、排肥机构、播种机构、起垄整形机构 、覆膜机构 、镇压机构及悬挂机构组成，采用后悬挂的方式与小四轮拖拉机配套（图 2-20）。

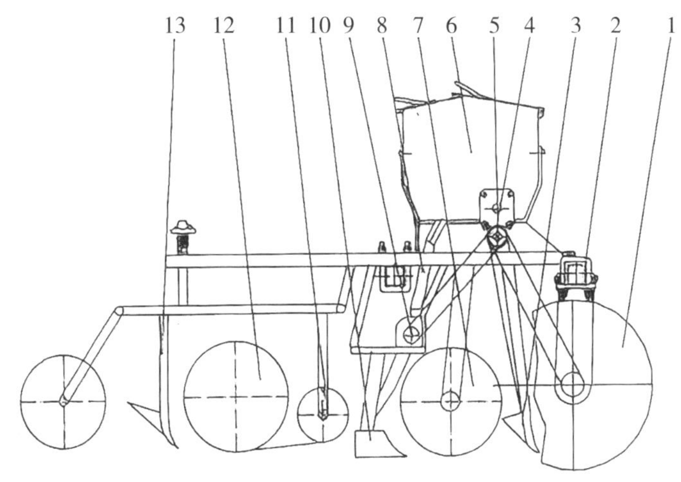

1 地轮　2 机架　3 排肥开沟器　4 排肥器　5 拨指机构　6 种肥箱　7 镇压成形轮　8 导种管　9 排种器　10 播种开沟器　11 挂膜装置　12 压膜装置　13 起垄覆土器

图 2-20　2BMP-2 型玉米精量覆膜播种机结构示意

（三）设备原理

工作原理。当机组前进时，排肥开沟器在垄台两边开沟施肥，镇压成形轮将垄面进一步整理压实。播种开沟器为靴式，在播种的同时完成覆土作业，最后镇压轮将种床压实。随后薄膜通过挂膜装置、压膜装置按垄的形状舒展开，铧式开沟器紧跟压膜装置后将土覆盖于膜的两边，并由尾部的镇压轮压实，完成全部工作过程。

三、操作规程

覆膜播种技术以玉米覆膜播种机为例。

（一）准备工作

播前要备膜、整地施肥。根据种植区域农艺要求选用适宜厚度的地膜，一般备地膜 45kg/hm^2 左右，要选择厚薄均匀、铺展性能好、韧性好、厚度在适宜的正规厂家生产的地膜。地膜宽度应该比带宽略宽，与播种机械配套。花生地膜播种一般采用 800mm × 0.008mm 的地膜。

玉米地膜播种前，要利用耕整地机械进行整地，做到地平土碎，上虚下实，无残茬杂物。有机肥和磷肥全部底肥一次施入，氮肥施肥量的一半做底肥，一半留作追肥。

地膜覆盖花生播种时，在前茬作物收获后，及时土壤深翻 20cm 以上，打破犁底层，耙平耱细，做到无明、暗坷垃。播种时要做到地面平整，土壤细碎，底墒充足，提倡起垄播种，一般起垄的规格为（40~50）cm × 10cm。覆膜时要做到平、紧、实，无皱褶，无破损。由于覆盖地膜垄面不能进行中耕，为防治杂草为害，覆膜前要采取喷施乙草胺、丁草胺等封闭性化学除草。

（二）操作

1. 播前准备

播种要适时早播种，玉米覆膜播种提倡趁墒起垄覆膜，打孔播种的方法。地膜玉米一般宜采用一膜两行，播深 3~4cm。播种方法一是膜外侧条播，先覆膜后播种；二是膜内条播，先覆膜后在膜上打孔播种、若播种时表土层墒情过差，条播时可采取“豁干种湿”等措施。

2. 覆膜播种机的操作要点

（1）先准备好地膜，将整机与拖拉机连接，有药液筒的需将药液筒与拖拉机气泵连接好，检查调整各部位润滑、紧固、转动等状态。

（2）添加种子，根据排种器的型号和实际播种要求，添加合适的种子，尺寸过大或者过小的种子应捡出，需要拌种衣剂时，将种子倒在塑料薄膜上，倒上种衣剂原液，二人各持两角抖动均匀，晾晒1分钟，检查种子箱内无异物，添加种子。更换新的品种时，可将排种器插板拉开，倒出剩余种子后，重新添加。

（3）添加和更换药液，按要求对好药液，倒入药液筒，打开进气开关向筒内充气，使气压达到规定值后试喷，注意将安全阀调整到安全压力，以保证安全。更换药液时应先拧松筒盖放气，放完气后再开盖加药。

（4）添加肥料，将清除杂物后无板结的颗粒肥料加入种子箱。

（5）安装地膜，将膜卷装在膜杆上，置入膜卷架上，调整好紧度并锁紧。

（6）开始作业。将机组对准作业位置，将地膜从膜辊上拉下，把膜头用土压住，打开药液开关，起步作业。

（7）播种深度、行距、株距、喷药量和施肥量的调整。通过调整开沟铲相对于机架的高度和水平位置可得到合适的播种行距；更换链轮改变传动比（某些机型更换不同的排种轮）可以得到合适的株距；改变阀门开度实现要求的施药量；调整排肥轮的工作长度，实现要求的施肥量。

（8）垄形调整，改变翻土铲的入土深度，调整合适的垄高，增加翻土深度，垄高增加，反之降低。

（9）铺膜部分的调整。改变展膜轮的高度和角度可以调整地膜的横向拉紧程度。调低展膜轮和增加展膜轮前侧内倾角度增强拉紧的程度，反之松弛；改变膜卷锁紧程度调整纵向拉紧程度，锁紧螺栓则纵向拉紧增强，反之减弱。

（10）覆土量的调整。改变覆土圆盘的深度和角度可以调整覆土量。增加深度和增加覆土圆盘与前进方向的角度，增加覆土量，反之减少。

覆膜播种玉米时，适墒播种土壤水分达到田间持水量的60%~70%时，才能满足玉米种子发芽出苗的需要。低于此含水量，应造墒播种。如土壤水分超过田间持水量的80%时，也对玉米发芽出苗不利，应晾墒后再播种。足墒播种的办法，一是抢墒播种，播一垄盖一垄，减少水分散失。二是先播种，暂时不盖地膜，等雨后抢墒盖膜。在播种期间遇到连阴雨天气，土壤中水分饱和，盖膜后会使土壤形成泥团黏糊，影响透气，对出苗不利，应等土壤半干时播种盖膜。垄沟播种当春季土壤表层干旱，底墒较好时，可采取垄沟播种的方法。一方面使玉米种子播在含水量较高的土层中，有利于出苗。另一方面，在沟上盖膜使沟内形成一个小温室，有利于增温保墒，避免玉米出土后，立即接触地膜而造成伤苗。

（三）维护保养

每班作业后，及时检查各部件是否处于良好的技术状态，将机具上的泥土等杂物去除干净。每季作业后检查各运转部位的轴承和链条，看是否需要更换或调整，机具应放在通风遮阳处保存，不得露天存放。

对各转动部位润滑点每 8h 加注一次润滑脂，对排肥器、鸭嘴处（如有）每 12h 点滴机油润滑。季节作业结束后，应将各部清洗干净（特别排肥系统和排种滚筒内），晾干上油，用木板垫起，放在无积水、避雨且干燥的库房内，以免生锈。链轮、链条、刮土板、开沟铧和覆土盘上应上油保护。

（四）注意事项

要注意品种的选用，选用适应当地生产条件、丰产潜力大、抗旱、抗病、抗逆性强的品种。

在正式播种前应调整机械进行试播，实地检查和调整播量、播深、行距覆膜质量等，确认合适后方可正式播种。

机具操作要规范。机具使用应按说明书要求进行正确安装，调整。铺膜机中心线应与牵引的动力中心线重合，开沟器，压膜轮，覆土器等均应调整对称。两开沟器的开沟深度及角度应调整一致，内侧距离应小于所铺地膜幅宽 25cm 左右。沙壤土应将开沟深度调得适当深些。两压膜轮的压力必须调整得一致。间距应与开沟器间距相适应，压膜轮外缘与地膜边缘对齐。两覆土器的深浅、角度的调整，可根据土质、风力等而定。如沙壤土，风力较大，可深些，角度大些；如风力较小，可减少覆土量，以增大采光面。为避免作业中损坏地膜，挡土板下缘距地膜应在 2~3cm。两挡土板间距离调整到在保证覆土带宽度前提下得到较大的采光面。全悬挂式铺膜机要调整拖拉机悬挂机构，使铺膜与地面成水平，做到挂接牢靠，减少机具左右摆动的幅度。如发现铺膜质量有问题，应及时排除故障后再进行作业。

在覆膜过程中，一定要保证地膜覆盖严实，将四周用土压实，并隔一段在地膜上方压一小堆土壤，防止大风将其掀起，播种后，应对播种口进行密封，不然会导致杂草生长和水分过度蒸发，对提高地温，促进种子发芽十分不利。

播种机工作时为保证覆膜质量应保持直线和匀速前进。尽量保持膜卷对正畦面，并与前进方向保持垂直，否则会出现地膜偏斜现象。如果压膜轮压力左右不一致，地膜会出现斜向皱纹；压膜轮的压力过大会使地膜出现横向皱纹；压膜轮的压力过小，地膜会出现纵向皱纹。发生以上现象要通过提高和降低机械前进速度，增加和减小膜卷的卡紧力来改善。

在运输覆膜播种机时速度不超过 10km/h，减少设备颠簸，避免设备部件收到损坏，在地头需要转弯时需要将播种装置悬起，放下悬挂在拖拉机上的播种机时，应该用升降设备慢慢地将机具放下以防速度过快，损坏机具，工作时应注意工作质量，发生问题及时调整。

四、质量标准

对于玉米覆膜播种要求如下。

采光面宽度 >60cm；

施肥深度 >7cm；

播种深度约 4.5cm，每穴 1~2 粒，空穴率≤ 2.0%，漂籽率≤ 1.0%；

覆膜采光面宽度合格率≥ 80%；

采光面机械破损度≤ 20%；

采光面展平度≥ 98%；

膜下播种深度合格率≥ 85%；

膜边覆土宽度合格率≥ 95%；

膜边覆土厚度合格率≥ 95%。

第六节　水稻插秧技术

一、技术内容

（一）技术定义

水稻机械化插秧技术是水稻插秧是将育好的壮秧移栽到本田，是在本田生育的开始，是决定各产量因素发展的基础（图 2-21）。

图 2-21　水稻插秧机

（二）技术优点

水稻插秧技术优点是：行距固定，株距、取秧量、插深可调，栽深一致；环境适应性较强，栽插速度快、插秧质量好。水稻机插秧具有禾苗分蘖快、通风透光好、抗逆性强，田间管理方便，以及省工、节本、节省秧田、稳产高产等明显优势。

（三）技术沿革

我国在新中国成立后就开始对水稻插秧机械进行了研究，首先研制出的是洗根苗水稻插秧机，由于其他技术不配套，综合效率低等原因而未能推广，但也引起了世界各国的广泛关注。1967 年我国自行研制的第 1 台东风 –2S 型自走式水稻机动插秧机通过鉴定并投产，使我国成为世界上首批拥有自制机动插秧机的国家之一。在此以后，随着国家对农机科研投入的加大，水稻种植机械化有了较大发展。到 1976 年，全国水稻插秧机械保有量达 10 万台，水稻机械化插秧种植面积约 35 万 hm^2，占水稻种植面积的 1.1%，水稻种植机械化水平达到了历史最高水平，对世界水稻种植机械的发展起到了推进作用。20 世纪 70 年代末，我国从日本引进了盘育机插水稻种植机械化技术，解决了育秧与机插秧的配套问题，使水稻种植机械化作业水平有了很大提高，在此基础上又开发研制了国产 2ZT–935 系列水稻插秧机，该机销售量较大，对我国水稻机械化插秧起到了较大的促进作用。20 世纪 80 年代，由于农村政策的调整，实行了家庭联产承包责任制，分田到户，种植地块小而分散，且当时农村经济正处于起步阶段，政府减少了对农机的投入，农民还没有购买农机的经济实力，这些因素限制了水稻种植机械化的发展，使得水稻机械插秧水平严重下降，全国机插面积不足 18 万 hm^2，仅占全国水稻种植面积的 0.5%。20 世纪 90 年代，随着农村经济的迅速发展，农村劳动力逐渐开始向二三产业转移，农民对农业机械化要求迫切，国家开始重视对农业的投入，水稻价格也有了较大幅度的提高，以上这些因素再次激发了农民种植水稻的积极性，农村集约化经营开始实施，我国水稻种植机械化水平又有了较大的回升和提高。

图 2–22　四轮水稻插秧机

二、技术内容

（一）设备分类

水稻插秧机主要有乘坐式和步行式两大类，乘坐式又分为独轮乘坐式和四轮乘坐式（图 2–22）两种。按插秧速度分，主要有普通插秧机和高速插秧机。步行式均为普通插秧机，乘坐式有普通插秧机，也有高速插秧机。

（二）水稻秧盘育秧播种机

以 2CYL-450 型水稻秧盘育秧播种机为例，总体结构如图 2-23 所示。该排种器采用机械振动式原理，在大槽板上放置振动栅，使水稻种子获得垂直方向的单一振动，迫使大槽板上的种子均匀振动，达到悬浮状态，实现定位对靶播种，原理是将步进电机、直线导轨和定位栅格有机组合，确保种子落点精准。通过振频和振幅的调节，调节育秧秧盘播种量的要求。播种过程为：秧盘供送→铺底土→压实→播种→覆表土→清扫→洒水→取秧盘等工序。

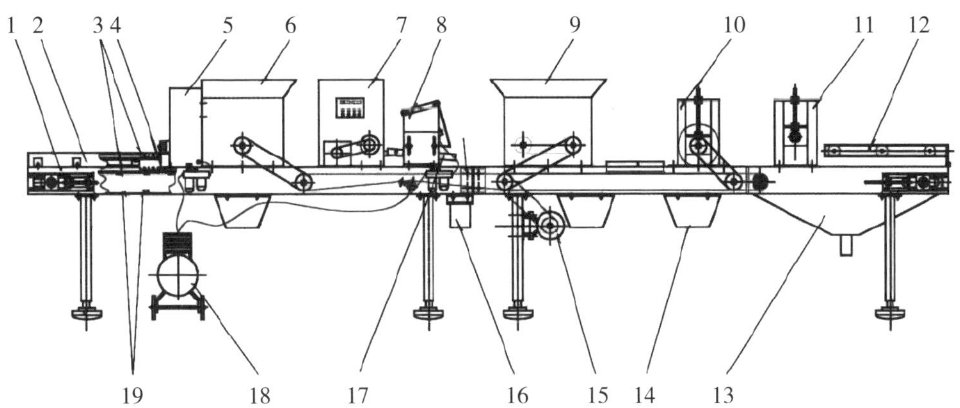

1. 机架　2. 供盘装置　3. 秧盘　4. 光电传感器　5. 电控箱　6. 铺底土装置　7. 外槽轮供种装置　8. 振动排种盘　9. 覆表土装置　10. 清扫装置　11. 淋水装置　12. 取盘台　13. 集水斗　14. 集土斗　15. 调速电机　16. 集种斗　17. 大槽板　18. 空气压缩机　19. 链式输送

图 2-23　2CYL-450 型水稻育秧精密播种流水线总体结构示意

（三）插秧机结构

以 2ZGK-6 型水稻移栽机为例。该机具可调宽窄行高速水稻插秧机是在久保田 SPU-68C 型高速水稻插秧机基础上，对其栽植部分进行改进设计而成，其插秧宽行行距为 300mm，窄行行距可在 200~300mm 范围内调节。改进设计后的栽植部分由分插机构、移箱机构、行距调节机构、秧箱系统以及支撑梁等组成，如图 2-24a 和图 2-24b 所示。2ZGK-6 型可调宽窄行高速水稻插秧机采用旋转式分插机构和螺旋轴式移箱机构。设计的秧箱系统由中间的固定秧箱单元、位于两侧的活动秧箱单元、秧箱单元调节机构和锁紧装置组成。分插机构动力传动轴由 3 段组成，2 段间通过键槽与滑套连接，如图 2-24c、d 和 e 所示。工作时，首先松开两侧支撑臂锁紧装置和两侧活动秧箱单元锁紧装置，手动摇把带动调节

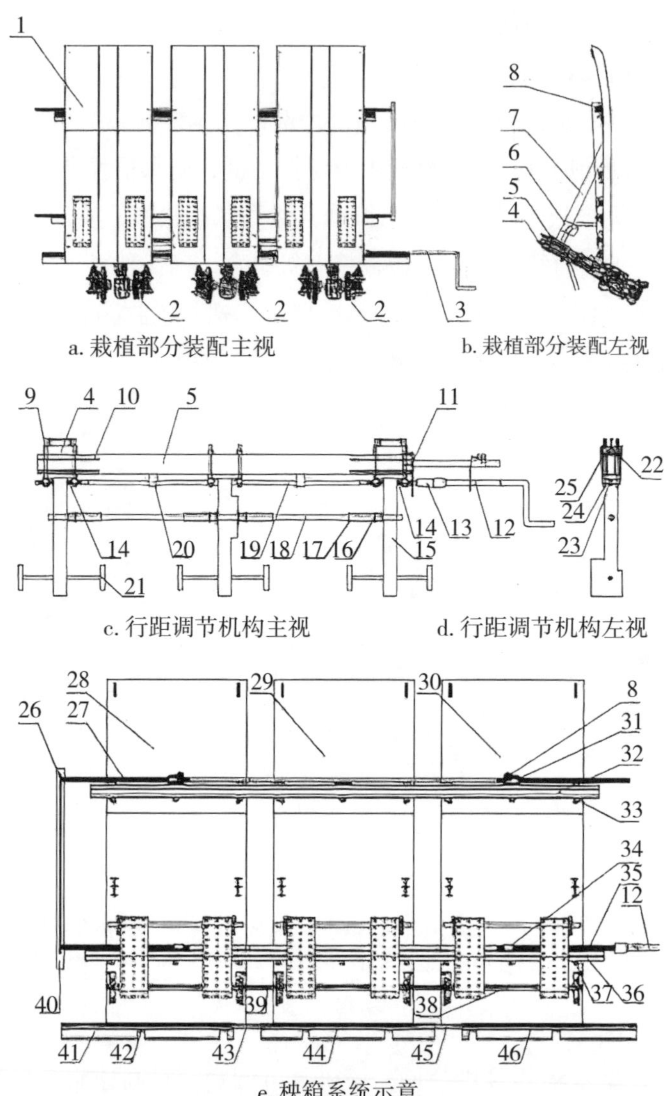

1 秧箱系统　2 分插机构　3 行距调节机构　4 支撑臂锁紧装置　5 支撑梁　6 移箱机构　7 支撑架　8 秧箱系统锁紧装置　9 螺栓　10 滑槽　11 固定架　12 调节旋转杆　13 连接套　14 螺纹　15 分插机构支撑臂（支撑臂）　16 固定销　17 滑套　18 分插机构动力传动轴　19 调节轴　20 调节轴支撑套　21 分插机构　22 支撑梁上端面滑槽　23 滑块内螺纹孔　24 滑块　25 支撑梁下端面滑槽　26 链传动机构　27 调节轴Ⅰ　28 右秧箱单元　29 中间秧箱单元　30 左秧箱单元　31 上滑块　32 上支撑杆　33 上垫板　34 下滑块　35 调节轴Ⅱ　36 下支撑杆　37 下垫板　38 滑套　39 主动送秧轴　40 保护箱　41 右秧门梁单元　42 取秧口　43，45 导向块　44 中间秧门梁单元　46 左秧门梁单元

图 2-24　2ZGK-6 型可调宽窄行高速水稻插秧机栽植部分

轴使两侧支撑臂和两侧秧箱单元同步向两侧或中间移动到所需插秧行距位置，然后通过锁定装置锁紧两侧支撑臂和两侧活动秧箱单元，插秧机即可正常作业。

（四）工作原理

为使插秧机实现插秧行距可调，需调节两相邻分插机构支撑臂之间距离，因此，设计了行距调节机构。行距调节机构由调节轴、滑块、锁紧装置等组成，如图 1c 和 1d 所示。调节轴两端有外螺纹，两端外螺纹螺旋方向相反；调节轴穿过中间支撑臂孔，两端外螺纹分别与两侧支撑臂滑块孔中内螺纹相连接。调节行距时，松开锁紧装置，两侧分插机构支撑臂在支撑梁上同步向左或向右移动相同距离，当达到所要求插秧行距时，将锁紧装置锁紧，使支撑臂固定，以保证插秧机作业时的工作性能。调节轴中间光滑部分由固定在支撑梁后端面的支撑套支撑，以保证调节轴转动时不发生抖动。

三、操作规范

（一）准备工作

1. 大田质量要求

机插水稻采用中、小苗移栽，耕整地质量的好坏直接关系到机械化插秧作业质量，要求田块平整、田面整洁、上细下粗、细而不糊、上烂下实、泥浆沉实，水层适中。综合土壤的地力、茬口等因素，可结合旋耕作业施用适量有机肥和无机肥。整地后保持水层 2~3 天，进行适度沉实和病虫草害的防治，即可薄水机插。

2. 适时刮田灌水

应在机插前 2~3 天将田刮平，然后将水放干，以降低营养土的含水量。待机插头一天或当天再放 1~2cm 的水层，这样既有利于插秧机行走，又可防止秧苗倒伏严重，提高插秧质量和效率。所以，表层土的含水量以泥脚深度为 15~20cm 为宜。

3. 秧块准备

插前秧块床土含水量 40% 左右（用手指按住底土，以能够稍微按进去的程度为宜）。将秧苗起盘后小心卷起，叠放于运秧车，堆放层数一般 2~3 层为宜，运至田头应随即卸下平放（清除田头放秧位置的石头、砖块等，防止粘在秧块上，打坏秧针），使秧苗自然舒展。并做到随起随运随插，严防烈日伤苗。双膜育秧应按插秧机作业要求切块起秧，将整块秧板切成适合机插的秧块，宽为

27.5~28 厘米、长为 58 厘米左右。

（二）水稻插秧机的正确使用

1. 插秧机使用前的检查工作

在使用插秧机之前要先做好检查工作，如果发现有问题要维修后再使用。首先要检查插秧机的所有部件有没有缺失、损坏的现象，检查螺丝固定部位是否有松动，以及所有零件连接的部位是否连接紧固。其次检查插秧机的润滑系统，发动机、变速箱等用油机械的油量是否充足。移箱器、栽植臂、送秧棘轮及小滚轮、秧箱支承轮、分离销、万向节、深浅调节螺杆、左右链轮箱等部位都要进行仔细的检查。最后要检查插秧机的分离针和秧门之间的距离是否在标准距离范围内，压秧杆与秧箱底之间要保持平行。

2. 插秧机的正确使用规范

（1）插秧机的启动与起步操作。插秧机在启动之前要先进行试插，一定要保证插秧作业的质量。在启动发动机时先将油门的开关打开检查油量是否充足，然后确认离合器是否处于分离状态，变速杆是否在空挡位置，然后再启动发动机开始起步操作，踩离合器、挂挡、加油使插秧机前行，换挡时要先停车，同时换挡时要在齿轮牙对齐的时候进行，根据路面的平整度选择合适的行驶挡位。在田埂较深的情况下要先在行驶路段垫上木板再继续前行，到达插秧地点后确定好作业路线将叶轮安装好后慢速进入作业稻田。

（2）插秧机装秧、补秧的正确操作。在使用盘育秧苗时，先用手轻轻把秧片一头提起，插入运秧板取出秧片，注意不要把秧片弄碎或把秧苗折断。当空秧箱装秧时，注意要把秧箱移到一侧，在分离针空取秧 1 次后方可加入秧片。在秧箱里秧苗到露出送秧轮之前就应及时续秧，在续秧的过程中要保证秧片的整齐度和紧密度，在秧片进入秧箱后要让秧片自由下落，根据具体情况决定需不需要加入水，在运行的过程中不要用手去触碰秧片。压秧杆压秧时要时刻关注秧片是否有拱起现象。装秧的过程中如果出现秧片过大不能完全进入秧箱时要将漏出的部分卷进去，然后在下滑的过程中渐渐展开。在插秧间歇和结束期间秧箱内不能留存秧苗，清空后进行清洁工作，最后要核对取秧量。

（3）插秧机使用安全规范。在插秧机运行过程中一定不要用手去接触运转的机械部位，所有的整理操作都要在插秧机停止运行的时候进行，如果在插秧机运行的过程中出现卡顿的现象，要及时停止运行检查是否有杂物，清理杂物时同样要在机械停止运转的时候进行。同时在插秧作业之前就要确定进田、插秧行驶和出田的路线，来保证插秧作业的质量。

（4）插秧行进时的注意事项。在行驶过程中插秧机要与田边间隔一定的距离，行走路线要呈直线，两行之间的线路要平行。在插秧机进田之前也要间隔一段的距离保证两端的插秧质量。在需要转弯时要先分离定位分离手柄，再分离主变速手柄。当插秧作业到达最后的阶段时要先将外端的秧苗取出，使插秧机少插一行或几行秧苗，然后在进行最后的外端插秧作业。在插秧的过程中如果出现插秧机陷进地里的问题要抬船板，可在地轮前加一木杠，使插秧机机头自行爬出。

3. 插秧作业

（1）插秧作业前，机手须对插秧机作一次全面检查调试，各运行部件应转动灵活，无碰撞卡滞现象。转动部件要加注润滑油，以确保插秧机能够正常工作。

（2）装秧苗前必须将空秧箱移动到导轨的一端，再装秧苗，防止漏秧。秧块要紧贴秧箱，不拱起，两片秧块接头处要对齐，不留间隙，必要时秧块与秧箱间要洒水润滑，使秧块下滑顺畅。

（3）按照农艺要求，确定株距和每穴秧苗的株数，调节好相应的株距和取秧量，保证大田适宜的基本苗。

（4）根据大田泥脚深度，调整插秧机插秧深度，并根据土壤软硬度，通过调节仿形机构灵敏度来控制插深一致性，达到不漂不倒，深浅适宜。

（5）选择适宜的栽插行走路线，正确使用划印器和侧对行器，以保证插秧的直线度和邻接行距。

（三）水稻插秧机的维护与保养

1. 插秧机作业前的维护保养

在插秧机作业前要对其进行维护保养，先检查各部件的油位，不足的需要注油，将插秧机表面和内部附着的泥土、杂物等都清除干净，做好清洁工作，检查所有零件的质量和螺丝紧固程度，涂抹润滑油做好零件的维护工作。当所有工序都完成后再进行插秧机的存放。

2. 作业结束后的保养保管

在插秧机作业结束后要对柴油机进行保养，按照厂家提供的柴油机保养说明手册进行保养。将秧箱内的所有秧苗清除之后清洗秧箱，并将其他的零部件也彻底清洁。清洗完成后晾晒一天或两天，待到零件干燥后将用油的零件油量充满，需要涂抹润滑油的零件要涂抹充足的润滑油，将零部件的螺栓、连接处都进行紧固处理，并做好防腐处理，一般都是在零件表面涂抹防腐油。最后要确定分离手柄的位置是否处于分离状态。

四、插秧作业质量

机械化插秧的作业质量对水稻的高产、稳产影响至关重要。

（1）机械插秧的总体要求。一行走要直，接行宽窄一致。二田边要留出一行插幅，便于出入稻田，插后整齐，不用补插边行。三秧片接口要整齐，减少漏插。四若是秧片水分少，要在秧箱中加水保持下滑顺利，防止漏插。五漏插行段，要注意抛足补苗秧片，随漏随补；减少漏插、漂秧和勾伤秧，一般允许漏插率为百分之五。

（2）作业质量必须达到以下要求。

漏插：指机插后插穴内无秧苗，漏插率≤ 5%；

伤秧：指秧苗插后茎基部有折伤，刺伤和切断现象。伤秧率≤ 4%；

漂秧：指插后秧苗漂浮在水（泥）面。漂秧率≤ 3%；

勾秧：指插后秧苗茎基部 90° 以上的弯曲。勾秧率≤ 4%；

翻倒：指秧苗倒于田中，叶梢部与泥面接触，翻倒率≤ 3%；

均匀度：指各穴秧苗株数与其平均株数的接近程度。均匀度合格率≥ 85%；

插秧深度一致性：一般插秧深度在 10~35 毫米（以秧苗土层上表面为基准）。

第七节　甘薯移栽技术

一、技术内容

（一）定义

甘薯一般采用块根无性繁殖，先用种薯在苗床育苗，生长至一定时期后剪（或拔）取茎尖，再运至大田进行裸苗高垄栽插作业。

生产上甘薯秧苗栽插方式主要有斜插法、直插法、舟底形插法和水平插法等，如图 2-25 所示。其中，斜插法以秧苗倾斜地面 60° ~70° 的方式插入土垄中，苗根部与水平面夹角约为 30°，薯苗入土节数较多，且入土深度适宜，有利于抗旱增产，是目前甘薯生产中应用最为广泛的一种栽插方式。

图 2-25　甘薯秧苗移栽后形态示意

甘薯机械化移栽技术是指用移栽机进行开沟、栽苗、覆土等作业工序将甘薯苗按照农艺的要求，移栽到垄上的机械化技术。

（二）移栽技术原理

拖拉机通过三点悬挂与移栽机连接，带动移栽机前进作业。地轮转动时，动力一方面通过链传动、锥齿轮传动、槽轮机构传动和同步带轮带动夹苗带间歇式转动，为插秧机构提供秧苗；另一方面通过链传动、不完全齿轮机构、曲轴连杆机构、齿轮齿条机构驱动插苗连杆机构的主动杆间歇式往复摆动，通过四杆机构实现栽植轨迹，同时配合夹苗指的开合，来实现移栽过程（图 2-26）。

图 2-26　2CGF-2 型甘薯移栽起垄复式作业机

（三）特点

甘薯是一种劳动环节较多的土下类作物，需先通过育苗，后进行裸苗移栽，田间管理，灭秧切蔓，继而进行挖掘收获，移栽是甘薯生产的重要环节，其质量的好坏对收获期的切蔓、收获等有着重要的影响。由于前期研发投入较少、技术装备储备不足，现阶段移栽机械化生产水平较低，随着农村劳动力不断转移，其用工量多、劳动强度大、用工成本高、综合收益不高的现状已严重影响了农民种植积极性，制约了产业的健康快速发展。

（四）移栽技术分类

目前，国内的甘薯移栽机研发尚处于起步阶段，移栽装备相对较少，现阶段主要有 3 种形式：一是传送带式甘薯移栽机，即通过传送带将苗输送至挠性圆盘，挠性圆盘将苗栽插入土；二是吊杯式甘薯移栽机，通过吊杯将苗投放至栽植“鸭嘴”部件，再将其栽植入土；三是链夹式甘薯移栽机。

二、技术装备

（一）总体结构

带夹式甘薯裸苗移栽机主要由机架、行走装置、仿形装置、送苗装置、插秧装置和夹苗装置组成，如图 2-27 所示。图 2-28 为传动系统的动力传递路线。机架用于支撑移栽机的其他部分，并悬挂在拖拉机上；行走装置由两个地轮组成，地轮转动为整机提供动力；仿形装置由安装在机架后端的两个仿形轮组成，仿形轮倾斜安装，防止工作时机器跑偏。

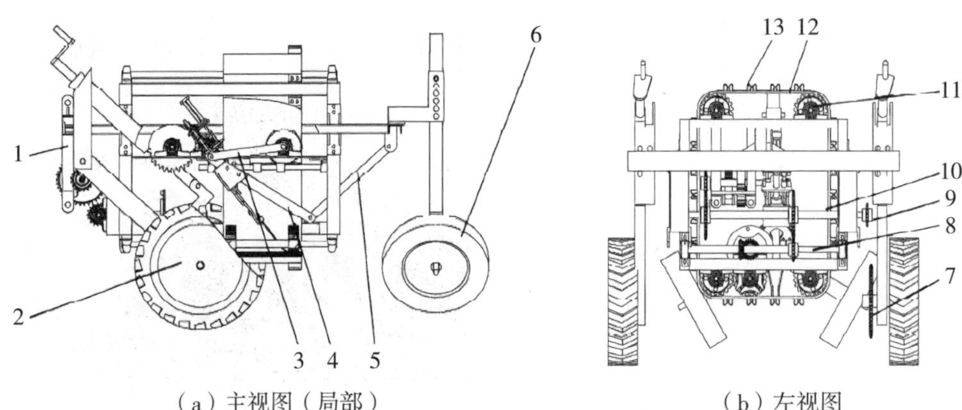

（a）主视图（局部）　　（b）左视图

1. 机架　2. 地轮　3. 插秧连杆Ⅰ　4. 插秧连杆Ⅱ　5. 插秧连杆Ⅲ
6. 仿形轮　7. 地轮传动链轮Ⅰ　8. 主传动轴Ⅰ　9. 传动链轮Ⅱ
10. 主传动轴Ⅱ　11. 同步带轮　12. 同步带　13. 秧苗固定钣金

图 2-27　移栽机主视图（局部剖）、左视图示意

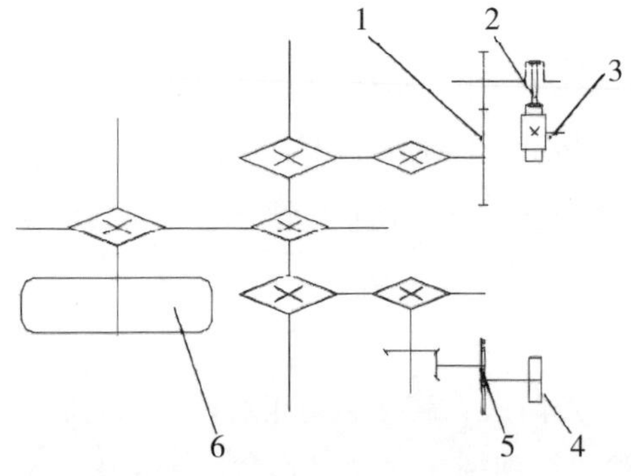

1. 不完全齿轮机构　2. 曲柄连杆机构
3. 齿轮齿条　4. 同步带轮　5. 槽轮机构　6. 地轮

图 2-28　动力传递路线

送苗装置由传动链轮、槽轮机构、同步带轮、同步带和夹苗钣金组成。甘薯苗固定在夹苗钣金上，地轮动力经链轮传动和槽轮机构传递给同步带，实现同步带的间歇性运动，为栽植机构提供甘薯苗。插秧装置由传动链轮、不完全齿轮机构、曲柄连杆机构、齿轮齿条机构及栽植四杆机构组成。地轮动力经链传动、不完全齿轮机构、曲柄连杆机构和齿轮齿条机构驱动四

杆机构的主动连杆间歇性往复摆动，形成插秧轨迹。夹苗装置用于甘薯苗的夹取和松开，由气缸控制苗夹的开合；夹苗指的材料为弹簧钢，通过控制夹苗指的变形程度控制夹苗的力量，保证在夹取过程中不伤苗。

（二）工作原理

以 2 ZL–2 移栽机为例，简单介绍链夹式移栽机构造和工作原理。2 ZL–2 型甘薯移栽机主要由苗箱、座椅、机架、行走驱动机构、开沟部件、栽插机构、覆土镇压机构组成，如图 2–29 所示。其工作原理及工作过程为：机具悬挂于拖拉机后部，作业人员将薯苗摆放至栽植机构的夹苗器上，由栽插机构将苗栽插入土，继而进行覆土镇压作业，完成薯苗栽插。

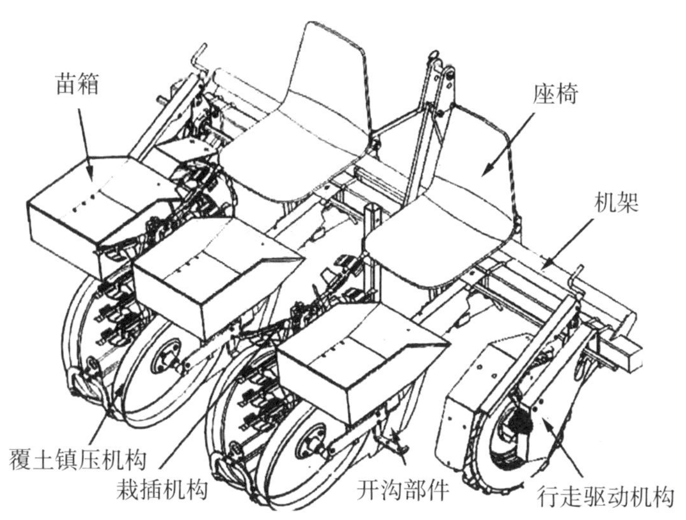

图 2–29　2 ZL–2 型甘薯移栽机结构

三、操作规范

（一）田间作业条件及要求

（1）作业时间。参考、甘薯种植生产农时要求。甘薯的移栽主要以高剪苗的裸苗栽插为主，一般都在 5—6 月进行。适宜甘薯种植农艺的移栽机械必须具备的特点有。

（2）地表条件：在已经平整的土地上工作，土壤的表面一定要足够的碎，并且松紧腰适中，不要在非常松或非常紧的土地上栽植。

（3）栽植作物要求：对裸苗机钵苗均能移栽，另外可以移栽油菜、烟草、蔬

图 2-30 甘薯斜插农艺

菜、花卉、棉花等其他经济作物。最理想的苗的形状应是：苗高 9~35cm，苗宽 0.5~4cm，根长 4~12cm，茎长 5~23cm。

（4）挖坑、斜插移栽之后必须有适量浇水环节。

（5）斜插角度按照倾斜地面 60° ~70° 的方式插入土中，插入深度以插入 3~4 个节为宜（图 2-30）。

（6）埋土时候，需要适量把叶片也埋入土中，这种方法适宜相对干旱环境下的种植，有利于增产。

（二）作业前准备

（1）使用前务必对机器进行检查。

（2）对指定润滑位置加油。

（3）将在检查、调整作业是拆下的零件安装回原位后再进行作业。

（4）在平坦的场所进行检查、调整作业。

（三）操作规程

1. 挂接操作

（1）改机器必须在平坦的地面上与拖拉机进行挂接。

（2）检查三点挂接形式是否一致。

（3）当机器挂接到拖拉机上时，操作者不要处于机器和拖拉机之间，司机将拖拉机驾驶到挂接的位置是必须熄火停车后再进行挂接。挂接后，将安全插销插上。

（4）用螺杆稳定器和连合臂的调整装置限制左右移动、保持机器和拖拉机相互平衡。

2. 行走操作

（1）远距离转移时，请使用卡车等搬运方法进行移动。

（2）只有当拖拉机熄火停车，机器落在地面上时，操作人员才能坐上各自的位置，脚必须放在脚蹬上。

（3）严禁机器在移动时人擅自离开操作位置。

（4）初次驾驶本机器的拖拉机手，在操作未熟练前请保持低速行走。

（5）行走时不得在苗箱上放置秧苗。

（6）在拖拉机处于工作状态是请不要离开操作位置。在放下起吊单元，拖拉机发动机熄火停车，刹车和带走控制台上的点火钥匙后才可离开。

3. 机手操作要求

（1）拖拉机手和操作人员发现异常时请立即停车。

（2）在田埂边转向时，请充分注意田埂周围的人和物体。

（3）在作业过程中请勿让人接近机器，特别注意不要让儿童接近机器。

（4）请尽量不要进行夜间作业。

（5）工作时将拖拉机速度控制在自动爬行挡。

（6）确定拖拉机的废弃不要正对着操作人员，使用消音器。

（7）移栽机在田间工作时请不要倒退行走。

4. 操作人员操作要求

（1）从托盘中取出秧苗并正确放置在苗夹中，并和拖拉机驾驶员决定移栽机的工作速度以便有足够的时间准确完成上述工作。

（2）不停观察移栽的质量，当发现有问题时向拖拉机驾驶员发出停止信号，检查其原因采取相应的措施。

（3）待栽植的秧苗的根系部分必须突出在苗夹的外面，以确保正确的栽植深度。

5. 工作状态调节操作

（1）通过调整上滑道焊接可使苗夹即时或延时地关闭。

（2）栽植机的开沟器的工作深度可根据植物秧苗的根系的长度调整到各种位置。（不要过分降低开沟器高度）

（3）调整轮系使移栽机处于相对水平的位置。

（4）检查座位的起始位置和终止位置之间保留大约 2cm 的摆动空间，这样能够使移栽机适应在不平坦地面上工作。

（5）2CGF-2 型甘薯移栽起垄复式作业机最小行距为 80cm。行距的调节一方面可以通过改变纵梁组件在悬架上的位置来实现，同时，还需要将起垄部件向机具的外侧移动。工作过程中如果所起的垄不成形，在垄顶中间出现沟槽时，可将起垄部件缝隙减小，增加起垄部件的取土量。

（6）株距的调节可以通过更换链轮实现，更换链轮调节株距的操作如下：通过松开螺母，移开防护罩；松开链轮端部的螺栓，搬动扳手，将链轮上的链条去下，再将链轮从轴上取下；通过松开链轮组顶端的螺母，对照选取适合齿数的链轮装到原先链轮处，拧紧端部的螺栓。

（7）在工作过程中，镇压轮必须时刻压在地面，从而来完成移栽装置的覆土

工作。拖拉机的液压升降装置也必须完全下调。

（四）安全操作

（1）在维护或调整时需要卸掉安全和保护装置，待维修完成后将其安装在正确的位置。

（2）严禁非专业人员驾驶拖拉机，不要将机器借与非专业人员操作。

（3）定期对保护装置进行检查，必要时进行更换。

（4）在连接或拆卸机器时，特别注意不要伤害身体。

（五）维护与保养

在正常使用条件下可参考使用一下维护要求，如果由于环境及其后因素，其需要适应更高的工作要求，那么必须相应的增加维护工作的频率。

（1）每小时的工作：清理囤积在苗夹上的泥土及其他残留物，开沟器内外及驱动轮上的附着物。

（2）每 8 小时的工作：给驱动轮轴心上油，给移栽机的链条上油。

（3）每 40 小时的工作：给传送链上油，给点施水设施上油，检查螺丝的松紧程度，通过两把的螺母调整移栽机链条的松紧度。

（4）长期保养：将机器擦洗干净晾干，尤其要彻底清除肥料等化学残留；如果发现有损毁的零部件应及时更换；进行全面润滑，并将机器仓储在干燥的地方并用油布盖上，防止灰尘；机器长时间不适用时，应将夹膜拆卸下来进行保管，尽量避免日晒夜露，防止其过早老化。

（六）作业质量标准

目前尚未发布甘薯移栽作业质量标准，甘薯移栽质量标准参照《NY_T_1924-2010——油菜移栽机质量评价技术规范》以链夹式移栽机作业质量标准为例。

栽植频率，株 /（min · 行）：≥ 35；

立苗率（%）：≥ 85；

埋苗率（%）：≤ 4；

伤苗率（%）：≤ 3；

漏苗率（%）：≤ 5；

株距变异系数（%）：≤ 20；

栽植深度合格率（%）：≥ 75。

本章附录

一、名词解释

1. 铺膜机

完成在待播种（植苗）床上覆盖地膜功能的机械。

2. 铺膜播种机

完成在待播种床上覆盖地膜和播种功能的机械，或完成在待播种床上覆盖地膜、施肥和播种功能的机械。

3. 飘籽率

铺膜后，地膜受光照（含混于膜上覆土中）的种子数和测定总播种数之比，用百分数表示。

4. 采光面宽度

根据农艺要求而设计的采光面宽度。

5. 采光面机械破损程度

采光面内因机具作业而使地膜破损的程度，以单位采光面内的总破口边长和破缝长表示。

6. 地膜纵向拉伸率

铺膜后，地膜在地膜机拉力作用下纵向长度的增量与原长度之比，用百分数表示。

7. 膜孔全覆土率

完全被土覆盖的膜孔数与测定总膜孔数之比，用百分数表示。

8. 膜孔覆土厚度

膜孔中部处，膜面至覆土层表面的土层厚度。

9. 膜边覆土宽度

地膜侧面埋入苗（种）床侧土层的自然宽度。

10. 膜边覆土厚度

膜边覆土宽度中点处垂直方向的覆土层厚度。

11. 膜下播种深度

测定时。在穴（行）中所查到的第一粒种子上部至地膜下面的距离。若无种子，膜下播种深度以已测各穴播深的平均值计之。

二、计算公式、方法

1. 采光面机械破损程度

在小区内，测量采光面上个机械破损部位的边长或缝长，按下式计算采光面机械破损程度，并计入表中。

$$\varepsilon=\frac{1000\varepsilon Li}{Lb}$$

式中：ε—— 采光面机械破损程度，mm/m^2；

Li——小区内第 i 处机械破损部位的边长或缝长，mm；

L——小区长度，m；

b——小区内采光面宽度平均值，mm。

2. 飘籽率

在小区内，查定抛撒种子量，按下式计算飘籽率，结果计入表中。

$$Z=\frac{E}{E+W}\times 100$$

式中：Z——飘籽率，%；

E——小区内膜上飘籽数，粒；

W——小区内膜下播种数，粒。

3. 采光面宽度和采光面展平度

在小区内各测点处，测定采光面宽度，并使地膜不拉伸情况下，将采光面上的皱纹平展测量其宽度，计算采光面宽度合格率和采光面宽度，计入表中。

$$\xi=\frac{b}{b'}\times 100$$

式中：ξ—采光面展平度，%；

b'—小区内采光面展平后宽度平均值，mm。

第三章 施肥与中耕机械化技术

第一节　颗粒肥撒布技术

一、技术内容

1. 技术定义

颗粒肥料指按预定平均粒径制成的固体肥料。颗粒肥料具有物理性能好装卸时不起尘、长期存放不结块，流动性好，施肥时易撒布，并可实现飞机播肥、减少损失等优点，同时还可起到缓释作用，提高肥料的利用率。此外，品种不同但大小相近的颗粒肥料可实现直接掺混，具有和复合肥同样的肥效。因此随着肥料造粒技术不断发展，大颗粒尿素、磷铵、复合肥、颗粒钾肥等产品也得到迅速发展。肥料颗粒化是当今化肥的发展趋势之一（图 3–1，图 3–2）。

图 3–1　固体颗粒肥料（1）

图 3–2　固体颗粒肥料（2）

使用机械设备将固体颗粒肥料均匀撒布到田间的技术统称颗粒肥撒布机械化技术。

2. 技术原理

利用撒肥机螺旋抛撒、链条输送等形式，将颗粒肥料均匀撒布在田间，可根据肥料的颗粒大小对撒肥机进行调节，同时还可以调整抛洒的宽度和最大施肥能力，保证施肥作业效率和作业质量。

3. 技术应用

根据作业环境不同，颗粒肥撒施技术广泛应用于旱地作物和水田作物，主要用作底肥。

二、装备配套

（一）设备分类

颗粒肥施用机械主要用作整地前将化肥均匀撒布地面，再进行翻耕整地，将肥料埋入耕作层下。

按照作业环境，大体可分为旱地用颗粒肥撒施机（图 3–3）和水田用颗粒肥撒施机（图 3–4）。

图 3–3　旱地用颗粒肥撒施机

图 3–4　水田用颗粒肥撒施机

根据不同机械撒肥方式，目前使用较成熟的机械有离心圆盘式、气力式和链指式等撒肥机。

（二）机具结构及工作原理

1. 离心式撒肥机

离心式撒肥机（图 3–5）是各国用得最普遍的一种撒施机具。它是由动力输出轴带动旋转的撒肥盘利用离心力将化肥撒出，有单盘式与双盘式两种。撒肥盘上一般装有 2~6 个叶片，它们在转盘上的安装位置可以是径向的，也可以是相对于半径前倾或后倾的；叶片的形状有直的，也有曲线形的。前倾的叶片能将流动性好的化肥撒得更远，而后倾的叶片对于吸湿后的化肥则不易黏附。

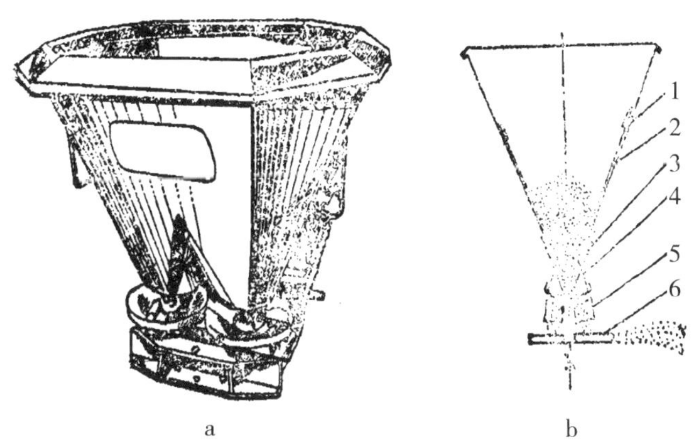

图 3–5　离心式撒肥机结构示意

如图 3–6 所示，离心式撒肥机在一趟作业中撒下的化肥沿纵向与横向的分布都是不很均匀的。一般是通过重叠作业面积来改善其均匀性。此外还可以通过将撒肥盘上相邻叶片制成不同形状或倾角使各叶片撒出的肥料远近不等或分布各异以改善其分布均匀性。离心式撒肥机得到广泛应用是由于它具有结构简单、重量较小、撒施幅宽大和生产效率高等优点。

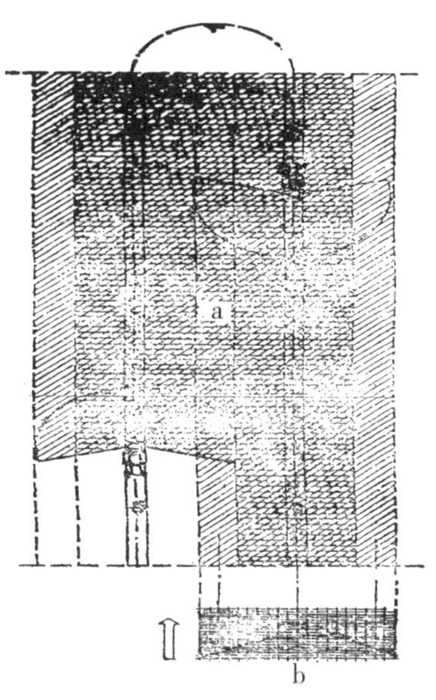

图 3–6　离心式撒肥机作业示意

2. 全幅施肥机

这种施肥机的基本特征是在机器的全幅宽内均匀地施肥。其工作原理可以分为两类：一类是由多个双叶片的转盘式排肥器横向排列组成（图 3–7）；另一类是由装在沿横向移动的链条上的链指，沿整个机器幅宽施肥（图 3-8）。

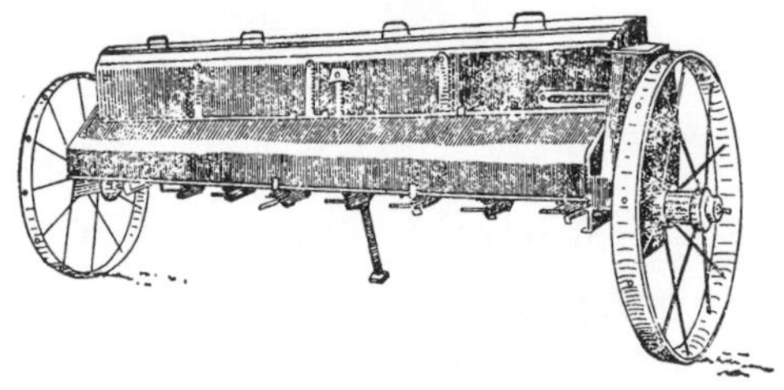
图 3-7　转盘式全幅施肥机结构

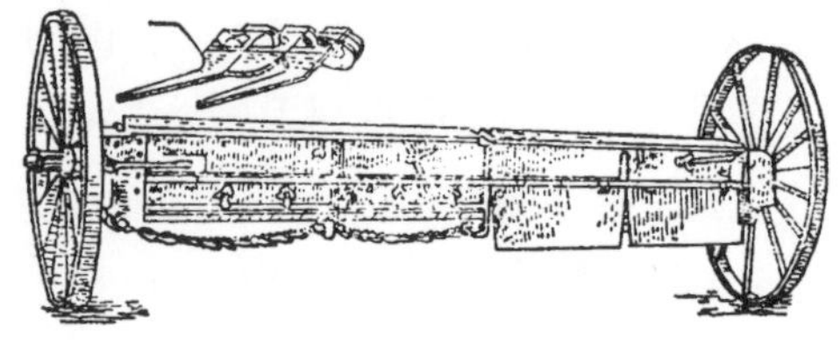
图 3-8　链指式全幅施肥机结构

3. 气力式宽幅撒肥机

近年来，国外发展了多种形式的气力式宽幅撒肥机（图 3-9），工作原理大致相同，都是利用高速旋转的风机所产生的高速气流，并配合以机械式排肥器与喷头，大幅宽、高效率地撒施化肥与石灰等土壤改良剂。

图 3-9　气力式宽幅撒肥机结构示意

（三）功能特点及应用范围

1. 双圆盘撒肥机

如图 3-10，图 3-11 所示，双圆盘撒肥机可撒播颗粒状，粉末状或有机肥

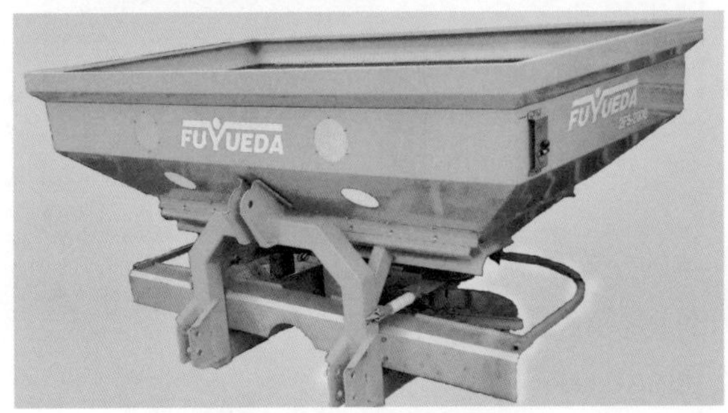

图 3-10　双圆盘撒肥机

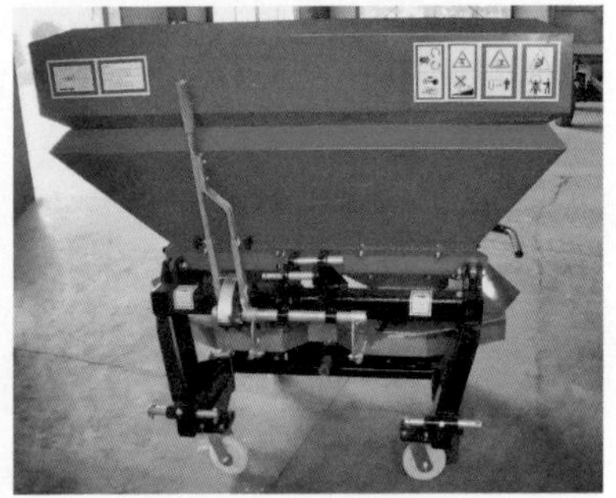
图 3-11　双圆盘撒肥机

（粒状）和绿肥，宽度减小设计，可用于大田、葡萄和果树施肥，撒肥圆盘可拆卸，调整更容易，叶片可实现快速调节以适应不同的工作模式，抛撒效率高。

2. 单圆盘撒肥机

如图 3–12，图 3–13 所示，单圆盘撒肥机结构简单，故障率低，可以抛撒各种不同种类的化肥。设备重量轻，对拖拉机提升力要求较小，可调节撒肥角度，较双圆盘结构撒肥机，单圆盘撒肥机一般肥箱较小，效率较低，但价格便宜，适用于小型地块。

图 3–12　单圆盘撒肥机

图 3–13　单圆盘撒肥机

3. 全幅、宽幅施肥机

这种施肥机大多与耕整地、播种等环节设备联合作业，配合以机械式排肥器与喷头，大幅宽、高效率地撒施化肥与石灰等土壤改良剂，实现幅宽范围内的种肥同施等复式作业（图 3–14~ 图 3–16）。

图 3–14　联合撒肥机

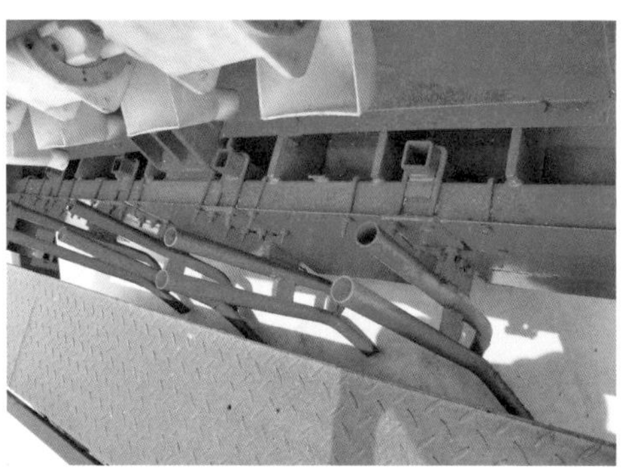

图 3–15　联合撒肥机

图 3-16　联合撒肥机

三、操作规范

目前常用的颗粒肥专用的撒布机械主要以离心式撒肥机为主，其操作规程如下。

1. 准备

撒肥机使用非常轻便、安装过程简单，使用率比较高，根据肥料的颗粒大小可以对撒肥机进行调节。同时还可以调整抛撒的宽度和最大施肥能力，保证施肥作业快速进行。通常肥料颗粒比较大，撒肥的宽度也会增加，撒肥量相应减少。

2. 操作

（1）进行施肥时如果风速比较大，单位面积的施肥量会不断减小，如果颗粒大小不一的化肥撒肥的宽度也会发生变化，撒肥机进行实际操作时需要根据实际需肥量，进行作业的抛撒宽度和数量决定（根据各设备操作说明进行调节）。

（2）通过设立标志物的办法把拖拉机的行走路线确定准确，确保拖拉机走直，幅宽准确。

（3）撒肥工作选择无风或风力较小的天气下进行。

（4）撒肥时，拖拉机的行走速度一般选择 8km/h。

（5）撒肥机装好化肥，拖拉机开进地里，距地头一个工作幅宽后停下，踩住离合器，挂好动力输出轴，按说明书挂好前进挡，用手油门把拖拉机发动机转数增至额定转数，定死，松离合和操纵液压操纵杆打开出肥口同时进行，向既定轨迹行走，开始撒肥。

（6）拖拉机到地头后先关出肥口，然后松手油门，停车或调头。

3. 维护保养

（1）撒肥前，检查撒肥机油杯和传动轴是否缺油，如果不足，应该及时添加。

（2）每次撒肥结束，及时清洗撒肥机。仔细检查机器各零部件破损情况，记录后上报，然后入库，如果露天存放，注意做防尘防晒处理。

4. 注意事项

在施肥过程中应注意以下特点。

（1）化肥吸湿后流动性变差，容易造成排肥器和导肥管堵塞，也会在肥箱内出现架空而无法排出，因此要保证化肥干燥的情况下进行施用。

（2）含水量较高的化肥受到压力或机械的搅动作用后，易黏结成块状而使排肥器堵塞。施用这种化肥的排肥器应有破碎化肥结块的能力。

四、质量标准

因各地区、各作物肥料需求差异较大，目前颗粒肥撒布机械没有统一作业标准，用户可根据作物实际需求和地力水平，按自有设备操作说明进行实际肥料施用。

第二节　厩肥撒布技术

一、技术内容

1. 技术定义

厩肥主要指家畜粪尿和垫圈材料、饲料残茬混合堆积并经微生物作用而形成的肥料，富含有机质和各种营养元素，使用厩肥能改良土壤、使作物增产（图 3–17，图 3–18 和图 3–19）。我国施厩肥多将腐熟好的厩肥用大车运至田间匀放成小堆，再用锹撒开。也有在大车上随走随撒的。这种方法劳动生产率很低，且撒肥不匀。

厩肥机械化撒施技术是应用先进装备，将厩肥均匀撒施到田间的方法，可极大减少人工消耗。

图 3-17　厩肥 1

图 3-18　厩肥 2

图 3-19　厩肥 3

2. 技术原理

大多厩肥撒施机均通过肥料箱底部的输肥部件进行肥料输送，通过螺旋、甩链等抛撒装置，实现肥料撒施。排肥量可视需要随时进行调节，以满足农艺要求，排肥均匀性好，撒施宽度可调，撒肥效率高，若卸掉撒施装置，换上车厢后挡板，可当半挂拖车使用。

3. 技术作用及优点

采用撒肥机撒肥可以显著提高劳动生产率，并可提高撒肥质量。国外发达国家农业生产实践表明：采用有机肥撒施机，将有机肥撒施到田间，既能改善土壤结构、提高土壤肥力，使土壤中水、肥、气达到协调，提高耕地产出率，又能减轻畜禽粪便、农作物秸秆及生产生活有机垃圾等多种废弃物对环境造成的污染，是实现农业可持续发展行之有效的方法。

二、装备配套

（一）设备分类

厩肥的撒施方法很多，国内外根据地域国情，生产多种型号的厩肥撒施机械，几种较为常用的厩肥撒施机有：螺旋式撒厩肥机、牵引式装肥撒肥车、甩链式厩肥撒布机、悬挂式撒厩肥机。

（二）机具结构及工作原理

1. 螺旋式撒厩肥机

如图 3-20 所示，该机的结构特点是由装在车厢式肥料箱底部的输肥部件进行撒布。撒肥部件包括撒肥滚筒、击肥轮和撒布螺旋等。撒肥滚筒的作用是击碎肥料，并将其喂送给撒布螺旋。击肥轮用来击碎表层厩肥，并将多余的厩肥抛回肥箱中，使排施的厩肥层保持一定厚度，从而保证撒布均匀。撒布螺旋杆高速旋转，将肥料向后和向左右两侧均匀地抛撒。

1 输肥链　2 撒肥滚筒　3 撒布螺旋　4 击肥轮

图 3-20　螺旋式撒厩肥机结构示意

2. 牵引式装肥撒肥车

如图 3-21 所示，牵引式装肥撒肥车以动力输出轴传输撒厩肥的动力，也有把撒肥器做成既能撒肥又能装肥的结构。图为国外销售的一种牵引式自动装肥撒肥机。装肥时，撒肥器位于下方，将肥料上抛，由挡板导入肥箱内。这时，输肥链反转，将肥料运向撒肥机前部，使肥箱逐渐装满。撒肥时，油缸将撒肥器升到靠近肥箱的位置，同时更换传动轴接头，改变转动方向，进行撒肥。

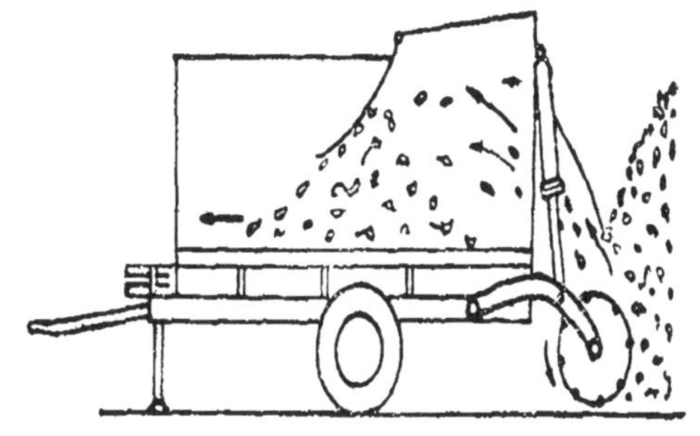

图 3-21　牵引式装肥撒肥车结构示意

3. 甩链式厩肥撒布机

如图 3-22 所示，甩链式厩肥撒布机采用圆筒形肥箱，筒内有根纵轴，轴上交错地固定着若干根端部装有甩锤的甩肥链。工作时，甩链由拖拉机动力输出轴驱动以 200~300r/min 的转速旋转，破碎厩肥，并将其甩出。

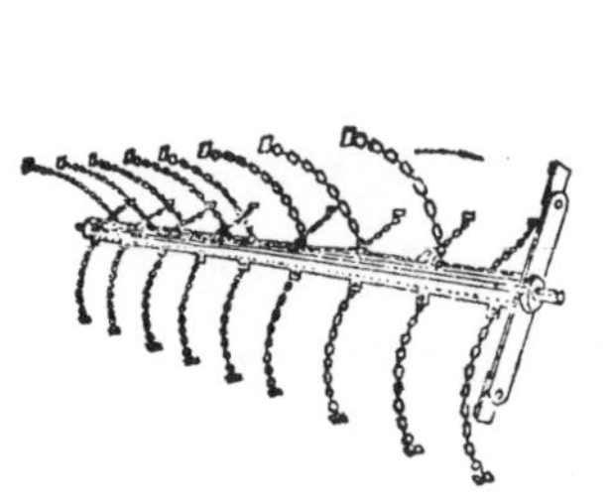

图 3-22　甩链式厩肥撒布机结构示意

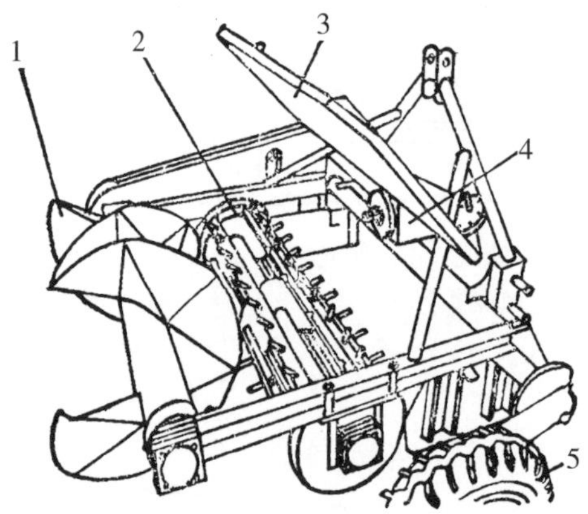

1. 螺旋撒肥器　2. 撒肥滚筒　3. 反折板
4. 齿轮箱　5. 行走轮
图 3-23　悬挂式撒厩肥机结构示意

4. 悬挂式撒厩肥机

如图 3-23 所示为一种用来撒开田间厩肥条堆的悬挂式撒厩肥机。在机架上装有撒肥滚筒和双向螺旋撒肥器。撒肥滚筒和螺旋撒肥器由拖拉机的动力输出轴驱动。机架的前上方装有反折板以保护驾驶员的安全。

（三）功能特点及应用范围

1. 螺旋式撒肥机

螺旋撒肥机（图 3-24~ 图 3-26），能将有机肥进行破碎并抛洒，具有破碎效率高、抛洒范围广而均匀的优点。一般在肥料仓下方的车架底盘上设有肥料传输装置，肥料仓的后侧设有肥料破碎抛撒装置，后侧顶部设有一通过控制门液压油缸控制的向上掀开的肥料落点控制门，在支撑架的中部水平安装有若干个破碎抛

图 3-24　螺旋式撒肥机作业（侧面）

图 3-25　螺旋式撒肥机作业（后侧）

图 3-26　螺旋式撒肥机作业（正面）

撒辊，在肥料破碎抛撒装置下方的车架底盘上设有一肥料撒布装置。

2. 牵引式装肥撒肥车

如图 3–27~ 图 3–29 所示，牵引式装肥撒肥车具有机动性好，结构简单、操作方便、撒播均匀、使用可靠等特点，用于拖运和抛撒固态物料，包括堆肥，厩肥，垫床废料等。价格较低，适合进行小容量的肥料抛撒。

图 3–27　牵引式装肥撒肥车

图 3–28　牵引式装肥撒肥车

图 3–29　牵引式装肥撒肥车

三、操作规范

1. 准备阶段

第一次使用机器之前，必须认真阅读设备说明书。

（1）必须遵守标牌规定的重量和载荷，禁止超负荷挂接。

（2）当撒肥机装载肥料时，禁止将撒肥机停放在支撑机械上，停在支撑机械上的拖车禁止移动或运输。

（3）停放撒肥机时要确保它是牢固的，如果停放的地面是松软的，应增加支撑轮等支撑物，禁止撒肥机滚动。

2. 操作

（1）根据作物生长需求控制撒肥量，通过调节推送速度和拖拉机行驶速度控制总体施肥量。

（2）当机器使用时，任何人不得进入拖车和箱式撒肥机之间的区域，同时应避免紧急转弯。

3. 维护保养

（1）清洗时完全清空箱式肥料撒施机，关闭机器的所有活动板和阀门。先用清水简单冲洗整个肥料撒施机，再用高压清洁剂清理撒肥机的外部，可延长机器的适用寿命。

（2）长时间存放，将撒肥机与拖拉机的液压系统、气动线路和电气线等连接部件断开，然后将机器盖上防尘罩。

（3）在进行维护及故障诊断时，必须保证发动机为停止工作状态。

（4）如果条件允许，关键部位的螺母、螺栓须定期检查，并确保它们复原安装在正确的位置上并拧紧。

（5）机器在维修过程中必须有支撑机械以保证工作安全。

（6）在拖车和连接设备上进行焊接作业时，务必要断开发电机、蓄电池等电源与电缆。

（7）更换的零件要尽量使用原装配件，如果使用其他厂商配件必须满足相应的技术要求。

4. 注意事项

（1）物料装填时应尽量使用适宜机械，若人工上料，务必确认设备停止运行。

（2）单位面积撒肥量与作业行走速度密切相关，应根据实际需求确定适宜行走速度。

第三节　液态有机肥撒布技术

一、技术内容

1. 技术定义

有机肥广义上指以有机物质（含有碳元素的化合物）作为肥料，包括人粪尿、厩肥、堆肥、绿肥、饼肥、沼气肥等，具有种类多、来源广、肥效较长等特点。有机肥所含的营养元素多呈有机状态，作物难以直接利用，经微生物作用，缓慢释放出多种营养元素，源源不断地将养分供给作物。施用有机肥料能改善土壤结构，有效地协调土壤中的水、肥、气、热，提高土壤肥力和土地生产力。有机肥中常用的堆肥，是固态肥料，而沤肥产生的大多是液态肥料。沤肥所用原料与堆肥基本相同，只是在淹水条件下进行发酵而成，如沼液。

通过施肥罐车或管道将液态有机肥原料抽取后再施在地表、地表下的技术就是液态有机肥撒布机械化技术（图 3–30~ 图 3–32）。

图 3–30　液态有机肥储藏室

图 3–31　液态有机肥发酵池近景

图 3–32　液态有机肥发酵池远景

2. 技术原理

主要先使用施肥罐车或管道进行液态有机肥原料抽取，再用施肥罐车将液态有机肥均匀撒施在地面或开沟施用地表下还田利用。

3. 技术作用及优点

采用机械撒施，可使液态有机肥均匀分布于田间地表下，与固体有机肥相比，液态有机肥更容易进行土壤渗透和肥力分布，可直接与作物的叶及根部接触，有直接吸收的功效，虽其养分总量较低，但肥效较快，且液肥制造过程较简便，不需经干燥、冷却、包装等过程，可降低生产成本。

二、装备配套

（一）设备分类

最早的液态有机肥洒施主要是通过动力泵将肥液吸出，再通过管道或喷嘴直接将液态肥洒到地表，但该方式施用的液肥直接裸露在地表，易损失且不卫生（图 3–33、3–34）。

图 3–33　液肥抽取

图 3–34　地表直接施用

目前较为先进的施用设备主要是泵式液态有机肥施用车（图 3–35）。主要是

图 3–35　泵式液态有机肥施用车

通过车上装有的抽吸液泵，将液态有机肥从贮粪池抽吸到液罐内，再运至田间后由泵对液罐增压，排出肥液，同时配合专用管道或开沟覆土设备，实现肥液深施。

（二）机具结构及工作原理

目前国内外常用的 3 种不易造成液肥损失的撒施机械：第 1 种为管道式液肥注入机，利用泵从液肥罐中将液肥抽出，经过管道组直接注入土壤；第 2 种为鞋靴式液肥注入机，同样利用泵将液肥从罐体内抽出，并注入土壤，并同时覆土；第 3 种为楔形液肥注入机，用泵将液肥注入土壤、覆土，可显著减少机具对土表的扰动。 3 种机器在液肥施用上非常有效，但在减少液肥中氨损失方面，以楔形注入机效果最好，其次是鞋靴式注入机和管道式注入机。

目前，液态有机肥洒施机正向大容量、多功能方向发展，其罐体容量可达 $30m^3$ 以上。在抽吸装置方面，可配备各种不同的抽吸设备，既有简单的手动接装抽吸管，又有液压控制的短型或长形抽吸臂；在撒施装置方面，既可配备简单喷嘴，又可配备 9~18m 喷灌软管台及深松施肥器等。

（三）功能特点及应用范围

1. 圆盘开沟液肥施肥机

如图 3-36 所示，该机可以通过牢固的真空泵将各种液体、浆体类物质自动吸取到罐体中，并通过液压控制的洒播器充分均匀的撒播到土壤中。开沟圆盘可实现开沟后施肥，保证液肥深施，可根据情况选配多种不同类型分施器，适应于各种工作环境。

图 3-36　圆盘开沟液肥施肥机

图 3-37　管道注入施肥机

2. 管道注入施肥机

如图 3-37 所示，管道注入施肥机通过牢固的真空泵将各种液体、浆体类物质自动吸取到罐体中，并通过液压控制的洒播器充分均匀的撒播到土壤中。维护保养简单方便，注入管道系统可液压折叠，方便道路行驶。

三、操作规范

1. 准备

（1）第一次使用机器之前，必须认真阅读设备说明书。

（2）必须遵守标牌规定的重量和载荷；同时，保证所用动力（拖拉机）的最大允许牵引负载，禁止超负荷挂接。

2. 操作

（1）装料时确保不吸入石块、木块等异物，并随时观察压力阀，保证物料匀速吸入。装料完毕必须清扫吸料管，以延长使用寿命和确保良好的密封。

（2）下田作业前先确认压力阀数值正常，打开分施器，检查各条分施管路、开沟器等部件是否破损。各项检查正常后方可进地作业。

（3）施肥作业时保持拖拉机匀速行驶，遇到颠簸起伏路段，减速缓行。

3. 维护保养

（1）若作业后长时间不使用，可吸入清水再排出，进行罐体内部及管路清洗。

（2）压力阀必须每年检查一次，两至三年必须检查阀芯。

（3）在进行维护及故障诊断时，必须保证发动机为停止工作状态。

（4）机器在维修过程中必须有支撑机械以保证工作安全。

（5）更换的零件要尽量使用原装配件，如果使用其他厂商配件必须满足相应的技术要求。

四、质量标准

作业质量参照 GB 10395.24—2010《农林机械安全第 24 部分：液体肥料施肥车》，对作业过程安全操作重点注意以下几点。

（1）用连接软管灌注的施肥车应设置运输过程中将软管支撑和可靠保持在施

肥车上的装置。

（2）灌注臂的人工操纵机构（如果有）应仅能在拖拉机或自走式施肥车驾驶位置进行操作。驾驶员在驾驶位置上应能看到灌注臂的整个运行范围。

（3）当按使用说明书要求折叠 / 打开撒施架或注射架时，撒施架或注射架的任何部位离地高度均不应超过 4m。

（4）折叠 / 打开操作的人工操纵力不应超过 250N。

（5）能人工折叠 / 打开的撒施架或注射架应装两个手柄，手柄距最近铰接处的距离不小于 300mm。只要合理设计并明确标识，手柄可与撒施架或注射架设计为一体。

（6）如采用动力操作，摆转部件的操纵机构应采用止—动控制（持续操纵）型，且应位于摆转区外。

（7）在撒施架或注射架端部测得的折叠 / 打开速度应不大于 0.5m/s。

（8）施肥车应装备防止折叠在运输位置的撒施架或注射架移动的装置。如果锁定装置是一个不直接安装在液压缸上的液压阀，则该阀与液压缸之间液压元件的爆裂压力至少应为其许用压力的 4 倍。

（9）机动施肥车应装防止压力过高的溢流装置，溢流装置应满足：最小直径为 150mm；其置位或布置使溢出的液体或气体不会喷向操作者工作位置。

第四节　种肥施用技术

一、技术内容

1. 技术定义

种肥是一种重要的肥料施用方式，可以满足种子发芽及生长发育初期的营养需求，为后期生长打下基础。

种肥施用机械化技术是指使用化肥深施机具，按农艺要求，将化肥与作物种子一同施于地表以下。既能保证养分被作物种子充分吸收，又显著减少肥料有效成分的挥发和流失，具有提高肥效和节肥增产双重效果的实用技术。

2. 技术原理

种肥施肥方式是在播种的同时将肥料施入土壤中，肥料为种子发芽及植株生长初期提供养料。种肥的机械施用方法主要为种肥分施。种肥分施是指，在播种机上装设独立施肥装置，在播种的同时施用种肥，种肥位于种子侧位或正位。目前，国外发达国家的播种机大多数配备有施种肥装置，例如：美国约有 45% 的谷物条播机、60% 的玉米播种机带有种肥分施装置。

3. 技术作用及优点

合理使用种肥有许多好处。① 化肥深施在 6~15cm 土层中与人工表施相比，化肥利用率可提高 30% 以上，同时可减少风蚀水蚀带走化肥，延长肥效，使用肥量减少，成本降低，收入增加。② 机械深施化肥可提高作物产量。化肥深施可使 作物根系下扎，扩大根系生长量，促进作物吸收养分和水分，从而增强作物抗旱能力，使产量提高。③ 提高工效，减轻劳动强度。人工施肥效率 0.267~0.667 hm^2/h，机械施肥可比人工施肥提高效率 10 倍以上。④ 抗旱保墒。播种施肥（种肥、土壤隔离层应在 4cm 以上）时，可使种、肥不争水。肥与种子施于不同层面上，种子发芽吸浅层水，化肥溶解吸深层水，加之土层越深水越充足，因而保证了化肥溶解所需的水分，还可减少对环境的污染。深施可减少挥发和渗漏，使化肥中的有效成分更多地被作物吸收（图 3-38，图 3-39）。

图 3-38　种肥施用机械化

图 3-39　种肥施用机械化操作

二、装备配套

（一）设备分类

根据肥料与种子相对位置不同，种肥施肥方式又分为侧深施肥、正深施肥和种肥混施。由于种肥混施方式的种子肥料直接接触，容易造成烧种，出苗率降低，正逐步被淘汰。侧深施肥（亦称侧条施肥或机插深施肥）技术是配带深施肥器，在播种或插秧的同时将肥料施于种子或秧苗侧位土壤中的施肥方法；正深施肥则指将肥料施于种子或秧苗正下方。

（二）机具结构及工作原理

施用种肥是在播种机上装设施肥装置，在播种的同时施用种肥。其结构一般由种箱、肥箱、排种器、排肥器、机架、传动装置及开沟覆土镇压等部件组成。其工作原理一般是：在播种机的工作基础上配置单独的肥箱，采用单独的输肥管与施肥开沟器，在播种机下种的同时，于种子正位或侧位进行顺肥，达到精准供给养分的目的，可同时实现开沟、播种、施肥、覆土、镇压等多种工序。

其中，化肥排肥器是施肥部分的重要工作部件，其工作性能的好坏，直接影响了施肥的工作质量，因此化肥排肥器应满足以下性能要求：排肥可靠，能适应不同含水量的化肥；排肥稳定、均匀，不受前进速度与地形等因素的影响；排肥量调节灵敏、准确，调节范围能适应不同化肥品种与不同作物的施用要求；最好能通用于排施粉状、结晶状和颗粒状化肥；便于清理残存化肥；条件允许时，排把器的工作部件采用耐腐蚀材料制造。目前我国使用的化肥排肥器种类很多，常用的有水平星轮式、外槽轮式、螺旋式和振动式等几种。图 3–40 所示为播种施肥一体机常见结构。

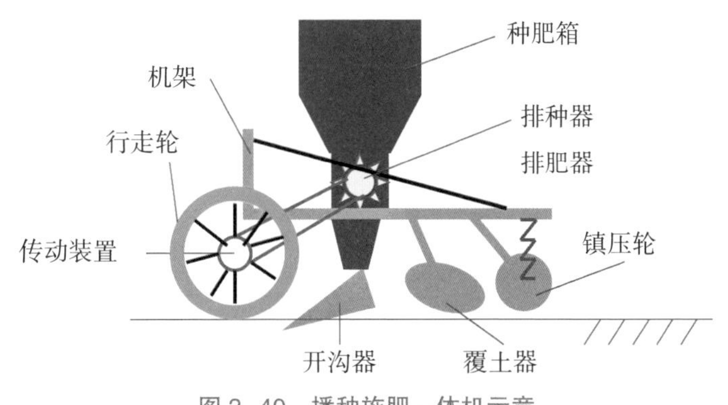

图 3–40　播种施肥一体机示意

（三）功能特点及应用范围

1. 水平星轮式施肥机

如图 3–41 所示，水平星轮式施肥机主要工作部件为绕垂直轴转动的水平星轮，工作时，通过传动机构带动排肥星轮转动，肥箱内的肥料被星轮齿槽及星轮表面带动，经肥量调节活门后，输送到椭圆形的排肥口，肥料靠自重或打肥锤的作用落入输肥管内。常采用相邻两个星轮对转以消除肥料架空和锥齿轮的轴向力。该排肥器适合排晶状化肥和复合颗粒肥，还可以排施干燥粉状化肥。排施含水量高的粉状化肥时，排肥星轮被化肥黏结，易发生架空和堵塞。主要用于谷物条播机上。

图 3-41　水平星轮式施肥机

2. 外槽轮式施肥机

如图 3-42 所示，外槽轮式施肥机其主要工作部件槽轮工作过程类似于外槽轮式排种器，由排肥轮、排肥盒、挡圈、阻塞套、排肥轴和排肥舌等组成。主要工作原理：工作时，排肥轴带动排肥轮转动，充满凹槽内的肥料随排肥轮一起转动，并被强制从排肥盒下部排出，这层肥料称为强制层。处于排肥轮外缘附近的肥料，由于摩擦作用和排肥轮轮缘凸起的间断冲击作用也被带动起来，这一层肥料被称为带动层。带动层肥料的运动速度自里向外逐渐减小，直至为零。带动层外为静止层。随着强制层和带动层种子的不断排出，静止层的肥料便依次向带动层和凹槽内补充，因而，排肥器就不断地工作。用于排施流动性较好的颗粒化肥时，排肥稳定性与均匀性都较好，其特点是结构较简单，适用于排流动性好的松散化肥和复合粒肥。排粉状及潮湿的化肥时，易出现架空和断条等现象，且槽轮易被肥料黏附而堵塞，失去排肥能力。

图 3-42　外槽轮式施肥机

3. 螺旋式施肥机

如图 3-43 所示，螺旋式施肥机主要原理是工作时螺旋回转，将肥料推入排肥管。排肥螺旋叶片有普通型、中空型和钢丝弹簧型三种。叶片式施肥量大，但对肥料压实作用亦大，只适于排施粒状及干燥的粉状化肥，对吸水性强、松散性差的化肥，肥料易架空、叶片易黏结化肥而无法工作。

图 3-43　螺旋式施肥机

中空叶片对肥料压实作用较小、施肥量较叶片式均匀，其他特点与叶片式相同。钢丝弹簧式不易被肥料黏附，排施潮湿肥料的能力较前两种强，但对吸水性很强而松散性较差的化肥如碳铵、粉状过磷酸钙、磷矿粉等的适应性仍然较差。在排肥量小时，螺旋式排肥器的排肥均匀性都比较差。

4. 振动式施肥机

如图 3-44 所示，振动式施肥机由肥箱、振动板、振动凸轮等组成。工作时，凸轮使振动板不断振动，使化肥在肥箱内循环运动，可消除肥箱内化肥的“架空”。并使之沿振动板斜面下滑，经排肥口排出。排肥量大小用调节板调节，对流动性较好的化肥，可更换调节板。由于振动关系，肥料排量受肥箱内肥料多少、肥料密度、黏结力等的影响较大，排肥量的稳定性和均匀性较差。

图 3-44　振动式施肥机

三、操作规范

1. 准备

（1）要清理肥箱内的杂物和开沟器上的缠草、泥土，确保状态良好，并对拖拉机及播种施肥机的各传动、转动部位，按说明书的要求加注润滑油，尤其是要注意传动链条润滑和张紧情况以及播种施肥机上螺栓的紧固。

（2）与拖拉机安装挂接时，首先将拖拉机的悬挂机构与播种施肥机的挂接机构结合在一起，并销好。与拖拉机挂接后，不得倾斜，工作时应使机架前后呈水平状态。

（3）按使用说明书的规定和农艺要求，将施肥量、开沟器的行距、开沟覆土镇压轮的深浅调整适当。注意加好肥料，最好保持肥料干燥，以保证排肥流畅。

（4）为保证施肥质量，在进行大面积播种施肥前，一定要坚持试施 20m，观察施肥机的工作情况，进行检查，确认肥层深度和与种子的距离是否达到农艺要求，再进行大面积作业。

2. 操作

（1）注意匀速直线行驶。机手选择作业行走路线，应保证加肥和机械进出的方便，施肥时要注意匀速直线前行，不能忽快忽慢或中途停车，以免重施、漏施；为防止开沟器堵塞，播种施肥机的升降要在行进中操作；倒退或转弯，应将播种施肥机提起。

（2）施肥时经常观察排肥器、开沟器、覆土器以及传动机构的工作情况，如发生堵塞、黏土、缠草、肥料覆盖不严，要及时予以排除。调整、修理、润滑或清理缠草等工作，必须在停车后进行。

（3）播种施肥机工作时，严禁倒退或急转弯，提升或降落应缓慢进行，以免损坏机件。运输或转移地块时，肥箱内不得装有肥料，更不能压装其他重物。

（4）注意肥箱中肥料和各排肥口的下肥情况，一旦发现化肥在箱内有架空或排肥管有堵塞等现象，应立即停车进行排除。

3. 维修保养

（1）彻底清理机器各处泥土、杂草等，冲洗种、肥箱并晾干，涂防锈剂。

（2）脱漆处应涂漆。损坏或丢失的零部件要修好或补齐，存放于通风干燥处，妥善保管。

（3）传动部分及润滑嘴均应清洗干净，各润滑部位均应加足润滑油，链轮、链条要涂油存放，对各弹簧应调整到不受力的自由状态。

（4）机器上不要堆放其他物品。应放在干燥、通风的库房内，如无条件，也可放在地势高且平坦处，用棚布加以遮盖。放置时，应垫平放稳。

（5）长期存放后，在下一季节播种施肥开始之前，应提早进行维护检修。

4. 注意事项

（1）每班作业结束后，应清除机器上的泥土、杂草，检查连接件的紧固情况，如有松动，应及时拧紧。

（2）检查各转动部件是否灵活，如不正常，应及时调整和排除。

（3）传动链等有摩擦的部位应加注相应的润滑油。

（4）每次工作结束后，要清空肥箱内的肥料。

四、质量标准

种肥施用设备作业质量标准可参照 NY/T 1768–2009《免耕播种机质量评价技术规范》中排肥标准。

1. 质量标准

在小麦排种量为 150~180kg/hm^2、玉米条播排种量为 30~ 75kg/hm^2、颗粒状化肥含水率不超过 12%、小结晶粉状含水率不超过 2%、排肥量为 150~180kg/hm^2 的条件下，应符合表 3–1 的规定。

表 3–1　种肥施用设备作业质量标准

序号	项目	质量标准			
		小麦条播	玉米		
			条播	穴播	精播
1	各行排肥量一致性变异系数（%）	≤ 13.0	≤ 13.0	≤ 13.0	≤ 13.0
2	总排肥量稳定性变异系数（%）	≤ 7.8	≤ 7.8	≤ 7.8	≤ 7.8

2. 名词解释

（1）各行排肥量一致性。播种机上各行排种器排种量的一致程度。

（2）总排肥量稳定性。排肥器在要求条件下排肥量的稳定程度。

第五节　中耕追肥技术

一、技术内容

1. 技术定义

中耕追肥是我国农业精耕细作的重要环节之一，是保证稳产、高产不可缺少的重要措施。中耕追肥机械化技术是指采用中耕追肥机将地表土壤锄松、翻动土壤、追肥的技术。此技术可提高地温、补充肥料并促进肥料分解吸收，并可减少水分蒸发，起到蓄水保墒作用，保持地表下土壤有一定湿度（图 3-45）。

图 3-45　中耕追肥

2. 技术原理

中耕施肥机作业时，先将地表土壤锄松后进行机械施肥、培土、镇压等，可提高肥料利用率，促进土壤微生物分解活动，释放土壤潜在养分。

3. 技术作用及优点

中耕可使追施在表层的肥料搅拌到底层，达到土肥相融的目的。除此之外，中耕机带肥箱可以较好地实现定向追肥，有效提高了肥料的利用率，更增强了追肥的时效性。

二、装备配套

（一）设备分类

目前用于中耕作物追肥的排肥器形式较多，主要有水平星轮式、槽轮式、转盘刮刀式、搅龙式、摆斗式和振动式等。其中槽轮式排肥器只能排施晶体状化肥和复合肥料，转盘刮刀式、搅龙式水平星轮式排肥器能排施晶状化肥、复合颗粒肥和干燥粉状化肥；而振动式和摆斗式排肥器除了能排施上述肥料外，还能排施易潮解的粉状化肥（如碳酸氢铵等），但含水率超过一定范围后排肥质量变差。

（二）机具结构及工作原理

中耕追肥机总体结构一般包括机架、仿形机构、肥箱、排肥器、松土除草铲等，是在中耕机具的基础上加装施肥装置，从而实现中耕除草、松土、追肥一体化作业。其工作原理为：在进行中耕松土除草时，通过传动装置带动排肥器排肥，肥料进入施肥管，顺着施肥管进入地面，仿形机构通过限深轮控制施肥部件入土深度。

1. 水平星轮式排肥器

如图 3-46 所示，主要工作部件为绕垂直轴转动的水平星轮，工作时，通过传动机构带动排肥星轮转动，肥箱内的肥料被星轮齿槽及星轮表面带动，经肥量调节活门后，输送到椭圆形的排肥口，肥料靠自重或打肥锤的作用落入输肥管内。常采用相邻两个星轮对转以消除肥料架空和锥齿轮的轴向力。

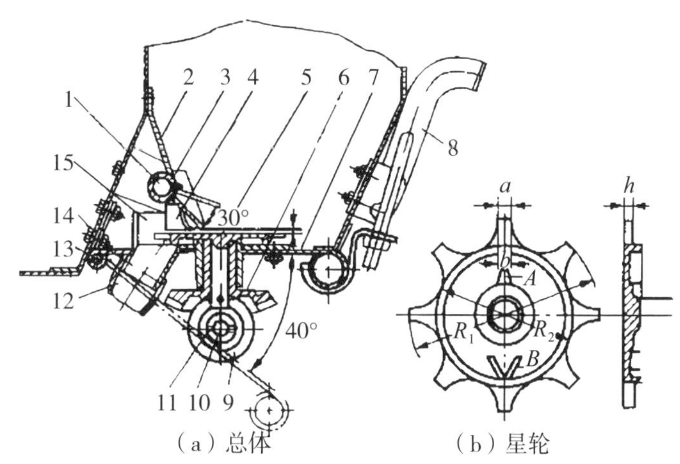

（a）总体　（b）星轮

1. 活门轴　2. 挡肥板　3. 排肥活门　4. 导肥板　5. 星轮　6. 大锥齿轮　7. 活动箱底　8. 箱底挂钩　9. 小锥齿轮　10. 排肥轴　11. 轴销　12. 输链轴　13. 铰链轴　14. 下簧　15. 排肥器支座

图 3-46 水平星轮式排肥器结构

该排肥器的肥箱底部装有活页式铰链，箱底可以打开，便于消除残存的化肥；星轮的拆卸也很方便：排肥量的调节可以通过调节手柄改变排肥活门的开度来实现。该排肥器适合排晶状化肥和复合颗粒肥，还可以排施干燥粉状化肥。排施含水量高的粉状化肥时，排肥星轮被化肥黏结，易发生架空和堵塞。主要用于谷物条播机上。

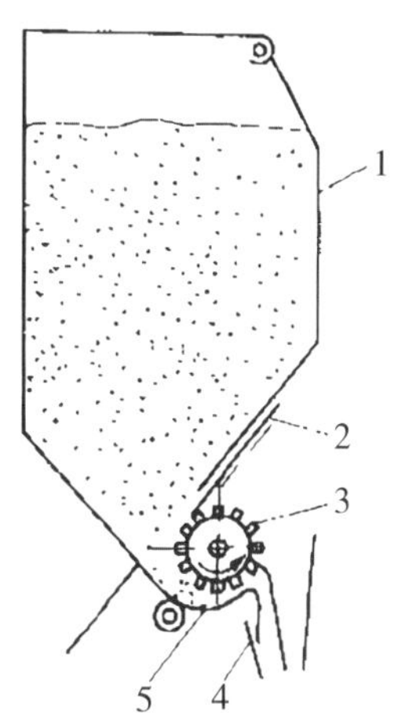

1. 肥料箱　2. 活门插板　3. 槽轮　4. 导肥管　5. 回形底板

图 3-47 外槽轮式排肥器结构

2. 外槽轮式排肥器

如图 3-47 所示，其主要工作部件槽轮工作过程类似于外槽轮式排种器，还可以把它换成钉齿轮，其工作原理相同。钉轮式排肥器用于排施流

动性较好的颗粒化肥时，排肥稳定性与均匀性都较好；其特点是结构较简单，适用于排流动性好的松散化肥和复合粒肥。排粉状及潮湿的化肥时，易出现架空和断条等现象，且槽轮易被肥料黏附而堵塞，失去排肥能力。

3. 螺旋式排肥器

如图 3-48 所示，工作时螺旋回转，将肥料推入排肥管。排肥螺旋叶片有普通形、中空形和钢丝弹簧形三种。叶片式施肥量大，但对肥料压实作用亦大，只适用于排施粒状及干燥的粉状化肥，对吸水性强、松散性差的化肥，肥料易架空、叶片易黏结化肥而无法工作。中空叶片对肥料压实作用较小、施肥量较叶片式均匀，其他特点与叶片式相同。钢丝弹簧式不易被肥料黏附，排施潮湿肥料的能力较前两种强，但对吸水性很强而松散性较差的化肥如碳铵、粉状过磷酸钙、磷矿粉等的适应性仍然较差。在排肥量小时，螺旋式排肥器的排肥均匀性都比较差。

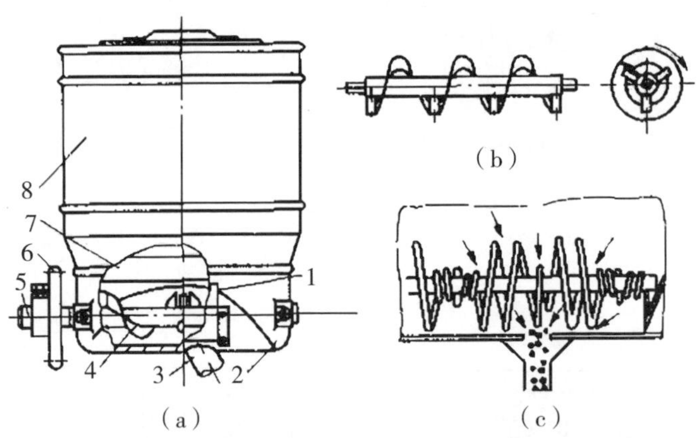

1. 插板　2. 箱底　3. 排肥管　4. 排肥螺旋
5. 排肥轴　6. 链轮　7. 隔板　8. 肥箱

图 3-48　螺旋式排肥器结构

4. 水平刮板式排肥器

如图 3-49 所示，此排肥器是为我国解决碳酸氢铵排施问题而研制的一种排肥器。它的基本特征是由在水平面旋转的曲面刮板或弹击别板将化肥排出。其优点是能可靠地排碳酸氢铵等流动性差的化肥，排肥稳定性较好；缺点是排肥阻力较大和不适于流动件好的颗粒状化肥。

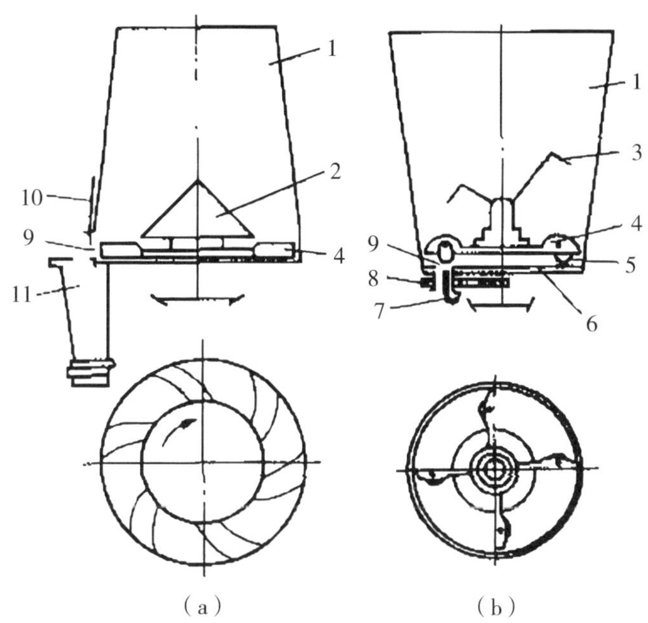

1. 肥料箱　2. 导肥锥体　3. 搅拌器　4. 排肥刮板　5. 弹击器　6. 排肥量调节盘　7. 清洁杆
8. 清肥杆传动齿轮　9. 排肥　10. 排肥口调节插板　11. 导肥管

图 3-49　水平刮板式排肥器结构

5. 搅刀—拔轮式排肥器

如图 3-50 所示，搅刀—波轮式排肥器是一种通用性排肥器。它的肥箱内装有搅肥刀，在排肥口下方装有拨肥轮。其突出特点是能有效地消除肥料的“架空”，可靠地排施含水量很大的碳酸氢铵。当肥料吸湿后别的排肥器无法排出时，这种排肥器能有效地工作。这种排肥器结构简单，排肥工艺过程简单，供排关系协调、通畅。排肥稳定性匀均匀性良好，并可通用于排施颗粒状化肥，还可用于播种玉米、大豆与机械脱绒棉籽。缺点是清肥不便，工作阻力大，作为双行或单行追肥机比较合适，不适合在多行谷物条播机上做排肥部件。

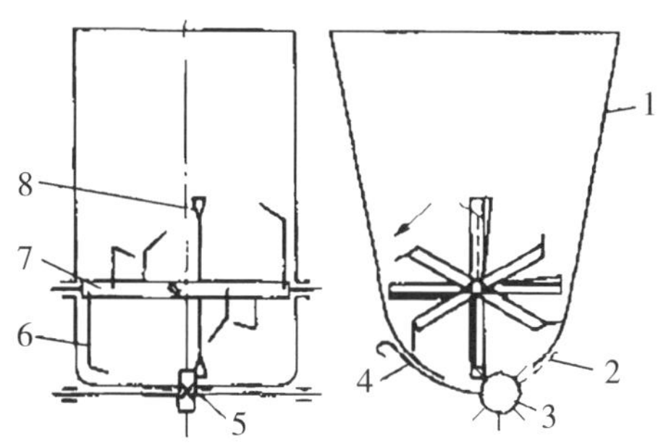

1. 肥箱　2. 密封胶垫　3. 拨肥轮　4. 活门
5. 排肥口　6. 搅刀　7.. 搅刀筒　8. 喂肥叶片

图 3-50　搅刀—拔轮式排肥器结构

6. 振动式排肥器

如图 3-51 所示，振动式排肥器由肥箱、振动板、振动凸轮等组成。工作时，凸轮使振动板不断振动，使化肥在肥箱内循环运动，可消除肥箱内化肥的“架空”。并使之沿振动板斜面下滑，经排肥口排出。排肥量大小用调节板调节，对流动性较好的化肥，可更换调节板。由于振动关系，肥料排量受肥箱内肥料多少、肥料密度、黏结力等的影响较大，排肥量的稳定性和均匀性较差。现用的振动式排肥器上，振动板倾角为 60°、振幅 18mm、频率 250 次 / 分。

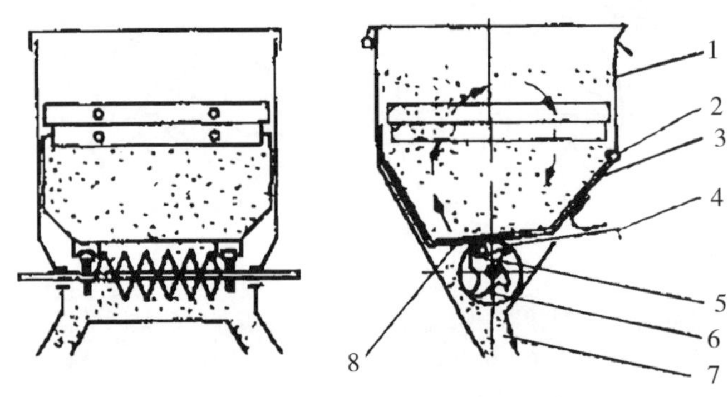

1. 肥箱　2. 铰链　3. 振砂板　4. 肥量调节板　5. 振动轮
6. 排肥螺旋　7. 导肥管　8. 排肥孔

图 3-51　振动式排肥器结构

（三）功能特点及应用范围

目前中耕追肥机功能大体一致，均可实现中耕、除草、施肥等功能，区别仅在于施肥部件结构有所差异。用户在选择时应根据自身种植面积和作物特性进行合理作业。按机具使用场景，中耕追肥机可分为手扶式和悬挂式两大类。

1. 手扶式中耕追肥机

可以实现大型机械无法进入的小块土地、大棚、茶园、丘陵、山地等不同的地形和土质进行作业。机器操作灵活，结构简单，但肥箱容量较小，适合小规模地块使用（图 3-52，图 3-53）。

2. 悬挂式中耕培土机

通过配备不同作业部件，能同时完成深松、施肥、起垄、镇压等不同作业工序，作业效率高，肥箱容量大，入土性能好，适于国有农场及大中型地块中耕追肥的作业要求（图 3-54，图 3-55）。

图 3-52　手扶式中耕追肥机

图 3-53　手扶式中耕追肥机

图 3-54　悬挂式中耕追肥机

图 3-55　悬挂式中耕追肥机

三、操作规范

1. 准备

（1）使用前应先调试好，润滑各转动部位，保证排肥器、排肥管排肥畅通，各转动部位转动灵活。

（2）追肥机械要有良好的行间通过性能，施肥后覆盖且镇压密实。

2. 操作

（1）对中耕追肥机平稳性的要求：进行中耕追肥时，处于苗期植株尺寸较小，追肥过程中机械会对植株造成损伤、被土壤掩埋，对此，应将中耕追肥机工作部件（如施肥伊）放置于距植株侧向一定距离，以不埋苗、伤苗为宜，同时为植株更好地吸收肥料创造良好的条件。

（2）对中耕追肥机装配、调整与作业通过性的要求：在农作物不同生长期间，追肥深度也不完全相同。如在农作物生长的后期，植株根系入土较深，则应比苗期的中耕深度要深一些。为了满足上述中耕要求，中耕追肥机的结构应能够按照不同行距、不同的追肥深度，可以对工作部件进行调节。与此同时，中耕追肥机的工作部件，需要适应土壤的起伏，使追肥作业时，工作部件的稳定性达到要求。

（3）对中耕追肥机关键工作部件的要求：中耕追肥机工作部件需要有良好的开沟通过性，并且作业后要求土表尽量平整，尽可能低的土壤扰动量，尽量保证土壤水分，不使其蒸发。同时，选择施肥伊的形式时，也要保证其能不乱土层、松土而不使其粉碎。

3. 维护保养

（1）严格按照说明书要求进行调试保养，及时更换机油和齿轮油。

（2）每季作业完成后，及时清除泥土和杂草和油污等，检查紧固螺栓，加注润滑油，停放在通风干燥的农具库中，防止机具因暴晒、雨淋而生锈。

4. 注意事项

（1）早。早中耕，将草苗尽早除去。

（2）勤。勤中耕，多年荒地杂草较多，除尽耕幅内杂草，保住墒度，增加地表温度促进苗子生长速度。

（3）深。中耕深度一般从 8~15cm，耕地地表松碎，追肥深度在 15cm 以下，在行中间开沟。

（4）齐。起落一致，地头地边整齐，不漏耕，不漏施。

（5）不。不错行，不压苗，不伤苗，不埋苗，不铲苗。

四、质量标准

1. 作业质量

可参照 DB21T 1519—2016《中耕施肥机质量评价技术规范》。

在中等土壤，含水量 15%~25%，土壤硬度 0.4MPa~2.0MPa，颗粒状化肥含水量不大于 12%，小结晶粉状化肥含水量不大于 5%，排肥量为 150~225kg。中耕施肥机性能应符合表 3-2 规定。

表 3-2　中耕施肥机质量评价指标

序号	项　目	性能指标
1	各行耕深一致性变异系数（%）	≤ 18.5
2	沟底浮土厚度（cm）	4.0~6.0

（续表）

序号	项 目	性能指标
3	碎土率（%）	≥ 85.0
4	伤苗、埋苗率（%）	≤ 5.0
5	培土（起垄）行距合格率（%）	≥ 78.0
6	土壤膨松度（%）	≤ 40.0
7	入土行程（m）	≤ 1.5
8	有效度（%）	≥ 95
9	首次故障前平均作业量（hm^2/m）	≥ 35

2. 名词解释

（1）各行耕深一致性。各行开沟深度的一致程度。

（2）伤苗、埋苗率。测定长度内（1m），伤苗、埋苗等株数占总株数的百分比。

（3）入土行程。锄铲从开始入土起至规定作业深度时止所前进的水平距离。

第六节 中耕除草技术

一、技术内容

1. 技术定义

中耕除草是在作物生长期间进行田间管理的重要作业项目，农作物的苗期，通常在苗株行间使用中耕除草机具进行除草、松土、培土等作业的机械化技术称为中耕除草机械化技术，其目的是改善土壤状况，蓄水保墒，消灭杂草，为作物生长发育创造良好的条件（图 3–56）。

图 3–56 中耕除草机械

2. 技术作用及优点

中耕除草是传统的除草方法，生长在作物田间的杂草通过人工中耕和机械中耕可及时防除杂草。中耕除草针对性强，干净彻底，技术简单，不但可以防除杂草，而且给作物提供了良好生长条件。在作物生长的整个过程中，根据需要可进厂多次中耕除草，除草时要抓住有利时机除草，除小，除彻底，不得留下小草，以免引起后患。群众中耕除草总结出“宁除草芽，勿除草爷”，即要求把杂草消灭在萌芽时期。

二、装备配套

（一）设备分类

按与动力机的连接形式，中耕机可分牵引式中耕机、悬挂式中耕机和直连式中耕机；按工作部件的工作原理，中耕机可分为锄铲式中耕机和回转式中耕机。

（二）机具结构及工作原理

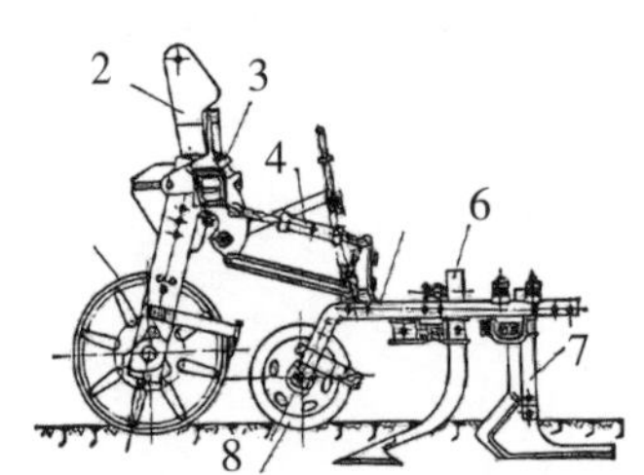

1 地轮　2 悬挂架　3 方梁
4 平行四杆仿形机构　5 仿形轮纵梁
6 双翼铲　7 单翼铲　8 仿形轮

图 3–57　通用机架中耕机结构示意

常用中耕机械作业部件类型有除草铲、通用铲、松土铲、培土铲和垄作铧子等。目前在我国使用较多的是通用机架中耕机，如图 3–57 所示，它是在一根主梁上安装中耕机组，也可换装播种机和施肥机等，通用性强，结构简单，成本低。

除草铲，除草铲可换装播种或施肥部件，用于作物行间第一、二次松土除草作业。除草铲分为单翼式、双翼式和通风式 3 种。单翼铲用于作物早期除草，工作深度一般不超过 6cm。单翼铲由倾斜铲刀和垂直护板组成，铲刀刃口与前进方向呈 30° 角，平面与地面为 15° 倾角，用以切除杂草和松碎表土；垂直护板可防止土块压苗，护板下部有刃口，可防止挂草堵塞。护板前端有垂直切土用的刃口。双翼除草铲的作用与单翼除草铲相同，通常与单翼除草铲配合使用，其除草作用强但碎土能力较弱。

通用铲框架铰链式，通用铲框架铰链式中耕机的碎土能力比锄草铲强，因而被广泛使用。其兼有除草和碎土两项功能，但土壤侧向位移较大，耕后易形成浅沟。通用铲框架铰链式中耕机也分为双翼和单翼 2 种。双翼铲配置于作物行间的中部；单翼铲配置于苗行两侧，可防止因土壤侧移而覆盖幼苗。

松土铲，松土铲主要用于作物行间深松土壤而不翻动土层，有利于蓄水保墒和促进根系发育。松土铲由铲尖和铲柄两部分组成。铲尖是工作部分，分为凿形、箭形和桦形 3 种。凿形松土铲的宽度很窄，利用铲尖保证扁形松土区的宽度。作业深度一般为 10~12cm，最深可达 18~20cm。箭形松土铲的铲尖呈三角形，工作面为凸曲面，耕后土壤松碎，沟底比较平整，松土质量较好。我国新设计的中耕机上，大多采用这种松土铲。桦式松土铲适用于垄作地第一次中耕松土作业，铲尖呈三角形，工作面为凸曲面，与箭形松土铲相似，只是翼部向后延伸比较长。

培土器，培土器由铲尖、分土板和培土板组成，主要用于玉米、棉等中耕作物的培土除根和灌溉地的行间开沟。作业时，铲尖切开土壤，使之破碎并沿铲面升至分土板上，而后被推向两侧，并由左、右培土板将其培到苗行上。培土板一般可以调节，以适应植株高矮、行距大小及原有垄形的变化。耕深为 11~14cm，由沟底至垄顶高度为 16~25cm。

垄作铧子，垄作铧子的铲尖近似三角形，主要用于东北垄作地区的行间松土、除草和培土作业。作业时，土壤沿曲面上升，一部分培于垄上，一部分从后部落入垄沟。耕深可达 8~12cm。

星轮松土器，星轮松土器由前后两排串装在水平横轴上的星形针轮组成星轮单组，在土壤反力作用下转动前进，可有效破碎地表板结层。

（三）功能特点及应用范围

1. 锄铲式中耕机

中耕机的主要工作部件分为锄铲式和回转式两大类。其中，锄铲式（图 3-58，图 3-59）应用较广，更换不同的作业部件可实现除草铲、松土、培土等功能。

图 3-58 锄铲式中耕机

图 3-59 锄铲式中耕机

2. 回转式中耕机

回转式中耕机（图 3-60、3-61、3-62）结构紧凑，操作轻便、调头灵活，适合山区、坡地、坝区垄间培土、除草作业，具有开沟、中耕、培土功能，根据用户需求可配行走轮、作业轮、开沟除草刀、中耕抛土刀等作业机具。

图 3-60　回转式中耕机

图 3-61　回转式中耕机

图 3-62　回转式中耕机

三、操作规范

1. 准备

（1）清除影响中耕机作业的障碍物，不能清除的应做出明显标记。

（2）锄铲选择。除草可选择单翼铲或双翼铲，单翼铲用于作物早期除草，双翼除草铲的作用与单翼除草铲相同，通常与单翼除草铲配合使用，其除草作用强但碎土能力较弱。

（3）锄铲安装。将中耕机放在水泥平台上，在安装板上画出锄铲安装位置，然后将木块放在中耕机轮下，木块厚度等于中耕深度加上安装板厚度减去轮子下陷量（一般为 2~3cm）。使机架处于水平状态，工作机构处于工作状态，起落闸杆放在扇形齿板中间位置。锄铲对准安装板水平放在三角梁下，松软土地，整个锄铲刃部应与支持面接触；坚硬土地，锄铲后端可高于前端 10mm。

2. 操作

（1）条播作物的中耕除草应按播种方向进行，全面封闭除草时，应当与耕翻方向或上次中耕方向垂直进行。

（2）机组转弯地带的区划。行间中耕时，转弯地带与播种相同；全面封闭除草时，如机组由 3 台或 3 台以上的中耕机组成，转弯地带的宽度为机组幅宽的 2 倍，如由 1~2 台中耕机组成，则为 3 倍。

（3）使用调整。确定中耕机所耕行数，如为偶数，则从中耕机的中心线向左右各量行距的一半，即为苗带中心，以后按行距依次向左右量取。如行数为奇数，则中耕机的中心线即为苗带中心线，再向左右按行距依次量取，划出苗带即可。

（4）根据行距和行数确定中耕机轮距，当行数为偶数时，轮距一般为行距的 4 ~6 倍；当行数为奇数时，轮距为行距的 3 ~5 倍。

（5）在固定起落杆齿板上画出耕深标记，并在锄齿的铲柄上也做出耕深的记号。

3. 维护保养

作业前，要认真检查燃油箱的燃油，水箱的冷却水和齿轮箱的润滑油是否足够，若不够，应添加，以免损坏机件或耽误作业进度；作业中，还要仔细观察工作部件成两列留出的护苗带是否有埋苗现象，若有，应停机调整；过田埂、水沟、人应离座，扶机缓慢通过，严禁高速冲过田埂、水沟；当中耕机发出异常响声，应立即停机检修。

4. 注意事项

（1）行间中耕时，中耕路线应与播种路线相符，中耕机组行距应与播种机组的行距相符，中耕行数应与播种行数相符，或播种行数是中耕行数的整数倍，否则就会伤苗。

（2）中耕机两侧边行应按半个行距安装锄铲，因为在播种时，邻接行距可能有大有小，若安装整幅，容易伤苗。

（3）中耕机组的轮距要与作物行距相适应。工作中要求行走轮走在行间，轮缘距秧苗不宜小于 10cm。

（4）驾驶员应熟悉行走路线，避免错行造成伤苗和铲苗，避免倒车。

（5）机组行走速度不宜过快，防止锄铲抛土力量过大，造成埋苗。

（6）中耕锄铲要保持锋利，一般每工作 10 小时应磨刃一次。

四、质量标准

作业质量参照 DB23/T 930—2005《苗间除草机质量评价技术规范》。

在土壤含水率为 15%~25%，土壤硬度（坚实度）≤ 2.0 兆帕，苗自然高度 ≤ 15cm 条件下，机器的作业质量应符合以下的规定。

（1）灭草率≥ 80%；

（2）伤、埋苗率≤ 5%。

第七节　中耕开沟培土技术

一、技术内容

1. 技术定义

图 3-63　中耕开沟培土

结合中耕作业，在作物栽培过程中，为了播种、浇灌、翻晒土壤等需要，人们利用机械在土地上将土壤向两侧翻开，向植株基部壅土，形成中间低、两侧高的形状，这种操作方式就是中耕开沟培土（图 3-63）。

2. 技术作用及优点

中耕开沟培土对解决干旱、半干旱区蓄水保土保墒，有效削减坡耕地地表径流，提高土壤水分入渗率，促进增产增收具有重要意义。多用于块根、块茎和高秆谷类作物，以增厚土层、提高土温、覆盖肥料和压埋杂草，并有促进作物地下部分发达和防止高秆作物倒伏的作用。

二、装备配套

（一）设备分类

我国目前研制的中耕培土机大致可以分为犁刀式中耕培土机、圆盘式中耕培土机、螺旋式中耕培土机、弹齿式中耕培土机四种主要机型。

（二）机具结构及工作原理

1. 刀式中耕培土机

如图 3-64 所示为 KGPT 型中耕培土机，该机是 WG-3 型微耕机的配套机具。机架挂接在微耕机上面，通过升降手柄和连接架可调节该机具的倾斜角度，翼板与犁体两者是铰接在一起的，根据田间作业的需要，左右翼板的角度可通过调整螺栓的位置来改变，翼尾板可以来调节沟面两侧的松紧程度，底端的行走轮用来支撑整个机器。工作前，根据开沟的深度和宽度需要，确定犁刀要入土的深度和左右翼板张开的角度。田间工作时，微耕机通过调节开沟培土机的倾角，使犁尖首先入土，沟里面的土顺着犁体的两侧曲面上升。翼板将开出的土向两侧推去，由此可以形成梯形形状的沟槽，完成开沟培土的作业要求。该机型缺少垄面整形装置，培土太松，作物易倒伏。

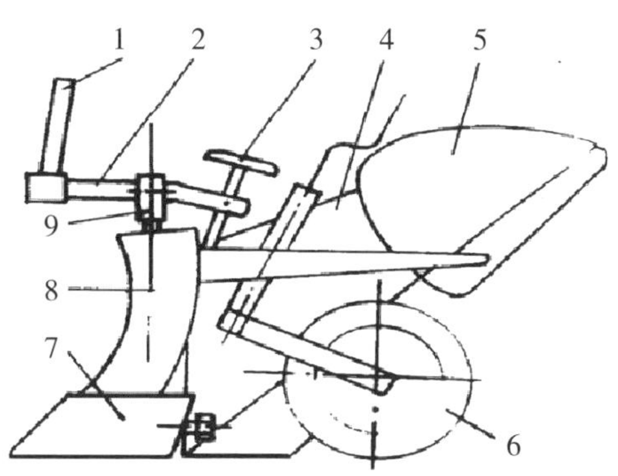

1. 连杆Ⅰ　2. 连杆Ⅱ　3. 升降手柄　4. 翼板　5. 翼尾板　6. 脚轮细　7. 犁尖　8. 犁体　9. 骨架

图 3-64　刀式中耕培土机结构示意

如图 3-65 所示为 3ZSP-2 型多功能中耕培土机，该机型是手扶拖拉机的配套机具。主要包括旋耕部件、动力传输部件、排肥部件、培土犁。培土犁是其核心工作部件，结构主要包括犁柱、凿形犁和左右两块培土板（图 3-66），两侧培土板的培土宽度可以通过螺栓来调节，凿形犁尖的入土位置可以通过调节犁柱在机架上的位置来改变。田间作业前，根据作业的宽度和深度的需要，调节培土板至相应的角度，犁柱调节至相应位置。工作时在微耕机牵引下，凿形犁尖入土

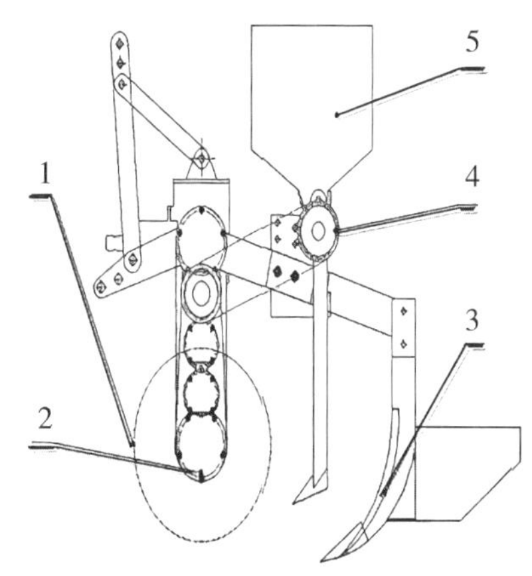

1. 旋耕装置　2. 双边齿轮传动装置　3. 培土犁　4. 排肥装置　5. 肥料箱

图 3-65　3ZSP-2 型多功能中耕培土机结构示意

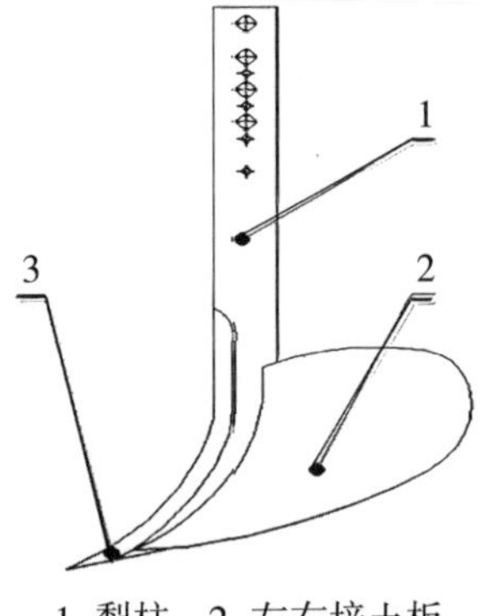

1. 犁柱　2. 左右培土板
3. 凿形犁
图 3-66　多功能中耕培土机培土犁结构示意

并将土壤铲碎，碎土被左右培土板挤向两侧，完成施肥培土工作。该机缺少垄面整形装置，培土太松，作物易倒伏。

2. 圆盘式中耕培土机

如图 3-67 所示为 IGP-0.7 型培土机。该机主要包括底盘、柴油机、旋耕机和培土板组成。旋耕机选用弯形犁刀，运用外装法与传动轴安装在一起，培土板安装在犁刀后部不远处，与机架固连在一起。开沟培土机作业时，旋耕犁刀在机具牵引下旋转切土，切下的土块沿犁刀弯弧面向犁刀轴纵向方向抛掷，在培土板的导向作用下，将土培到两边。

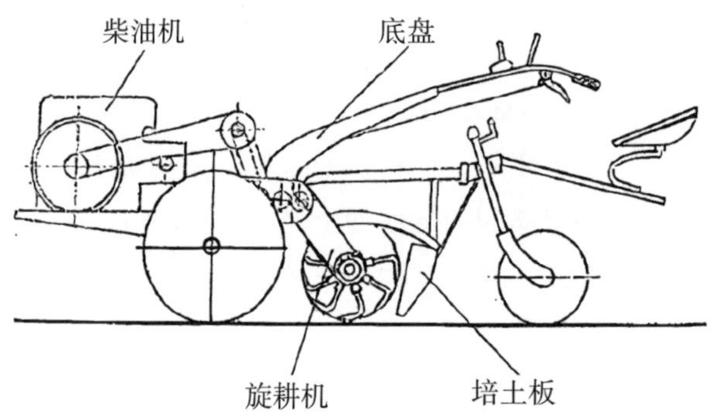

图 3-67　IGP-0.7 型培土机结构示意

如图 3-68 所示为 3ZP-0.8 型中耕培土机。该培土机主要是由机架、调速和旋耕箱体、牵引框、操纵机构、防滑轮和机架组成。旋耕部件采用复合型刀具，有开沟培土刀和旱地滚刀组合而成，刀轴的两侧安装开沟培土刀，中部安装旱地滚刀，两种刀片都焊接在刀轴上，距离可以调节，并且旋转滚刀既可以前置也可以后置，旋耕滚刀后部安装有培土犁。工作时，动力部分带动旋耕刀旋转切土，通过旋耕刀松土及开沟犁作用，能开深沟。

3. 螺旋式中耕培土机

如图 3-69 所示为多功能中耕培土机。该机与手扶拖拉机配套使用，主要包括螺旋式培土机和施肥机。螺旋式培土机的结构主要包括培土螺旋、机架与传动装置（图 3-70）。培土螺旋的直径从中间向两边依次递减。工作时候培土螺旋将

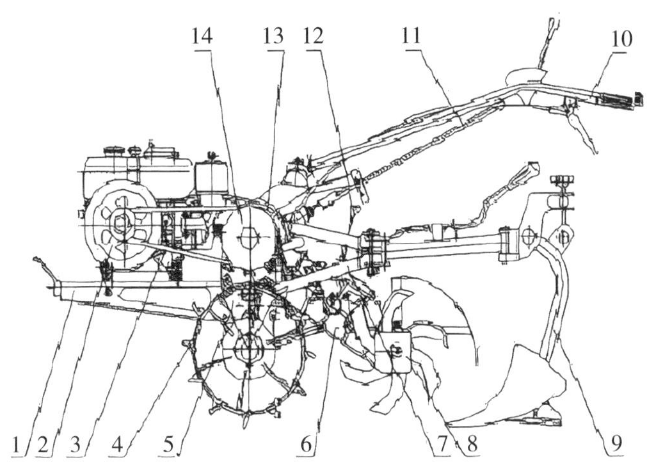

1. 机架　2. 柴油机　3. 三角皮带　4. 行走防滑轮　5. 行走变速箱　6. 旋耕箱体　7. 牵引框　8. 旋耕刀　9. 培土犁　10. 扶手架　11. 主变速柑　12. 正反转手柄　13. 皮带罩　14. 离合器

图 3-68　3ZP-0.8 型中耕培土机结构示意

土壤有中间向两边推移实现培土。

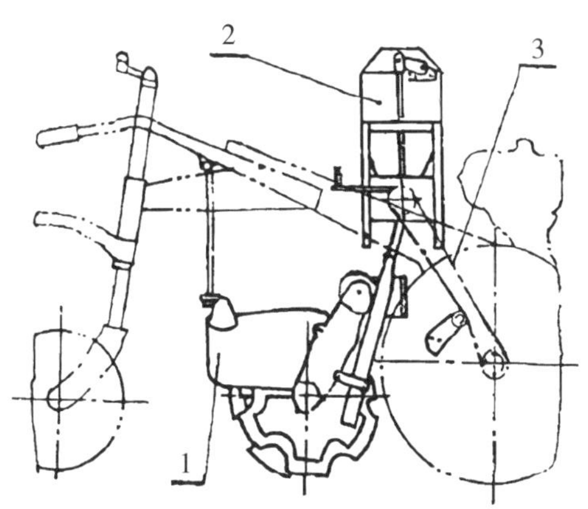

1. 螺旋式培土器　2. 施肥器　3. 传动链

图 3-69　多功能中耕培土机结构示意

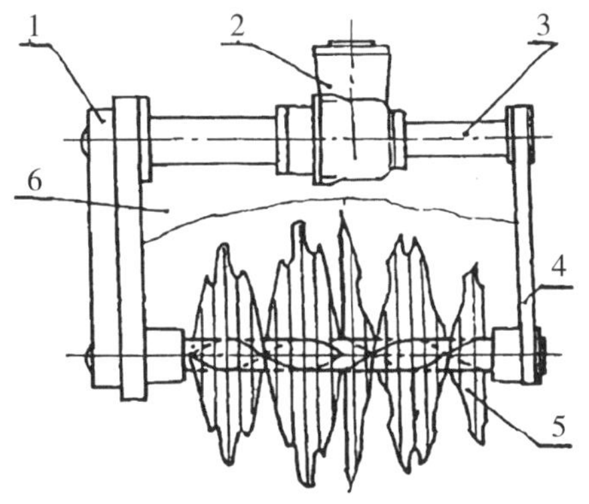

1. 链轮箱总成　2. 锥齿轮箱总成　3. 右支臂　4. 撑板　5. 培士螺旋　6. 罩壳

图 3-70　多功能中耕培土机螺旋培土器结构示意

4. 弹齿式中耕培土机

如图 3-71 所示为弹齿式中耕培土机，该机型与手扶拖拉机配套使用。工作时弹性梳齿用来清除田间杂草，机器后部的培土铲进行中耕培土作业，由于不同田间的垄距不相同，通过调节梳齿的轴距可以来满足不同田间的需求。该机型结

构简单，伤苗率低，但是缺少垄面整形装置，培土太松。

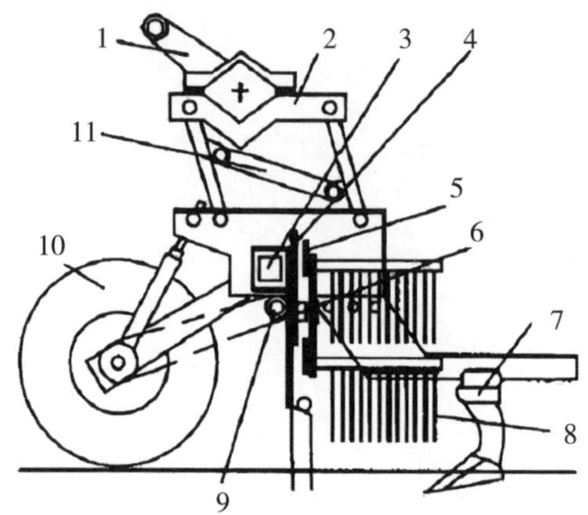

1. 悬挂架　2. 平行四杆机构　3. 中间梁　4. 偏心盘　5. 连杆　6. 中心轴　7. 培土铲　8. 弹齿　9. 传动齿轮　10. 地轮　11. 平衡弹簧

图 3–71　弹齿式中耕培土机结构示意

（三）功能特点及应用范围

目前我国中耕培土机工作原理大致相同，均具备开沟、除草、培土等功能，用户在选择时应根据自身地块面积及作物特性进行合理使用。按设备使用场景，目前国内中耕培土机可简单分为手扶式（图 3–72，图 3–73）和悬挂式（图 3–74，图 3–75）两大种类。

1. 手扶式中耕培土机

可以实现大型机械无法进入的小块土地、大棚、茶园、丘陵、山地等不同的

图 3–72　手扶式中耕培土机

图 3–73　手扶式中耕培土机

地形和土质进行作业。机器本身耕作不留死角，机身轻巧灵活，把手可旋转。

2. 悬挂式中耕培土机

通过更换不同的作业部件，能完成中耕除草、深松、培土、开沟等多项作业，既可在覆膜地上作业，也可在陆地作业，其行距、中耕深度能在较大范围内调整。具有作业效率高，操作维修方便，适用性广等特点。

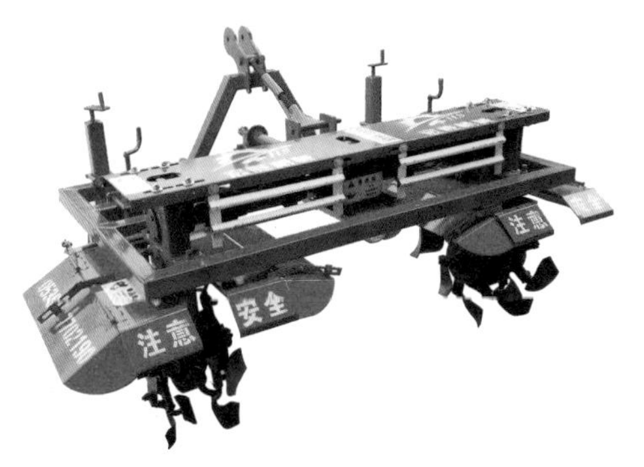

图 3-74　悬挂式中耕培土机

图 3-75　悬挂式中耕培土机

三、操作规范

1. 准备

（1）认真阅读使用说明书。在操作使用前，必须认真阅读使用说明书，严格按说明书的要求进行调试、保养和磨合，并参加必要的操作技能培训培训。

（2）认真进行作业前检查。检查机器各连接紧固件是否紧固，一定要将螺栓拧紧，包括行走箱部分和发动机支撑连接部分、发动机、消声器及空滤器等，农具连接是否牢固、安装是否正确。检查油料是否加足。检查变速箱是否加足齿轮油，发动机是否加机油，是否有漏油现象，严格按照说明书上的要求加注燃油。检查空气滤清器其底部是否有机油。空气滤清器其底部应保持 1cm 高的机油，并注意及时清洗更换保持清洁。

2. 操作

（1）启动。启动时应将变速杆置于“空挡”位置，并确认前后左右的人员处于安全位置后方能启动，新机具不要大负荷作业。

（2）田间转移、坡地作业应防止耕机倾倒伤人。

（3）田间转移应视道路、田块情况确定是否需要拆卸农具、更换轮胎。道路颠簸、田块不规整等情况下，应卸下机具单独运输。

（4）更换农具、清除缠草时一定要在机器熄火状态下进行。

（5）作业中，如发现发动机、行走箱、变速箱有异常响声应立即停机检查，排除故障后才能工作。

（6）作业过程中，如果在背对坎边、挡墙距离小于 1m 时，禁止使用倒挡，以防不测。严禁酒后操作。

3. 维护保养

（1）严格按照说明书要求进行调试保养，及时更换机油和齿轮油。

（2）每季作业完成后，及时清除泥土和杂草和油污等，检查紧固螺栓，加注润滑油，停放在通风干燥的农具库中，防止机具因暴晒、雨淋而生锈。

4. 注意事项

培土应满足以下要求。

（1）垄形规整。

（2）适应不同行距作业。

（3）培成垄后，沟底应有适量松土。

四、质量标准

作业质量参照 DB62T/T 316-2011《中耕机操作规范及作业质量验收》。

1. 作业农艺要求

（1）根据作物生长期、土地条件、墒情、苗情及草情确定合适的中耕时间和次数。

（2）中耕深度应根据作物品种及农艺要求确定。

（3）中耕时，土壤含水率应在 13%~18% 时进行。

（4）中耕作业后不埋苗、不压苗、不错行、不漏耕。

作业后土壤疏松、细碎，深浅一致。

2. 作业质量指标

（1）深浅要一致，其偏差不大于 lcm，地表起伏不超过 4cm。

（2）培土厚度不超过 10cm。

（3）伤苗率 <5%。

（4）除草率 >80%（针对带有除草装置的中耕机）。

（5）施肥深度（5 ± 2）cm（针对带有施肥装置的中耕机）。

第四章 高效植保机械化技术

第一节 喷雾技术

一、技术内容

化学农药有多种多样的喷施方法，由农药的结构——是固体还是液体来决定喷施方法，按喷施的对象——杀虫还是防病决定喷适量。喷雾法就是利用喷雾机具将农药药液喷洒成雾滴分散悬浮在空气中，再降落到农作物或其他处理对象上的施药方法，它是防治农林业有害生物的重要施药方法之一，也可用于防治卫生害虫和消毒等。

将液体分散到气体中，使之形成雾状分散体系的过程称为雾化。雾化的实质是被分散的液体在喷雾机具提供的外力作用下克服自身的表面张力，实现比表面积的大幅度扩增。

药液的雾化过程是外界对药液施加一定的能量使其克服表面张力并分散成为雾滴的过程。在这一过程中药液逐步展成液膜，而后又延伸成为液丝，最后破裂为液珠，从而形成雾滴。影响液膜形成的因素有对药液的压力和药液的性质（如表面张力、浓度、黏度和周围空气的条件等）。药液拉丝或展膜时，离心力或压力越大则液膜越薄、液丝愈细，形成的雾滴越小。这一点在常量喷雾中也同样能得到体现，即随着压力的增大喷头形成的雾滴直径在逐渐减小。药液的性质也是影响药液雾化的重要因素，黏度很大的液体一般都很难雾化，同样各种液体都有一定的表面张力，表面张力大则雾化时所需消耗的能量就高。

农药的应用 90% 是以液体药剂经雾化喷洒的。药剂的黏度、相对密度和表面张力等对其雾化和雾滴的飞行有一定的影响，进一步影响雾体的形成和雾滴在目标上的分布。雾化效果的好坏一般用雾滴大小表示。雾化喷洒是农药使用最为普遍的方式，通过雾化可以使药剂在靶体上达到较好的分散度，从而保证药效的发挥。

根据分散药液的原动力，农药的雾化主要有液力式雾化、离心式雾化、气力式雾化（双流体雾化）和静电场雾化 4 种，目前最常用的是前 3 种。液体雾化方式可分为液力式、气力式、离心式、撞击式和热力式几种。液力式雾化方式特别适合于水溶液的喷洒，是液体药剂最常用的雾化方式，这种雾化是使液体在一定的压力下通过一个一定形状的小孔而雾化。气力式雾化是应用高速气流冲击液体使其雾化，更广泛地应用于工业。离心式液化用很低的压力，主要用于液体供应，使液体在一个高速旋转的圆盘上沿径向运动，最后从圆盘的边缘飞出形成液滴。离心式雾化的特点是形成雾滴的大小非常均匀，并且其大小可以调整。撞击式雾化是让液体在重力的作用下通过一个或多个小孔，同时用外力式喷雾装置产生振动，使液丝断裂成液滴，这种方式有时用于除草剂的喷洒，热力式雾化是利用热能使药液雾化，各种熏蒸剂的使用就是采用这种方法。

二、技术特点

喷雾速度快，因而效率高。雾滴细致均匀，射程远，每小时喷雾面积可达 8~10 亩，喷雾速度是常规喷雾器的 8 倍以上。

三、技术分类

1. 雾化方式分类

（1）液力式雾化。大多数液力式喷头的设计是使药液在液力的推动下，通过一个小开口或孔口，使其具有足够的速率能量而扩散。通常先形成薄膜状，然后再扩散成不稳定的、大小不等的雾滴。影响薄膜形成的因素有药液的压力、药液的性质，如药液的表面张力、浓度、黏度和周围的空气条件等。很小的压力（几十至几百千帕）就可使液体产生足够的速率以克服表面张力的收缩，并充分地扩大，形成雾体。

一般认为，液体薄膜破裂成为雾滴的方式有 3 种，即周缘破裂、穿孔破裂和波浪式破裂。但是破裂的过程是一样的，即先由薄膜裂化成液丝，液丝再裂化成雾滴。

穿孔破裂的发生是由于液膜小孔的扩大，并在它们的边缘形成不稳定的液丝，最后断裂成雾滴。在周缘破裂中，表面张力使液膜边缘收缩成一个周缘，在低压力情况下，由周缘产生大雾滴，在高压情况下。周缘产生的液丝下落，就像离心式喷头喷出的液丝形成的雾滴一样。穿孔式液膜和周缘式液膜雾滴的形成都发生在液膜游离的边缘，而波浪式液膜的破裂则发生在整个液膜部分，即在液膜到达边缘之前就已经被撕裂开来。由于不规则的破裂，这种方式形成的雾滴大小非常不均匀，范围一般在 10~1 000μm，最大者甚至可为最小者体积的 100 多万倍。

雾滴的平均直径随压力的增加而减少，而随喷孔的增大而增大。在较高压力下，特别是当压力超过 1 500kPa 时，雾滴直径范围变小。液体的表面张力和黏度增加，也会使雾滴直径加大，因此，使用各种添加剂可以减少易飘移小雾滴的数目。黏度较高，从喷口喷出的雾锥角较小，有可能造成直线射流。在实际使用时，雾滴的大小特别重要，它们将由在一定工作条件下使用的喷头所决定。雾滴的大小和各种参数，如液体流速、喷孔大小、液体压力等都有关系。液力式雾化法是高容量喷雾和中容量喷雾所采用的喷雾方法，是农药使用中最常用的方法，操作简便，雾滴粒径大，雾滴飘移少，适合于各类农药。最常使用的工农 –16 喷雾器、大田喷杆喷雾机等都是采用液力式雾化原理。

（2）离心式雾化。利用圆盘（或圆杯）高速旋转时产生的离心力，在离心力的作用下，药液被抛向盘的边缘并先形成液膜，在接近或到达边缘后再形成雾滴。其雾化原理是药液在离心力的作用下脱离转盘边缘而延伸成为液丝，液丝断裂后形成细雾滴。离心式雾化也可以分为 3 种不同的方式：①在低流量时，单个雾滴直接从喷头转盘甩出；②液体从转盘甩出时成为液丝或液带，然后再断裂成雾滴；③液体离开转盘时为一液膜，然后破裂成液丝，再断裂成雾滴。当转盘表面溢出时，就形成液膜，这时雾滴的形成与液力喷头相似，所产生的雾滴大小的范围也较宽。在某些流量范围内，雾滴是通过两种机理作用形成的，因而可发生液滴和液丝、液带和液膜之间的转换。这种雾化方法的雾滴细度取决于转盘的旋转速率和药液的滴加速率，转速越高、药液滴加速率越慢，则雾化越细。从转盘喷头产生的雾滴，按其大小分布主要可分为两类，即主雾滴和卫星雾滴。卫星雾滴是由主雾滴与转盘其余液带和液体相连接的液丝断裂形成的。卫星雾滴的直径小且所占总数的比例小于主雾滴。

液力式液体雾化方式广泛地用于农药的喷洒，但它不足的方面是产生的雾滴直径范围太宽，另外农药原剂需要大量的水来稀释，这在有些地方是不适宜的，例如干旱缺水的地区。

（3）气力式雾化。利用高速气流对药液的拉伸作用而使药液分散雾化的方法，因为空气和药液都是流体，因此也称为双流体雾化法。这种雾化原理能产生细而均匀的雾滴，在气流压力波动的情况下雾滴变化不大。手动喷雾器、常温烟雾机都是采用这种雾化原理。许多双流体喷头是特别为工业应用设计的，如奶粉和其他产品的喷雾干燥、喷涂油漆等。双流体喷头雾化方式可分为内混式和外混式两种，内混式是气体和液体在喷头体内撞混，外混式则在喷头体外撞混。

在喷头体内撞混较难于控制两种流体彼此作用的压力，雾滴大小的变化多少依赖于液体喷空的设计和它相对于气流的位置。

2. 喷雾方式分类

（1）大容量喷雾法。这是泛指每公顷施药液量在600L以上的喷雾方法。这种方法是长期以来使用的最普遍的喷雾法，因此也称为“常规喷雾法”或“传统喷雾法”。国际的发展趋势虽然是用低容量和超低容量喷雾法逐步取代常规喷雾法，但在某些方面常规大容量喷雾法还有一定的用途。在中国大容量喷雾法至今仍然是最普遍的方法。

常规喷雾法是采取液力式雾化原理，使用液力式雾化部件，即喷头。喷头是药液成雾的核心部件，为了获得不同的雾化效果以及雾头形状，以适应不同作物和病虫草害防治的特殊需要，国际喷雾器市场上喷头的种类和型号很多，并已发展为通用型的系列化喷头及其零配件，可供用户选择。中国的喷雾器不仅在机具种类、机械性能方面较差，喷头的单一化也是一个根本问题。这些问题导致农药喷洒中出现了许多不应产生的后果。

液力式雾化的质量受多种技术因素的影响，尤其是喷雾压力。喷雾压力对药液雾化的多方面都有重要影响。

（2）低容量喷雾。施药液量在每公顷（大田作物）50~200L的喷洒法属于低容量喷雾法LV雾滴VMD值在100~200μm。每公顷施药液量为5~50L的称为很低容量喷雾法（VLV）。这些方法的区分主要是为了适应不同作物、作物的不同生长阶段及不同病虫草鼠害防治的需要。因为作物的株冠体积、植株形态、叶形等差别很大，而且随着植株不断长大而发生变化，所需药液量也必然发生很大变化，在制定使用技术标准时可作为参考。低容量和很低容量之间并不存在绝对的界限，其雾化细度也是相对于施药液量而提出的要求。如前文所述，雾化细度取决于喷头和喷雾压力，是可以根据需要来调节的。

对于机械化施药而言，施药液量的变化和调控比较容易实施，主要通过调节药液流量调节阀、机械行驶速率以及喷杆的长短和喷头的组合等。但对于手动喷雾器就比较困难，因为人的步行速率有一定的限制，喷雾器的喷幅也有一定局限。曾经有人尝试通过缩小喷头喷的办法来限制喷头药液流量，以实现低容量和很低容量喷洒，如采用 0.7mm 和 1.0mm 的喷孔片，这些方法可以把每公顷施药液量降低到 150~300L。但是在不改变喷头其他机械构造的情况下，只采取缩小喷孔的办法，雾滴谱也会发生变化。前文已讲到，喷雾压力对雾滴谱、药液流量以及雾头形状等都会产生很大影响，而手动喷雾器的喷雾压力也有一定极限，而且受操作者体力和操作技术的影响。此外还有一些其他尝试在当地推广应用，如在喷头腔内增加一个并无一定规格要求的铜丝圈，以阻碍药液的正常流量，把喷孔片的中心开孔改为周边开细孔等。这些办法没有经过严格的检验和测试，对于实行使用技术标准化并没有积极的意义。

（3）超低容量喷雾。雾滴 VMD 小于 100μm，每公顷施药液量（大田作物）少于 5L 的喷雾法称为超低容量喷雾法（ULV）。也有人把施药液量小于每公顷 0.5L 的称为超超低容量喷雾法（UULV）。

这两种方法不是简单通过控制药液流量或改变喷雾压力所能做到的，必须从雾化原理上采取新的雾化技术，即离心雾化法或称转碟雾化法。利用由电力驱动的带有锯齿状边缘的圆碟，把药液在一定的速率下滴加到以 7 000~8 000r/min 转速旋转的圆碟上，药液即均匀分布到转碟边缘的齿尖上，并在离心力的作用下脱离齿尖，然后断裂成为均匀的雾珠。此法所产生的雾滴的尺寸决定于转碟的转速和药液滴的加速率。转速越快雾滴越细，药液滴加越快则雾滴越粗甚至成为不均匀的粗滴。超低容量喷雾法的施药液量极少，不可能采取常规喷雾法的整株喷湿方法，必须采取飘移喷洒法，利用气流的吹送作用把雾滴分布在田间作物上，称之为“雾滴覆盖”，即根据单位面积上沉积的雾滴数量来决定喷洒质量，以区别于常规喷雾法所形成的药液“液膜覆盖”。

每平方厘米叶面内所能获得的雾滴数，决定于雾滴尺寸。可见雾滴尺寸在 50~100μm 范围内的雾滴沉积覆盖密度已相当大。田间作物上的沉积雾滴数目较少，一般能达到每平方厘米面积范围内有 10~20 个雾滴即可。由于飘移喷洒法的雾滴运动受气流的影响，因此施药地块的布置、喷洒作业者的行走路线、喷头的喷洒高度和喷幅的重叠都必须加以严格的设计。操作过程中还必须注意气流方向，风向变动的夹角在小于 45° 的情况下才允许进行作业。

一是可控雾滴喷洒法。这种方法也简称为控滴喷洒法。其雾化原理和机具构造与超低容量喷雾机相同，只是采取了控制转碟转速的办法来调控所产生的雾滴尺寸，以适应不同的防治对象的要求。例如，把转速降低到 2 000r/min 时，可产生 VMD 值为 250~350μm 的均匀粗雾滴，适宜于喷洒除草剂。药液的流速对雾滴尺寸也有影响，可以通过节流管来调控在储药瓶的瓶嘴预设有多种可供调换使用的节流管，其排液孔的孔径一般用不同的色泽表示。药液的黏度会影响流速和流量，因此，对于不同黏度的药液，必须事先进行流量校准。二是静电喷雾法。静电喷雾技术是应用高压静电在喷头与喷雾目标间建立一个静电场，而农药液体流经喷头雾化后，通过不同的充电方法被充上电荷，形成群体荷电雾滴，然后在静电场力和其他外力的联合作用下，雾滴做定向运动而吸附在目标的各个部位，达到沉积效率高、雾滴飘移散失少、改善生态环境等良好的性能。静电场作用下的液体雾化机理比较复杂，通常认为：静电作用可以降低液体表面张力，减小雾化阻力，同时，同性电荷间的排斥作用产生与表面张力相反的附加内外压力差，从而提高雾化程度。

静电喷雾的原理带电粒子受电场力的作用，如果带电荷 q 的粒子处于自由运动状态，它就会沿着电场方向即电力线运动。这样如果将喷头施加负电场，那么电力线即从喷嘴出发到靶标物结束。如果喷头施加的负电场足够强大，那么从喷嘴喷出的雾滴或粉粒就带负电，它就沿着电力线运动，故必然会被主动吸附到靶标植物冠的内部（植物体表面带正电，且吸引力很强，为地球引力的 40 倍），附着于植物叶正面和背面。这样就利用静电场的力实现了雾滴或粉粒在植物冠的内部附着，从而成倍地增加了药液或药粉对植物叶面（无论冠内或冠表）的覆盖率和均匀度，其结果是增加了药液或药粉与病虫害接触的机会，提高了喷药效果和降低了用药量。静电场产生的力称为表面力，它与重力不同。能有效利用表面力的粒子或雾滴越小越好，以直径约 10~40μm 为最合适。怎样使雾滴或粉粒带电是最关键的问题，目前在静电应用领域中，广泛应用的方法是高压诱导带电和电晕带电。在欧美随着粉剂使用量的不断减少，静电喷药技术研究也转向了液体药。如美国、英国、加拿大等都先后对液体药静电喷雾进行了深入的研究，并促使其产业化。美国生产的气助静电喷雾系统是 20 世纪 90 年代以来最先进的喷药器械。

近年来中国也有人曾做过一些有关静电喷药的研究和试验工作，如国家林业局森林病虫害防治总站的研究人员首次把静电喷粉技术用于马尾松毛虫的防治，并取得初步成功。

在美国，静电喷雾技术在农业上的应用已经比较普遍，但在林业上的应用尚未见实例报道。这说明静电喷雾技术在矮植物上的应用要方便得多，而在高大乔木上的应用还存在着技术障碍。在中国虽有人曾做过一些有关的研究和试验工作，并且用静电喷粉防治松毛虫也取得初步成功，但在静电喷雾技术方面尚存在一些难点，如诱电喷头的耐高压（5~10 万伏）绝缘材料、诱电电极的防湿问题，目前尚无成功的技术。

（4）风送式喷雾。利用气流辅助喷雾的方法称为风送式喷雾法或气流辅助喷雾法。有两种方法。一种是在雾化完成后再利用轴流风机产生的气流把雾滴吹送到靶标作物上，此类机具称为风送式液力喷雾机，也可用离心风机产生和输送气流。多为拖拉机牵引或悬挂的大型动力机具，主要用于果园喷雾。一种比较新型的袖筒式喷杆喷雾机也是风送式喷雾，主要用于大田作物。另一种是利用气流进行雾化的机具，也称为双流体雾化喷雾机（器）或气力式喷雾机（器）。与常规喷雾机具不同的是，这种喷雾机具是利用高速气流对药液的剪切力使药液分散为细雾，形成的雾滴在气流的作用下发生瞬息鼓膜现象，扩张成为薄的液膜，再发生液膜破裂而成为更细的雾滴。因此，双流体雾化法可以获得比较细而均匀的雾滴。例如，泰山—18 型弥雾喷粉喷雾机、冷雾机、内燃机废气雾化喷雾机等动力机具，以及近年中国新开发的手动吹雾器（亦称微量手动弥雾器）、微型电动吹雾机等。

双流体雾化喷雾机（器）的气流一方面用于雾化药液，另一方面也同时对雾滴的运动产生风送导向作用，有利于雾滴的扩散、分布和对株冠的穿透。把传统的手动液力式喷雾器改型为手动双流体气力式吹雾器和微型电动气力式吹雾机，把气力式雾化能获得较细而均匀的雾滴这一特点与气流对雾滴的风送导向作用结合起来，是提高中国农药使用技术水平的一个有现实意义的发展方向。这种喷雾器比较容易实行使用技术标准化，因为这种施药机具的雾化性能和药液流量受人力的影响较小。实际检测证明，强劳力和弱劳力、男子与妇女操作同一台手动气力式吹雾器，所得到的雾滴谱基本相同，VMD 值也基本相同。在株冠茂密的棉田中检测结果还表明，手动气力式吹雾器的雾滴分布最均匀，因此尽管采取摇摆式喷洒法，并不会造成田间雾滴分布不均匀。这是由气流对雾滴的吹送扩散作用所致。

（5）弥雾法。采用气流做动力（亦称气力），通过特制的雾化部件把药液分散成小于 20 μ m 的极细雾滴，并能在空气中保持较长时间不挥发消失，这种施药方法称为弥雾法，此类施药器械统称为弥雾器或弥雾机（mistblower，或称为fog-generator）。由于细于 20μm 的雾滴在空气中长时间飘游而不会很快消失，类似烟云，因此常被误称为“烟雾法”。其实这种分散体系中并不含固态的成分，所以不宜采用这种不规范的术语，以免引起误解。

弥雾法可分为热法和冷法两种。热法不能用水，而必须选用不易挥发的油类作载体。冷法则可以用水作载体也可以用不易挥发的溶剂作载体。

四、装备配套

（一）手动喷雾器

手动喷雾器是指一类用人力来驱动泵进行喷雾的喷雾器。其特点是结构简单，价格低廉，操作和维修保养容易掌握。美国在 1850—1860 年生产制造了第一代手动喷雾器。1936 年中国开始有小批量生产。1949 年以后，生产的数量和形式都有很大发展，目前它仍是中国生产量最大的一类施药机械。

喷雾器按其泵类型和装配形式不同可分为背负式、踏板式和压缩式。

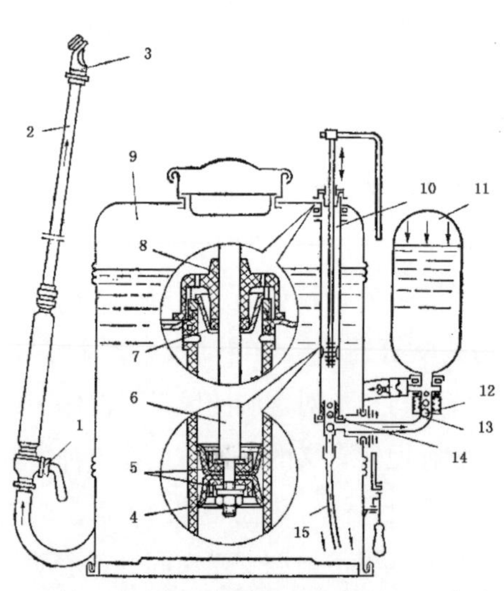

1. 开关　2. 喷杆　3. 喷头　4. 螺母　5. 皮碗
6. 活塞杆　7. 毡圈　8. 泵盖　9. 药液箱
10. 泵筒　11. 空气室　12. 出水球阀
13 出水阀座　14 进水球阀　15 吸水管

图 4-1　工农 -16 型背负式手动喷雾器

背负式手动喷雾器型号多，结构上虽有差异，但是工作原理完全相同，工农 -16 型背负式手动喷雾器是它们的典型代表。

工农 -16 型背负式手动喷雾器的构造如图 4-1 所示。工作部件主要是液泵和喷射部件。辅助部件包括药液箱、空气室和传动机构等。这种喷雾器的液泵为往复活塞泵，装在药液箱内，由泵筒、活塞杆、皮碗、进水阀、出水阀和吸水滤网等组成。喷射部件由胶管、开关、套管、喷管和喷头等组成。

1. 工作原理

当摇动摇杆时，连杆带动活塞杆和皮碗，在泵筒内作上下运动，当活塞杆和皮碗上行时，出水阀关闭，泵筒内皮碗下方的容积增大，形成真空，药液箱内的药液在大气压力的作用下，经吸水滤网，冲开了进水球阀，涌入泵筒中。当摇杆带动活塞杆和皮碗下行时，进水阀被关闭，泵筒内皮碗下方容积减少，压力增大，所贮存的药液即冲开了出水球阀，进入空气室。由于塞杆带动皮碗不断地上下运动，使空气室内的药液不断增加，空气室内的空气被压缩，从而产生了一定的压力，这时如果打开开关，气室内的药液在压力作用下，通过出水接头，压向胶管，流入喷管、喷头体的涡流室。经喷孔喷出。

2. 操作规程

（1）根据需要合理选择合适的喷头。国内目前常用的空心圆锥雾喷头有几种孔径的喷孔片，大孔的流量大、雾滴粗、喷雾角大，相反，孔小的流量小、雾滴细、喷雾角小，应当根据喷雾作业的要求和作物的情况适当选择，避免始终使用一个喷头的现象。

（2）注意控制喷杆的高度，防止雾滴飘失。

（3）使用背负式手动喷雾器时要注意不要过分弯腰作业，防止药液从桶盖处流出溅到身上。

（4）加注药液不允许超过规定的药液高度。

（5）手动加压时应当注意不要过分用力，防止将空气室打爆。

（6）手动喷雾器长期不使用时，应当将皮碗活塞浸泡在机油内，以免干缩硬化。

（7）每天使用后，将手动喷雾器用清水洗净，残留的药液要稀释后就地喷完，不得将残留药液带回住地。

（8）更换不同药液时，应当将手动喷雾器彻底清洗，避免不同药液对作物产生药害。

（二）担架式喷雾器

担架式喷雾机是一种将各个工作部件装在像担架一样的机架上，作业时由人抬着担架进行转移的机动喷雾机。担架式喷雾机根据配备的液泵种类不同而分为离心泵式、活塞泵式、柱塞泵式和隔膜泵式喷雾机等类型。

1. 担架式喷雾机的主要特点

（1）压力较高，射程较大。虽然泵的类型不同，但其工作压力（<2.5Mpa）相同，最大工作压力（3MPa）亦相同。

（2）流量大，泵的流量多数在30~40L/min内，国内最常用机型的流量也都相同，都是 40L/min。

（3）泵的转速较接近，在 600~900r/min 范围内，而且以 700~800r/min 的居多。

2. 工作原理

如图 4-2 所示，由动力机通过三角皮带驱动柱塞泵的曲轴高速转动，经过曲柄连杆结构使柱塞作往复运动，当柱塞向后运动时，泵内的空间增大，压力降低，形成真空，此时，在外界大气压力的作用下，水从泵的吸管经过过滤器后，推开进水阀门，吸入泵内，当柱塞向前运动时，泵内的水被挤压，进水阀门关闭，同时推开出水阀门，经过空气室、出水管、混药器和喷洒部件后喷出。

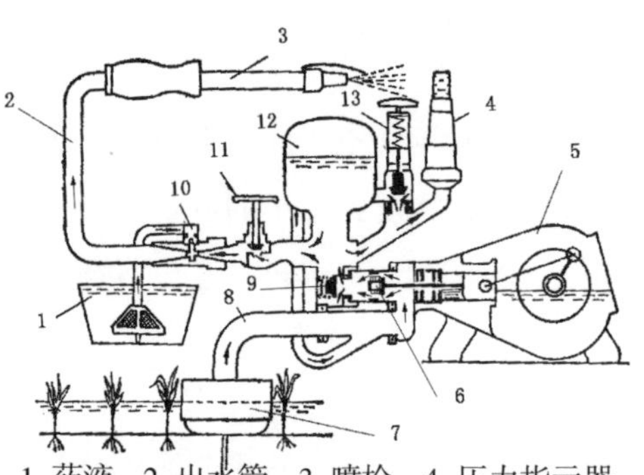

1. 药液　2. 出水管　3. 喷枪　4. 压力指示器　5. 活塞泵　6. 活塞　7. 吸水滤网　8. 吸水管　9. 出水阀　10. 混药器　11. 阀门　12. 空气室　13. 调压阀

图 4-2　担架式喷雾机的工作原理

3. 担架式喷雾机的使用

下面以工农 -36 型喷雾机为例，说明在使用担架式喷雾机时的操作规程。

（1）按说明书规定的牌号向曲轴箱内加入润滑油至规定的油位以后，每次使用前及使用中都要检查油位，并按规定对汽油机或柴油机检查及添加润滑油。

（2）正确选用喷洒及吸水滤网部件。

（3）将调压阀调节到较低压力的位置，把调压手柄扳至卸压位置。

（4）启动发动机，调节调压手柄，使压力指示器指示到要求的工作压力。

（5）混药器只有在使用远程喷枪时才配套使用。

（6）用清水进行试喷。观察各接头处有无渗漏现象，喷雾状况是否良好。

（7）作业后，用清水继续喷洒 2~5min，清洗泵和管路内的残留药液，防止药液腐蚀。

（8）卸下吸水滤网和喷雾胶管，打开出水开关；将调压阀减压，旋松调压手轮，使调压弹簧处于松弛状态。排除泵内存水，并擦洗掉机组外表污物。

（三）喷杆式喷雾机

喷杆式喷雾机是一种将喷头装在横向喷杆或竖喷杆上的机动喷雾机。它作为大田作物高效优质的农药喷洒机具，近年来，在国内得到了推广应用。该机具的特点是生产率高，喷量分布均匀，是一种理想的大田作物用植保机具。

喷杆式喷雾机的种类很多，目前我国主要生产的种类有悬挂式和牵引式两种，喷洒幅宽为 3~18m。

1. 工作原理

喷杆式喷雾机的工作原理如图 4-3 所示。工作时，由拖拉机的动力输出轴驱动液泵转动，将药液从药液箱中以一定的压力排出，经过过滤器后进入调节分配阀，药液通过喷杆上的喷头形成雾状后喷出。

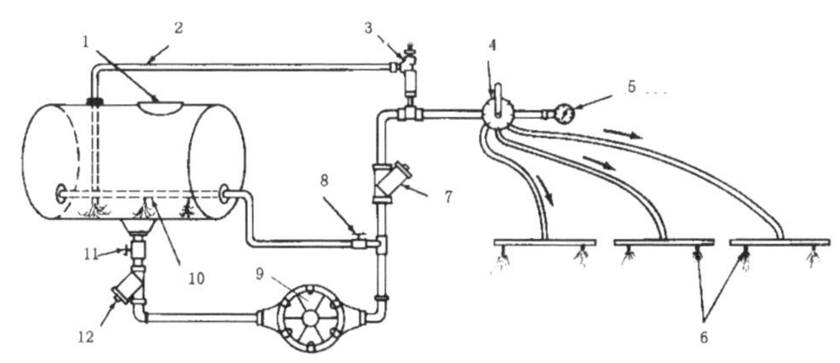

1. 药液箱　2. 旁通回液管　3. 调压阀　4. 调节分配阀　5. 压力表　6. 喷头
7. 过滤器　8. 搅拌阀门　9. 滚子泵　10. 液力搅拌器　11. 阀门　12. 过滤器

图 4-3　喷杆式喷雾机的工作原理

调压阀用于控制喷杆喷头的工作压力，当压力高时，药液通过旁通管路返回药液箱。如果需要进行搅拌，可以打开搅拌阀门，让一部分经过液力搅拌器，返回药液箱，起搅拌作用。

2. 喷杆式喷雾机的使用操作规程

（1）机具准备

作业前对机具进行检修保养，使机具各部分处于良好的技术状态，做到各连接部分畅通不漏，开关灵活，雾化良好，并按说明书要求进行必要的润滑。

喷量测定，按正常工作时的喷雾压力和确定的喷孔喷量，测量单个喷头的喷量（L/min），喷杆总喷量等于各喷头喷量的总和。

进行试喷，应检查压力指示装置，安全阀工作是否正常，喷雾压力，雾化质量及各部分连接处是否漏滴等。

（2）喷雾作业

施药量的调整。单位面积有效药剂施用量由农业技术要求确定，喷雾作业时，可以通过调整喷药量、药液浓度和作业行驶速度来实现。如果浓度大，喷药量可以少一些，反之可以大一些。喷药量的多少还应考虑地块的长度，药箱的容积和不同浓度对药效的影响。喷药量的多少与喷雾压力有关，少量改变可调喷雾压力，但喷雾压力直接影响雾化质量，故一般在作业前确定，作业过程中不得随意改变。

由此可以确定机组作业时的前进速度 V：

$$V=\frac{40}{B\times Q}\times g$$

式中：V——机组前进速度，km/h；

g——喷雾机的喷药量，L/min；

Q——单位面积施药量，L/ 亩；

B——喷雾机的喷幅，m。

前进速度不宜过高，否则机具颠簸会影响喷洒均匀度。行驶速度确定后，作业过程中不得任意改变。

喷杆高度的调整，向地面全面喷施除草剂时，喷杆高度对地面受药量的均匀度影响很大。喷施除草剂应选用扇形雾喷头，喷杆高度应使相邻喷雾面交叉重叠，使地面受药均匀。当扇形雾喷雾角为 110°，喷头在喷杆上间距为 50cm 时，喷杆高度为 50cm。当喷杆高度过低时，图 4-4（a）位置，相邻喷雾面因接不上而漏喷，在位置图 4-4（b）时重叠不够，地面不平将造成漏喷，处在图 4-4（c）的位置为正确高度，地面受药最为均匀。此外，喷杆应与地面始终保持平行。

行走方法。一般采用梭形走法。在进行无作物全面喷雾时，应有明显标志指示行走路线，防止重喷或漏喷。若对大田作物行间喷雾时，应在播种时留出拖拉机喷药作业道，保证相邻喷雾工作幅的相接。操作驾驶员必须使前进速度和工作压力保持稳定，同时还应注意喷头堵塞和泄漏；药液箱用空，造成泵脱水运转；喷杆碰撞障碍物等。

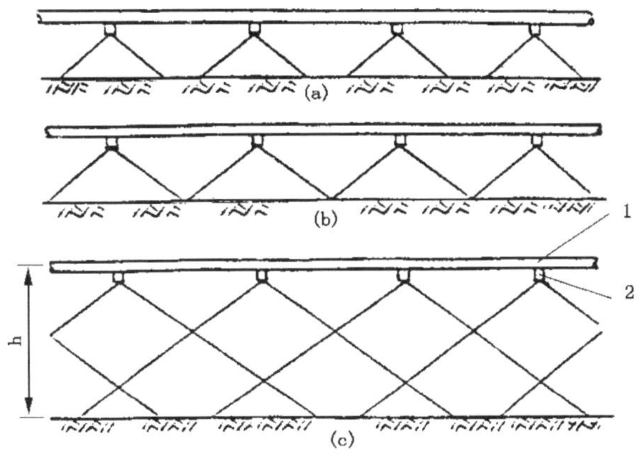

（a）位置太低（b）临界位置（c）合适位置

1 喷杆 2 喷头

图 4-4 喷杆高度对喷洒质量的影响

作业中的安全技术。应穿戴必要的安全保护用品；工作中禁止吃喝，手应彻底洗净后，才能饮食；作业中注意风向改变；田间排除故障时，应先卸压后再进行拆卸；加药时注意防止飞溅；药液容器要集中处理等。

五、质量标准

（1）非内吸性药剂常规量喷雾药液覆盖率≥ 33%。

（2）杀虫剂低量喷雾雾滴沉积密度≥ 25 滴 /cm^2，超低量喷雾雾滴沉积密度≥ 10 滴 / cm^2。

（3）内吸性杀菌剂低量喷雾雾滴沉积密度≥ 20 滴 /cm^2，非内吸性杀菌剂低量喷雾雾滴沉积密度≥ 50 滴 /cm^2；杀菌剂超低量喷雾雾滴沉积密度≥ 10 滴 / cm^2。

（4）内吸性除草剂低量喷雾雾滴沉积密度≥ 30 滴 /cm^2，非内吸性除草剂低量喷雾雾滴沉积密度≥ 50 滴 /cm^2。

（5）手动喷雾器常规量喷雾雾滴分布均匀性≤ 30%，手动喷雾器低量喷雾雾滴分布均匀性≤ 40%。

（6）机动喷雾器常规量喷雾雾滴分布均匀性≤ 50%，机动喷雾器低量喷雾雾滴分布均匀性≤ 50%；机动喷雾器超低量喷雾雾滴分布均匀性≤ 70%。

（7）作物机械损伤率≤ 1%。

第二节　喷粉喷粒技术

利用鼓风机械所产生的气流把农药粉剂吹散后沉积到作物上的施药方法。

20世纪60年代中期，日本曾对喷粉法进行了详尽的开发研究，因为喷粉法轻便省力而且工效高，在植保工作中推行了一个以喷粉法为主体的农药使用省力化运动。随着环境质量问题日益引起社会重视，喷粉法的应用也相应地受到限制，飘移问题最突出的飞机喷粉法首先受限制。到1960年美国的飞机喷粉作业量降到39%，1970年则剧降至3%。日本虽然由于水稻田用喷粉法较多，但粉剂的产量在农药总产量中所占的比重也已由50年代的70%~80%降低到80年代的35%以下。中国一直到80年代初期喷粉法（包括毒土法）仍是主要施药方法，六六六停产以后喷粉法才逐渐退居次要地位。历史上最早的粉剂施用是把药粉装在布袋内或底部有孔的罐内，撒落到作物上；后来改用手持打气筒来喷出药粉。到19世纪末才发展成为用机械鼓风的办法喷粉。进入20世纪以来进一步发展出各种类型的机动喷粉法。

一、基本原理

喷粉喷粒法的基本原理就是用气流把粉或粒状剂吹散，让粉粒沉积到作物上去。实际包含两个步骤：第一步是借助机械搅动或气流鼓动使粉剂、粒剂发生流化现象，成为容易分散的疏松粉体；第二步是借助有一定速度的气流，把已流化的粉体吹送到空中使之分散成为粉尘。粉尘在空中的运动有两种特性：①布朗运动。粉粒在空中的一种无规则运动，包含垂直方向内的位移现象和水平方向内的位移现象，并且可以有多种取向。②飘翔效应。非球形粒子在阻尼介质中运动时偏离运动方向的现象。粉剂的粉粒都是不规则的非球形粒子，在垂直下落时由于粉粒表面不同部位受空气阻力的作用强度不一致，而使粉粒的运动方向发生偏离，使下落的粉粒滑向一边，因此产生飘移现象。粉粒直径大于10μm时，以飘翔效应为主，而小于10μm时则以布朗运动为主。这两种特性均有利于延长粉粒在空中的飘悬时间，在有气流扰动时更为明显。这是喷粉法在田间沉积分布比较均匀、工效较高的主要原因，也是药粉在大气中容易发生飘移现象的重要原因。

粉粒之间有一种絮结现象，即若干个粉粒絮结到一起形成团粒。团粒的直径远大于单个粉粒，因而使粉粒的运动性质发生变化，粗大的团粒容易垂直下落，从而丧失了布朗运动和飘翔能力。这有利于防止飘移，但不利于粉粒沉积分布。克服絮结现象的方法，主要依靠机械的搅动或气流的鼓动使粉体流化，喷粉口也应有足够强的风力，例如手摇喷粉器喷口风速应在 12m/s 以上；在粉剂的制剂配方中加入适当的分散剂也是一种有效的办法。

二、技术特点

其主要特点是不需用水、工效高、在作物上的沉积分布性能好、着药比较均匀、使用方便。在干旱、缺水地区喷粉法更具有实际应用价值。虽然由于粉粒的飘移问题使喷粉法的使用范围缩小了，但在特殊的农田环境中如温室、大棚、森林、果园以及水稻田，喷粉法仍然是很好的施药方法。但喷粉法的缺点是：药粉易被风吹失和易被雨水冲刷，因此，药粉附着在作物表体的量减少，缩短药剂的残效期，降低了防治效果；单位耗药量多，在经济上不如喷雾合算；污染环境和施药人员本身。

三、技术分类

按照施药手段可分为 3 类：①手动喷粉法。用人力操作的简单器械进行喷粉的方法。如手摇喷粉器，以手柄摇转一组齿轮使最后输出的转速达到 1 600r/min 以上，并以此转速驱动一风扇叶轮，即可产生很高的风速，足以把粉剂吹散。由于手摇喷粉器一次装载药粉不多，因此只适宜于小块农田、果园以及温室大棚采用。手动喷粉法的喷撒质量往往受手柄摇转速度的影响，达不到规定的转速时，风速不足，就会影响到粉剂的分散和分布。②机动喷粉法。用发动机驱动的风机产生强大的气流进行喷粉的方法。这种风机能产生所需的稳定风速和风量，喷粉的质量能得到保证；机引或车载式的机动喷粉设备，一次能装载大量粉剂，适于大面积农田中采用，特别适用于大型果园和森林。③飞机喷粉法。利用飞机螺旋桨产生的强大气流把粉剂吹散，进行空中喷粉的方法。机舱内的药粉通过节制闸排入机身外侧的空气冲压式分布器或电动转碟式分布器用于直升飞机喷粉，即被螺旋桨所产生的高速气流吹散。使用直升飞机时，主螺旋桨产生的下行气流特别有助于把药粉吹入农田作物或森林、果园的株丛或树冠中，是一种高效的喷粉方法。对于大面积的水生植物如芦苇等，利用直升飞机喷粉也是一种有效方法。

四、应用范围

喷粉法曾是农药使用的主要方法，但由于喷粉时飘翔的粉粒容易污染环境，在更加注重环境保护的今天，喷粉法的使用范围受到限制，飘移严重的飞机喷粉更是受到严格限制。

五、装备配套

丰收 –5 型胸挂式手动喷粉器的结构如图 4–5 所示。它采用卧式圆桶形结构，由药粉筒、齿轮箱、风机及喷撒部件等组成。作业时用手驱动手柄绕轴旋转，旋转轴上安装有搅拌器、松粉盘、风机和齿轮箱等部件。搅拌器用来松动和推送药粉筒内的粉剂，松粉盘用于使粉剂松动，开关盘固定在桶身内，盘上有一个可以滑转的开关片，盘和片上各有 6 个圆孔，扳动开关片上的翼形螺母就可以改变出粉孔的大小，调节出粉量。风机为离心式，风机壳与药粉筒合一，通过齿轮箱带动。风机的作用是产生高速气流，吹送粉剂。

丰收 –5 型喷粉器的工作原理是，当手柄以一定转速转动时，通过齿轮箱增速，使叶轮连续高速旋转，从而产生高速气流，同时搅拌器把药粉向松粉盘推送，药粉从松粉盘边缘的缺口到达开关盘处，经开关盘上的出粉孔吸入风机，并随高速气流一起经喷粉头喷出。

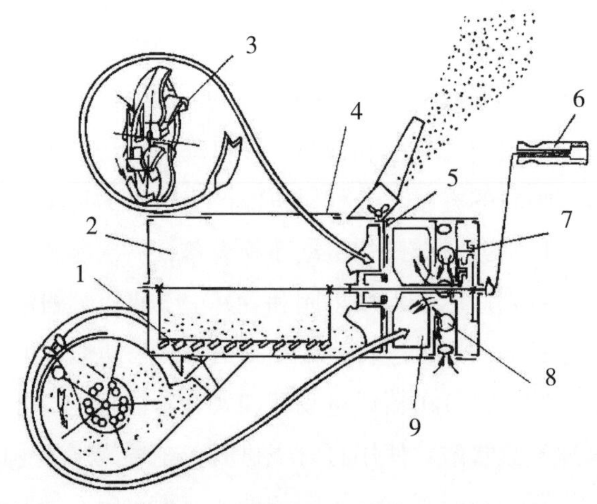

1. 搅拌器　2. 药粉筒　3. 松粉盘　4. 筒盖　5. 粉门开关　6. 手柄
7. 齿轮箱　8. 进风口　9. 风机叶片

图 4–5　丰收— 5 型胸挂式手动喷粉器

六、操作规范

（1）药粉应干燥，无结块，无杂物。

（2）装粉前应先关闭开关，以免药粉漏入风机内部，造成积粉，使风机转不动。装好粉后切勿将粉压实，以免结块，影响喷撒。

（3）按喷药量，调节出粉开关。初喷时开度要小些，逐步加大到适当的开度。喷粉时操作者应穿戴防护用具，行走方向一般应同风向垂直或顺风前进。如果需要逆风前进时，要把喷粉管移到人体后面或侧面喷撒，以免中毒。

（4）喷粉中，如药粉从喷粉头成堆落下或从筒身及出粉开关处冒出，表明出粉开关开度过大，药粉进入风机过多，应立即关闭出粉开关，适当加快摇转手柄，让风机内的积粉喷出，然后再重新调整出粉开关的开度。

（5）早晨露水未干时喷粉，应注意不让喷粉头沾着露水，以免阻碍出粉。

（6）中途停止喷粉时，要先关闭出粉开关，再转几下手柄，把风机内的药粉全部喷干净。

（7）喷粉时，如有不正常的碰击声，手柄摇不动或特别沉重时，应当立即停止使用，检查修复后再使用。

第三节　烟雾技术

烟雾技术是指把农药分散成为烟雾状态的各种施药技术的总称，烟是由固态微粒在空气中的分散状态，而雾则是微小的液滴在空气中的分散状态，共同的特征是粒度细，粒径通常在0.01~10μm范围内，在空气扰动或有风的情况下，烟雾微粒很难沉降，利用这一特性常用于相对密闭的温室内施药。如硫黄电热熏蒸技术、热烟雾技术和常温烟雾技术等，热烟雾机和常温烟雾机是典型的施药机具。

一、常温烟雾机

常温烟雾机是利用压缩空气或高速气流，在常温下使药液雾化成小于25μm的“烟雾”的机具。农业上主要用于保护地大棚温室内作物的病虫害防治，进行封闭性施药。具有省水、省药、雾量分布均匀、穿透性强等特点。作业时人、机分离操作安全可靠，雾滴分布密度可达到 3 000~5 000 粒 /cm^2，能使作物各部位均匀受药，具有较高的防治效果。

（一）结构组成

如图 4-6，3YC-50 型常温烟雾机主要由空气压缩机、气液雾化喷射部件、药液箱、轴流风机、电气柜和升降架等组成。喷雾作业时喷射部件安装在升降架上，放置在棚室内，装有空压机、电气柜的动力机组设置在棚室外，操作者在室外通过控制系统进行操作，无须进入棚内。控制喷雾的方式有人工控制式和自动控制式，后者有电机驱动式和汽油机—发电机组式两种。

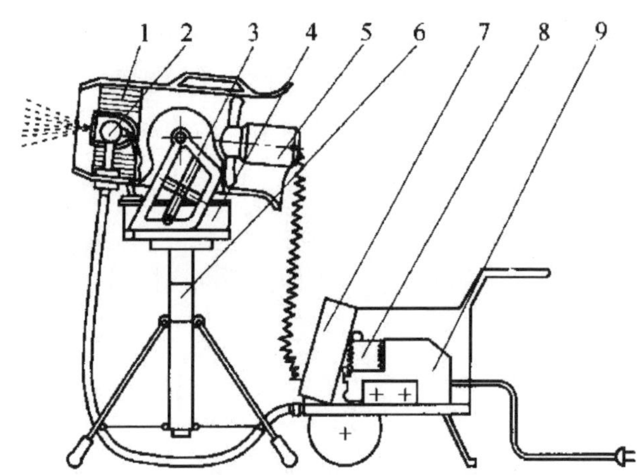

1. 喷筒及导流栅　2. 气液雾化喷头　3. 支架　4. 药液箱　5. 轴流风机　6. 升降架
7. 电气柜　8. 电动机　9. 空气压缩机

图 4-6　3YC-50 型常温烟雾机

（二）操作规范

1. 施药前的准备

防治作业以傍晚、日落前为宜，气温超过 30℃或大风时应避免作业。检查棚室无破损和漏气缝隙，防止烟雾飘移逸出。使用前用清水试喷，同时检查各连接、密封处有无松脱、渗漏现象。按说明书要求检查调整工作压力和喷量，一般为 50~70 ml/min，计算出每个棚室的喷洒时间。

2. 施药中的技术规范

空气压缩机组应放置在棚室外平稳、干燥处，喷雾系统及支架置于棚室内中线处，根据作物高度，调节喷口离地 1m 左右，仰角 2~3 度。喷出的雾不可直接喷到作物或棚顶、棚壁上，在喷雾方向 1~5m 距离作物上应盖上塑料布，防止粗大雾滴落下时造成污染和药害。

启动空气压缩机，压缩气流搅拌药液箱内药液 2~3min，再开始喷雾。喷雾时操作者无需进入棚室，应在室外监视机具的运转情况，发现故障应立即停机排出。

严格控制喷洒时间，到时关机。先关空压机，5min 后再关风机，最后停机。穿戴防护衣、口罩进棚内取出喷洒部件，关闭棚室门，密闭 3~6 h 才可开棚。

3. 施药后的技术处理

作业完将机具从棚内取出后，先将吸液管拔离药箱，置于清水瓶内，用清水喷雾 5min，以冲洗喷头、喷道。然后用拇指压住喷头孔，使高压气流反冲芯孔和吸液管，吹净水液。用专用容器收集残液，然后清洗机具。

按说明书要求，定期检查空压机油位是否够，清洗空气滤清器海绵等。应将机具存放在干燥通风的机库内，避免露天存放或与农药、酸、碱等腐蚀性物质放在一起。

二、热烟雾机

热烟雾机利用热能将药液雾化成均匀、细小的烟雾微粒，能在空间弥漫、扩散，呈悬浮状态，对密闭空间内的杀灭飞虫和消毒处理特别有效。它具有施药液量少、防效好、不用水等优点。在林业上主要用于森林、橡胶林、人工防护林的病虫害防治。在农业上适用于果园及棚室内的病虫害防治。机型如 6HY18/20 烟雾机，隆瑞牌 TS-35A 型烟雾机，林达弯管式 HTM-30 等。以 6HY 系列为例，其整机净重 4.5~11kg，药箱容量 1.6~8L，耗油量 1.25~2.2 L/h，喷烟量 12~40L，供电 2 × 1.5V 电池。

（一）结构组成

由脉冲喷气发动机和供药系统组成。脉冲喷气发动机由燃烧室—喷管、冷却装置、供油系统、点火系统及起动系统等组成。供药系统由增压单向阀、开关、药管、药箱、喷雾嘴及接头等构成（图 4-7）。

（二）操作规范

1. 起动前准备

严格按使用说明书要求操作，检查、紧固管路、电路和喷嘴等连接部分。装入有效电池组，注意正负极。燃油箱中加入合格干净汽油，拧紧油箱盖。关闭药

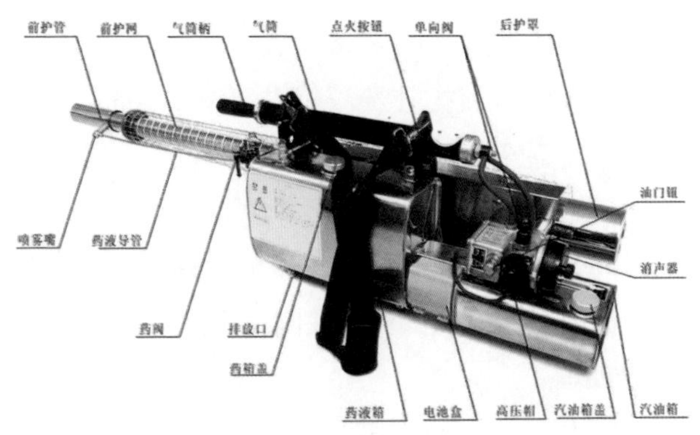

图 4-7　热烟雾机基本组成

液开关，将搅拌均匀并经过滤的药液加入药液箱，旋紧药箱盖。装药液不宜太满，应留出约 1L 的充压空间。

2. 起动方法

将机器置于平整干燥的地方，附近不得有易燃易爆物品；用打气筒打气，使汽油充满喷油嘴进入油管中；打开电源，接通电路，操作打气筒，使发动机发出连续爆炸的声音后，关闭电源，停止打气，同时细调油针手轮，至发动机发出清脆、频率均匀稳定的声音，即可开始喷烟作业。

3. 喷烟作业

将启动的机器背起，一手握住提柄，一手全部打开药液开关（不要半开），数秒钟后即可喷烟雾。在环境温度超过 30℃时作业，喷完一箱药液后要停止 5min，让机器充分冷却后再继续工作；若中途发生熄火或其他异常情况，应立即关闭药液开关，然后停机处理，以免出现喷火现象。

4. 作业要求

操作技术人员、指挥人员等应提前到达防治场地，进行全面查看，提前做好必要的防护措施，并根据病虫害发生的面积、地形、林木分布、常年风向及最近的气象预报等因素，确定操作人员的行走方向、行走路线和操作规则，以及施药后的药效检查等。

宜于热烟雾机作业的气象条件：风力小于 3 级时阴天的白天、夜晚，或晴天的傍晚至次日日出前后。当在晴天的白天，或风力 3 级及以上，或者下雨天均不宜喷烟作业，容易造成飘移为害和防治效果显著降低。

5. 停机

喷烟雾作业结束、加药加油或中途停机时，必须先关闭药液开关，后关油门开关，揿压油针按钮，发动机即可停机。

6. 安全使用

作业过程中，手和衣服不可触及燃烧室和外部冷却管，以免烧伤或烧坏。工作时不能让喷口离目标太近，以免损伤目标，更不可让喷口及燃烧室外部冷却管接近易燃物，防止引发火灾。在工作中用完汽油加油时，必须停机 5 分钟以上方可加油，否则会发生燃烧事故。在密闭式空间喷热烟雾，喷量不要过大（每 m^3 不得超过 3ml），不能有明火，不要开动室内电源开关，防止引起着火。

7. 清洗

长时间不用时，用汽油清洗化油器内油污，倒净油箱、药箱剩余物，用柴油清洗油箱和输药管道，并擦去机器表面油污和灰尘，然后取出电池，加塑胶薄膜罩或放入包装箱内，置清洁干燥处存放。

8. 配制油剂

如果在温室大棚内采用热烟雾技术，建议采用植物油为溶剂配制油剂，避免对作物产生药害，因为烟雾技术中所使用的油剂中多用有机溶剂。

第四节　静电喷雾技术

一、定义

静电喷雾为通过高压静电发生装置使喷出的雾滴带电的喷雾方法，是在控制雾滴技术和超低容量技术基础上结合静电理论而进一步发展的一种新型农药应用技术。近年来，静电喷雾技术的应用日益受到重视，研发经济适用的农药静电喷雾技术具有重要的经济效益和社会效益。

二、作用原理

静电喷雾过程包括药液雾化、雾滴荷电、雾滴输送和荷电雾滴沉降过程。带电雾滴在电场方向力的作用下，会沿电场方向即电力线运动。静电喷雾时，将高压静电发生器产生的高压负电加在喷头附近，在喷头和靶标之间建立静电场，根据静电感应原理，地面上的靶标将引起和喷头极性相反电荷，并在两者之间形成静电场。农药液体流经喷头雾化后，药液被充上负电荷，由于荷电雾滴带有和喷头极性相同的电荷，受到喷头同性电荷的排斥，在目标表面异性电荷的吸引下，带电雾滴受电场力推动将沿着电力线向靶标运移，电力线分布于靶标的各个部位，从而使荷电雾滴被吸向靶标的各个部位而对靶标产生包抄效应。不仅能吸附到目标的正面，而且能吸附到目标的背面。

三、技术内容

（一）雾滴的充电过程

雾滴的充电方法主要有电晕充电、感应充电和接触充电三种。

在电晕充电中，高压静电发生器尖端放电，通过电离其周围的空气使雾滴带电。一般尖端电极上的电压超过 2 万伏才能获得所需要的电场。这种充电方式是药液雾化后在喷头外部充电，高压绝缘性好，可直接应用于现有的普通喷头上。

感应充电时，在雾滴形成区附近，利用电极与药液射流之间的电场使雾滴充电。液体可以接地，药液箱不需要绝缘，但电极必须与药液绝缘，感应充电电压较低，只需几千伏。也可直接应用于现有普通喷头上。

接触充电时，高压静电发生器直接连到液体或金属喷头上，这样液体和地之间形成了类似于电容器的两个极板，产生电场，电荷在药液上积累，使雾滴带电。由于充电药液和地之间距离较大，所以要求充电电压较高，一般 2 万伏最适宜。

（二）雾滴充电效果评定参数及测量方法

雾滴的荷电量与雾滴质量之比称为荷质比，荷质比是衡量喷雾器对雾滴充电的重要指标。荷质比越大，则喷雾效果越好，当荷质比为 3~5mC/kg 时，带电雾滴就有较强的静电效果。荷质比测定的方法和手段，目前主要有 3 种：模拟目标法、网状目标法和法拉第筒法。

1. 模拟目标法

即实物模拟，是用金属材料制造模拟实物模型。如通过聚四氟乙烯使除靶标外的所有部分保持有效低电位，并将一尖端插头压进植物茎管，然后通过同轴电缆与电荷集电计连通。当含有标准示踪液的荷电雾滴沉降至靶标上时，通过集电计读出电流值，用荧光分析仪等测得靶标药液沉积量，从而计算出荷质比。

2. 网状目标法

是利用收集沉积雾滴测出流量和微电流值的原理来研究荷质比的方法，即当带电雾滴穿过一系列不同数目的金属筛网时，通过与金属网直接连接的电流表测量电流的方法确定电荷量，同时测出附着在筛网上的沉积量，即可算得荷质比。

3. 拉第筒法

是传统荷质比测量方法，根据静电感应，利用内外相互绝缘的金属筒，测量电压、电容，计算带电量，同时测量带电体的质量，计算出荷质比。

（三）喷雾效果的影响因素

静电喷雾的效果受喷雾药剂的理化性质、静电喷雾的气象条件、雾滴荷电水平、喷雾作业参数等多种因素影响。

1. 药剂的理化性质

静电喷雾中药剂的电导率直接影响雾滴的荷电水平，从而决定荷电雾滴在靶标上的沉积量和包抄效果。此外，静电喷雾药剂的表面张力，黏度等对喷雾液在靶标上的沉积、附着和铺展效果影响显著。

2. 雾滴荷电水平

同一喷雾药剂的荷电水平受荷电方式与荷电电压影响。随着雾滴荷质比的提高，雾滴所受静电力越大，沉积吸附和包抄效果越明显。

3. 气象条件

气象条件对静电喷雾效果影响巨大，雨天或湿度较大的天气喷雾降影响静电吸附效果，最好不要进行静电喷雾。较高的温度和较大的风速将促进药液的蒸发和飘移，不利于喷雾药液的向靶标的沉降和药效的发挥。

4. 作业参数

静电喷雾的喷雾雾滴大小、喷雾高度、速度等都将影响喷雾效果。雾滴粒径过大，影响沉降过程中的包抄吸附，直径过小不利于雾滴沉降下落，建议喷雾粒径为 40~80μm，喷雾高度为 30~50cm，喷雾速度为 0.3~0.75m/s。作业参数的选择可根据作业对象、药剂种类、药液浓度和作业的环境条件做相应调整。

（四）装备配套及操作规范

1. 背负式静电喷雾器（图 4-8）

2. 操作规范

（1）使用本机前必须仔细阅读使用说明书，并做好安全防护措施。

（2）仔细检查备件（根据装箱单）。

（3）必须高度重视药液和水的过滤环节，以免堵塞喷咀，影响操作。

（4）先加入少量的清水（为了防止农药加入时直接进入水泵而导致药害）。

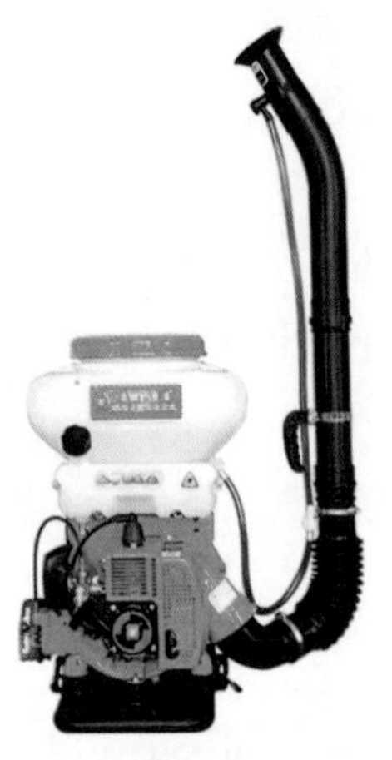
图 4-8　背负式静电喷雾器

（5）打开电源开关或静电功能开关（桶底开关），此时指示灯亮起，电压表显示在正常范围。

（6）操作开关，将喷头朝向作物（离农作物 30~50cm 左右）进行喷洒操作。

（7）喷洒完毕后先按下手柄开关后再切断电源静电开关。注意：在操作时禁止与旁人肢体接触。

（8）机器使用完毕后，应及时用清水对储液桶内部及喷射系统进行清洗并擦拭干净后，放置在合适的地方妥善保管。如长期不用时，应每二至三个月对蓄电池进行一次维护性充电。

（五）适用范围

静电喷雾技术具有雾滴尺寸均匀、沉积性能好、飘移损失少、沉降分布均匀、穿透性强等特点，尤其是在植物叶片背面也能附着雾滴等优点。通过多种静电油剂的应用，本项技术可适用于棉花、小麦、蔬菜、果树、林木等作物上的病虫害防治，如棉花虫害：棉铃虫和烟青虫幼虫、伏蚜和螨等；小麦病虫害：黏虫、麦叶蜂、麦蚜、白粉病和锈病、小麦吸浆虫等；蔬菜病虫害：菜青虫、大棚白粉虱、黄瓜霜霉病、黄瓜白粉病、拉美斑潜蝇和美洲斑潜蝇等；果林病虫害：枣尺蠖、枣粘虫、枣食心虫、枣红蜘蛛、枣龟腊蚧、枣霜霉病、枣缩果病、尺蠖类、毛虫类、舞毒蛾、顶稍卷叶蛾、旋纹潜叶蛾、苹果蚜、苹果红蜘蛛等。

第五节　土壤消毒技术

随着保护地的继续发展和集约化栽培，土传病害和根结线虫的问题将越来越突出，并将成为严重制约保护地发展的重要因素。保护地和高附加值作物连年栽培，导致土传病原菌和虫卵积累，作物产量和品质受到严重影响，一般减产20%~40%，严重的减产 60% 以上甚至绝收。土壤消毒的目的，就是要降低土壤中的病原菌以及虫卵，防治病原体在条件适宜时从作物根部或茎部侵害作物，从而减轻或杜绝土传病害在下茬作物的发生或流行。

目前，土壤消毒主要针对以下病害：土传病害、维管束病害、病毒病、细菌病害和线虫病害一般土传病害在苗期发病不明显，大多在营养生长期转入生殖生长期之间开始发病，直至中后期。一旦发病损失惨重。

土壤消毒是通过向土壤中施用化学农药，以杀灭其中病菌、线虫及其他有害生物的现象。一般在作物播种前进行。除施用化学农药外，利用干热或蒸气也可进行土壤消毒。破坏、钝化、降低或除去土壤中所有可能导致动植物感染、中毒或不良效应的微生物、污染物质和毒素的措施和过程。

一、技术分类

（一）辐射消毒

以穿透力和能量极强的射线，如钴 -60 的 γ 射线来灭菌消毒。

（二）化学物质消毒

以活性很强的氧化剂或烷化剂，如环氧乙烷、氧化丙烯、甲醛和活性氯等灭菌，消毒后，应使药剂充分散发，去除残毒。

（三）药剂消毒

在播种前后将药剂施入土壤中，目的是防止种子带病和土传病的蔓延。主要施药方法如下。

1. 喷淋或浇灌法

将药剂用清水稀释成一定浓度，用喷雾器喷淋于土壤表层，或直接灌溉到土壤中，使药液渗入土壤深层，杀死土中病菌。喷淋施药处理土壤适宜于大田、育苗营养土、草坪更新等。浇灌法施药适用于果树、瓜类、茄果类作物的灌溉和各种作物苗床消毒，常用消毒剂有绿亨 1 号、绿亨 2 号等，防治苗期病害，效果显著。

2. 毒土法

先将药剂配成毒土，然后施用。毒土的配制方法是将农药（乳油、可湿性粉剂）与具有一定湿度的细土按比例混匀制成。毒土的施用方法有沟施、穴施和撒施。

3. 熏蒸法

利用土壤注射器或土壤消毒机将熏蒸剂注入土壤中，于土壤表面盖上薄膜等覆盖物，在密闭或半密闭的设施中扩散，杀死病菌。土壤熏蒸后，待药剂充分散发后才能播种，否则，容易产生药害。常用的土壤熏蒸消毒剂有溴甲烷、甲醛等。此方法在设施农业中的草莓、西瓜、蔬菜的种植和苗木的苗床、绿地草坪栽植等方面均有应用。太阳能消毒方法是在温室或田间作物采收后，连根拔除田间老株，多施有机肥料，然后把地翻平整好，在7—8月，气温达摄氏35℃以上时，用透明吸热薄膜覆盖好，土温度可升至摄氏50~60℃，密闭15~20天，可杀死土壤中的各种病菌。这一方法适合在我国北方地区连年种植草莓、西瓜、花卉的大棚温室里应用。蒸汽热消毒土壤，是用蒸汽锅炉加热，通过导管把蒸汽热能送到土壤中，使土壤温度升高，杀死病原菌，以达到防治土传病害的目的。这种消毒方法要求设备比较复杂，只适合经济价值较高的作物，并在苗床上小面积施用。

（四）其他消毒

1. 暴晒消毒

暴晒土壤消毒灭菌是既经济又方便、且行之有效的消毒灭菌方法。操作方法是，于夏季将土壤均匀平铺在水泥地面或其他硬质地面上暴晒至干透。夏季直射光照下的硬地面温度可达60℃以上，最高可达75℃，一些病原菌类及土壤中的害虫的若虫及成虫和其它动物的幼体，已经发芽或将要发芽的杂草种子均能被杀死，另外还能使蛞蝓、蜗牛等爆裂，使蚯蚓、蛴螬、鼠妇、马陆等干死。

晾晒中如能喷洒一遍50%多茵灵可湿性粉剂，或65%代森锌可湿性粉剂500~600倍液，加50%辛硫磷乳油或40%氧化乐果乳油1 000倍液，随喷洒随翻拌，主导或辅助杀虫灭菌则更好。暴晒消毒灭菌适用于所有盆栽花卉的土壤。

2. 轮作技术

如果条件许可，可采用轮作，特别是水旱轮作是防治土传病害有效的措施。随着集约化农业的发展，轮作越来越困难。可通过政府协调的作用，合理布局的安排，进行大范围、有计划地轮作。农民受经验的限制，栽种其他高附加值作物需要知识的更新。

3. 臭氧消毒技术

臭氧消毒技术是近年正在发展的一种消毒技术，可利用臭氧杀虫、杀菌的原理，杀灭土壤中的有害生物。

臭氧之所以能灭菌消毒，是因为臭氧具有很强的氧化能力，它能把有机物的大分子降解为小分子，把难溶物分解为可溶物，把有害物分解为无害物，达到残留农药解毒和净化空气的目的。同时，臭氧的氧原子可以氧化细菌的细胞壁，直至穿透细胞壁与其体内的不饱和健化合物而杀灭细菌。把臭氧排放在蔬菜大棚里达到一定浓度后，即可在短时间内杀灭细菌、病毒和害虫，同时对农药和有机毒物有很强的降解作用。

二、相关设备及操作规范

以应用较广的臭氧土壤消毒为例。

（一）装备配套

臭氧发生器（图 4-9）。

图 4-9　臭氧发生器

（二）操作规范

1. 大棚灭菌

在 1 000~1 500m^3 的大棚内，先通好管道到大棚顶端（离棚顶 20~30cm 处）；伸入大棚内 1m 左右深即可，臭氧发生器带管道鼓风机可把臭氧扩散到大棚每个角落。然后关好棚门，开机 1h，即达 95%以上灭菌效果（开机 30min 已达预期目标，为使灭菌更为彻底，可延长开机 15~30min）。该机每小时耗电仅 1.0kw，停机 1~2h 后进入棚内即可进行作业；棚内臭氧对人体已无伤害。

2. 培养基处理

培养基按原配方要求配好，摊晾在室内搁层架上，一切准备好后，开机 1 小时（因臭氧比重是空气的 1.65 倍，将机器搁置较高处，所产生的臭氧即从高处向下沉降，使臭氧遍及各个角落）。

第五章 灌溉机械化技术

第一节　水　泵

一、技术内容

水泵是输送液体或使液体增压的机械。它将原动机的机械能或其他外部能量传送给液体，使液体能量增加，主要用来输送液体包括水、油、酸碱液、乳化液、悬乳液和液态金属等，也可输送液体、气体混合物以及含悬浮固体物的液体。农业中，水泵主要用来输送灌溉用水、液体肥料等供各种作物生长。

近几年来，随着农业结构的调整，农民充分利用低山缓坡和荒滩资源，大面积发展高效农业，但这些地块往往难以自流灌溉。需购买水泵提水灌溉。现代化节水灌溉工程也需要更为精细的水泵动力系统与之相配合，其性能、设计流程、设计扬程对现代化农田水利灌溉中均起到了重要的影响作用。

二、装备配套

根据不同的工作原理可分为容积水泵、叶片泵等类型。容积泵是利用其工作室容积的变化来传递能量；叶片泵是利用回转叶片与水的相互作用来传递能量，有离心泵、轴流泵和混流泵等类型。

目前，农田排灌中常用的水泵有离心泵、混流泵和轴流泵等叶片泵。北方地区广泛采用井泵、潜水泵等抽地下水来灌溉；南方的丘陵山区则利用水轮泵来提水灌溉。

1. 轴流泵

轴流泵（图 5-1，图 5-2）的主要结构包括泵体、泵轴、叶轮、进水管、导水叶、出水弯管等。其工作原理是：由原动机带动叶轮高速旋转，叶片产生升力，将灌溉水向上推压，水沿出水管流出。叶轮不断旋转，将水连续推送到高处。轴流泵扬程 1~13m，流量大，操作简单，适于大面积农田灌溉和排涝。

图 5-1 轴流泵

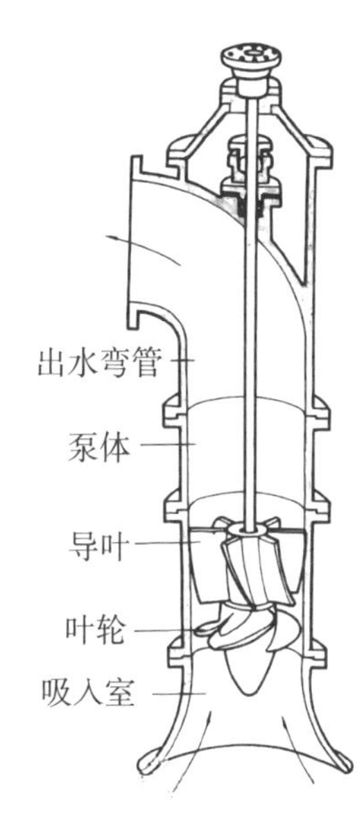

图 5-2 轴流泵结构

2. 离心泵

离心泵（图 5-3）的主要结构包括泵体、泵轴、叶轮、泵盖、支架等。其工作原理是：由原动机带动叶轮高速旋转产生离心力，灌溉水在此离心力的作用下被提向高处，水在叶轮流道里被甩向四周，压入蜗壳，此时叶轮入口处形成真空，继而吸入新的水。叶轮不断旋转，完成连续吸水、压水，将水从低处扬到高处或远方。

图 5-3 离心泵

3. 混流泵

混流泵（图 5-4）的叶轮形状介于离心泵和轴流泵叶轮之间，所以混流泵的提水动力是离心力和升力的综合作用，灌溉水与叶轮轴呈一定角度被吸入与流

图 5-4　混流泵

出。其工作原理是：当原动机带动叶轮旋转后，对液体的作用既有离心力又有轴向推力，是离心泵和轴流泵的综合，液体斜向流出叶轮。因此它是介于离心泵和轴流泵之间的一种泵。混流泵的比转速高于离心泵，低于轴流泵，一般在300~500。它的扬程比轴流泵高，但流量比轴流泵小，比离心泵大。混流泵的扬程与流量较大，高效范围宽，适于平原河网地区和丘陵地区灌溉。

4. 水轮泵

图 5-5　水轮泵

水轮泵（图 5-5）的主要结构包括离心泵和水轮机，水轮机转轮与泵叶轮装在同一根轴上。其工作原理是：利用水流能量冲击水轮机的转轮，水轮机转动带动水泵叶轮旋转，使灌溉水平顺地流进转轮，再通过吸出管流出。水轮泵结构紧凑，靠水力作用运转，不耗费油电，适于农田排灌和山区抽水。

5. 潜水泵

图 5-6　潜水泵

潜水泵是把电动机与水泵直接连接成一个整体，并潜入水中工作，把水沿输水管抽到地面的水泵（图 5-6）。主要结构包括立式电动机、水泵、进水部分和密封装置。电动机在下方，水泵在上方，出水管部分在水泵上面，工作时电动机与水泵都浸没在水中。开泵后，叶轮高速旋转，其中的液体随着叶片一起旋转，在离心力的作用下，飞离叶轮向外射出，射出的液体在泵壳扩散室内速度逐渐变慢，压力逐渐增加，然后从排出管流出。此时，在叶片中心处由于液体被甩向周围而形成既没有空气又没有液体的真空低压区，液池中的液体在池面大气压的作用下，经吸入管流入泵内，液体就是这样连续不断地从液池中被抽吸上来又连续不断地从排出管流出。

潜水泵的特点是结构紧凑，体积小，质量轻，安装使用方便。

6. 井用泵

井用泵（图 5–7）专门抽提井水。井用泵的主要结构包括带有滤水器的泵体部分，输水管和传动轴部分，以及泵座和电动机部分。根据井水面的深浅和水泵扬程的高低，井用泵可分为深井泵和浅井泵。深井泵结构紧凑，性能稳定，使用方便，适于平原井灌；浅井泵扬程一般小于 50m，适于大口井和土井。

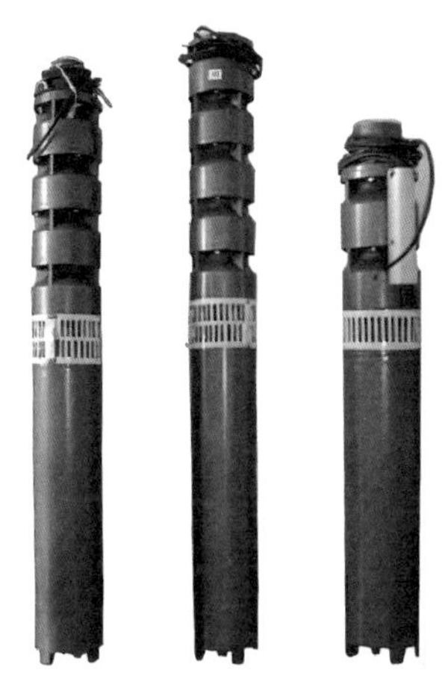

图 5–7　井用泵

三、操作规范

1. 技术装备选择

灌溉工程中选择合适的水泵很重要，主要应考虑以下 3 个方面：一是需要灌溉面积的大小和需水量的多少；二是配套动力和管路的选择与布置。要充分考虑水泵性能的技术参数，如流量、吸程、扬程、轴功率、水功率、效率等；三是当地水资源条件和使用要求。

水泵流量可根据灌溉面积和单位面积的需水量确定。计算时应考虑渠道输水和田间水渗漏、蒸发引起的损失，一般需增加 5%~20%。确定水泵流量时应考虑水源的供水能力，避免井小泵大、水量供给不足。

水泵的扬程是指单位重力的水通过水泵后其能量的增值，扬程体现了水泵扬水的高度。在计算水泵的扬程时，应考虑管路中的水头损失。此外，扬程的确定还必须考虑到水源水位的变化，应保证水泵在枯水位和洪水位都能正常运行。

农业灌溉系统水泵的配套动力设备主要是电动机和柴油机两大类。电动机的特点是运行成本低，操作简单，工作可靠，便于实现自动控制；但包括输、变电设备在内，其设备投资高受电网影响大。柴油机的特点是不受电源控制，比较机动灵活；但运行成本较高，设备结构复杂，容易产生故障，操作、维护比较困难。二者各有优缺点，应从实际出发，因地制宜，综合考虑各种因素来选择。

2. 操作使用规范

水泵启动前应清除泵体及传动装置的灰尘和油污；清除进水池内及水泵滤网上的杂物；检查各部件的安装位置是否正确，各阀门开关是否灵活；检查各部位的连接螺栓，如有松动需拧紧；检查各轴承的润滑情况，按要求加足润滑油。

水泵运行时，随时注意声音和震动情况，发现隐患要及时调整，以防止事故发生；随时注意各仪表指针变动情况，发现异常及时停车，查找并解决问题；经常检查轴承温度和润滑情况；检查进水口管路、填料有无漏气现象。

水泵运行结束后，应及时将水泵和管路中水放空，防止冻坏或生锈；擦干水泵及管路上的水渍和油污，保持清洁；检查轴承油污磨损、点蚀等现象。

3. 注意事项

使用潜水泵的要求是供电线路必须有可靠的接地措施，以保证安全；严禁脱水运转，潜水深度不超过 10m；被抽取的水应为温度不高于 20℃、无腐蚀性、含沙量低的清水。

使用离心泵，一是进出水流方向互成 90°；二是必须保证真空；三是安装高度不能超过 10m。

使用潜水泵，供电线路必须有可靠的接地措施，以保证安全；严禁脱水运转，潜水深度不超过 10m；被抽取的水应为温度不高于 20℃、无腐蚀性、含沙量低的清水。

第二节 水质净化技术

一、技术内容

水质净化是指为使污水达到排入某一水体或再次使用的水质要求对其进行净化的过程，被广泛应用于建筑、农业、交通、能源、石化、环保、城市景观、医疗、餐饮等各个领域，也越来越多地走进寻常百姓的日常生活。

农业系统中的水质净化技术最重要的应用场景就是灌溉用水的过滤净化。由于灌溉系统中灌水器出水口孔径一般都很小，灌水器极易被水源中的污物和杂质堵塞。而任何水源，如湖泊、库塘、河流和沟溪水中，都不同程度地含有各种污物和杂质，即使水质良好的井水，也会含有一定数量的砂粒和可能产生化学沉淀的物质。因此对灌溉水源进行严格的净化处理是灌溉中必不可少的首要步骤，是保证灌溉系统正常运行、延长灌水器使用寿命和保证浇水质量的关键措施。

灌溉水中所含污物及杂质分为物理、化学和生物等三类。物理污物或杂质是悬浮在水中的有机的或无机的颗粒；化学污物或杂质主要指溶于水中的某些化学物质，如碳酸钙和碳酸氢钙等；生物污物或杂质主要包括活的菌类、藻类等微生物和水生动物等。

消除水中化学杂质和生物杂质的方法是在灌溉水中注入某些化学药剂或消毒药品将微生物和藻类杀死，称为化学处理法。对物理杂质进行处理的设备与设施主要包括：拦污栅（筛、网）、沉淀池、过滤器（离心式过滤器、砂石过滤器、筛网式过滤器、叠片式过滤器等）。目前农用水质净化技术最主要的组成部分就是物理杂质过滤技术。

二、装备配套

1. 拦污栅（筛、网）

拦污栅（图 5-8）是一种初级净化处理设施，主要用于地表水如河流、塘库等含有较大体积杂物的灌溉水源中，如拦截枯枝残叶、藻类、杂草和其他较大的漂浮物等，防止这些杂物进入沉淀池或蓄水池中增加过滤器的负担。拦污栅构造简单，可以根据水源实际情况自行设计和制作。

图 5-8 拦污栅

拦污栅在平面上可以布置呈直线形或呈半圆的折线形，在立面上可以是直立的或倾斜的，依水流挟带污物的性质、多少、运用要求和清污方式决定。水头较高的坝后式水电站的进水口常用直立半圆形；进水闸、水工隧洞、输水管道多用直线形。

深式进水口的拦污栅高度与水库水位和清污方式有关。对于不需要经常清污的，其顶部高程可略高于防洪限制水位（见水库特征值）；需要经常清污的，则应高于需要清污的最高水位。高度较大的拦污栅，可做成几节，每节的尺寸可根据起吊能力确定。

在寒冷地区的冬季，需要对拦污栅采取防冻措施。常用的方法有：① 将低压（50V）电流通到拦污栅，利用金属结构本身的电阻发热来防冻，此法简便，但耗电量大；② 在栅前水面下，利用压缩空气将水库下层温度较高的水体带到水面，维持拦污栅前后一段范围内不结冰，此法多用于大型水库。

2. 沉淀池

图 5-9　沉淀池

沉淀池（图 5-9）是灌溉用水水质净化初级处理设施之一，主要用于对沙粒与淤泥等污物含量较高的混浊地表水源进行净化处理，可清除水中存在的固体物质，它是通过重力作用，使水中的悬浮固体在静止的水体中自然下沉于池底。当水中含泥沙太多或含氧化铁时，可设沉沙池进行初级过滤，现用筛网过滤器和砂石过滤器作为二级过滤。

3. 离心式过滤器

离心式过滤器（图 5-10）又称旋流式水砂分离器或涡流式水砂分离器，是由高速旋转水流产生的离心力，将砂粒和无机杂质从水体中分离出来。它由进水口、出水口、旋涡室、分离室、储污室和排污口等部分组成。离心式过滤器基于重力及离心力的工作原理，清除重于水的固体颗粒。水由进水管切向进入离心过滤器体内，旋转产生离心力，推动泥沙及密度较高的固体颗粒沿管壁流动，形成旋流，使沙子和石块进入集砂罐，净水则顺流沿出水口流出，即完成水砂分离。常见的结构形式有圆柱形和圆锥形两种。

图 5-10　离心式过滤器

离心式过滤器主要用于高含砂量水源的过滤，能连续过滤高含砂量的灌溉水，当水中含砂量较大时，应选择离心式过滤器为主过滤器，但其不能除去与水比重相近或比水轻的有机质等杂物，离心式过滤器做井水一级过滤或河、湖水二级过滤，然后使用筛网过滤器进行处理。

4. 砂石过滤器

砂石过滤器（图 5–11）又称砂介质过滤器。它是利用砂石作为过滤介质，一般选用玄武岩砂床或石英砂床，沙砾的粒径大小根据水质状况、过滤要求及系统流量确定。砂石过滤器由进水口、出水口、过滤器壳体、过滤介质沙砾和排污孔等部分组成。正常工作时，需过滤的水通过进水口达到介质层，这时大部分污染物被截留在介质上表面，细小的污物及其他浮动的有机物被截留在介质层内部，以保证生产系统不受污染物的干扰，能良好的工作。常用的砂石过滤器主要有单罐反冲洗砂石过滤器和双罐反冲洗砂石过滤器。

砂石过滤器过滤能力强，适用范围很广，一般用于地表水源的过滤，对水中的有机杂质和无机杂质的滤出和存留能力很强，并可不间断供水。当水中有机物含量较高时，无论无机物含量有多少，均应选用砂石过滤器，常作为河、湖水过滤首选过滤器。为使灌溉系统在反冲洗过程中也能同时向系统供水，常在首部枢纽安装两个以上的过滤器。

图 5–11　砂石过滤器

5. 筛网式过滤器

筛网式过滤器（图 5–12）是一种简单而有效的过滤设备，它的过滤介质是尼龙筛网或不锈钢筛网。筛网式过滤器一般由筛网、壳体、顶盖等主要部分组成。主要用于过滤灌溉水中的粉粒、沙和水垢等污物，也可用于过滤含有少量有机污物的灌溉水，正常工作时，需过滤的水通过进水口达到筛网层，这时大部分污染物被截留在筛网上，但压力较大时，大量的有机污物可能会挤过筛网而进入管道，造成系统与灌水器的堵塞。

图 5-12 筛网式过滤器

筛网式过滤器的种类很多，如果按安装方式分类，有立式与卧式两种；按制造材料分类，有塑料和金属两种；按清洗方式分类，有人工清洗和自动清洗两种；按封闭与否分类，有封闭式和开敞式（又称自流式）两种。

筛网式过滤器主要用于过滤灌溉水中的颗粒、砂和水垢等污物，一般用于二级或三级过滤。

6. 叠片式过滤器

叠片式过滤器（图 5-13）是用数量众多的带沟槽塑料圆形叠片重叠起来，并锁紧形成一个圆柱形滤芯。叠片过滤器一般由叠片、壳体、进水口、出水口、冲洗阀等主要部分组成。当叠片式过滤器正常工作时，水流流经叠片，利用片壁和凹槽来聚集及截取杂物。片槽的复合内截面提供了类似于在砂石过滤器中产生的三维过滤。因而它的过滤效率很高。叠片式过滤器正常工作时，叠片是被锁紧的。此种过滤器也分手动或自动冲洗。当要手动冲洗时，可将滤芯拆下并松开压紧螺母，用水冲洗即可。在过流量相同时，它比网式过滤器存留杂质的能力强，因而冲洗次数相对较少，冲洗的耗水量也较小。但是，自动冲洗时叠片必须能自行松散，因受水体中有机物和化学杂质的影响，有些叠片往往被粘在一起，不易彻底冲洗干净。

图 5-13 叠片式过滤器

叠片式过滤器的过滤效果优于筛网式过滤器，当水源水质较差时不宜作为初级过滤，否则清洗次数过多，反而带来不便，一般用于二级或三级过滤。

三、操作规范

（一）过滤设备的选择

在农业灌溉中，过滤器是必不可少的设备，过滤系统的合理配置起着至关重要的作用，如果过滤设备不配套或选型不当，将会造成整个节水灌溉系统瘫痪，因此，要经过合理的科学设计，根据各地的实际污物性质，含量高低，固体颗粒粒径，灌水器的流道尺寸，灌溉需水量大小，灌溉系统的性质，出流方式等情况来选择适当的过滤器。选择过滤设备，主要考虑以下因素。

（1）弄清楚灌溉水中含有哪些杂质。通过水质化验可获得杂质的粒径、物理特性、浓度等指标，这些指标将决定所选过滤器形式及其维护方式。

（2）确定所选灌水器的流道直径，将用此直径选定过滤器的过滤能力。

（3）确定灌溉系统的峰值流量，将用此流量选择过滤器的过滤容量。

（4）进行造价比较。若选定了一种过滤器，但必须把自动控制和维护管理费用加进总造价中，进行经济比较后选择合适的过滤系统。

离心过滤器通常用于清除密度比水大的固体颗粒，需要定期地进行除沙清理，但对含有悬移质、有机物或比水轻的杂质分离效果很差，会影响过滤效果。总之离心过滤器适宜用于微灌系统水质的初级过滤，一般在地表水源中作为一级过滤器使用，若能和叠片过滤器或者筛网式过滤器同时使用效果会更好。

砂石过滤器在使用中以处理水中的悬浮物（比如藻类）最为有效，只要水中有机物含量超过 10 mg/L. 时，无论无机物含量有多少，均应选用砂石过滤器。它允许在滤料表面淤积几厘米厚的杂质，形成新的过滤层，大大增强过滤精度，这一点远比网式和叠片式过滤器优越。砂石过滤器正常工作情况下需将水头损失控制在 7m 以下，超过 7m 应进行反冲洗，故其主要的缺点是反冲洗时使原先过滤砂层发生移位，破坏过滤效果，故需要定期更换砂石。一般在地表水源中作为一级过滤器使用，为防止反冲洗时少量细小的杂质可能进入灌溉系统，建议和筛网式过滤器同时使用效果更好。

网式过滤器主要过滤水中大于滤网孔径的杂质，待杂质淤厚后需要定期清洗。按清洗类型又分为两种：手动清洗的小型筛网过滤器和自动清洗的大型网式过滤器。筛网过滤器的主要缺点是筛网或者密封圈易损坏，必须及时更换，否则将失去对水的过滤效果。根据水源情况。筛网过滤器一般与离心过滤器和砂石过滤器配套作为二级过滤器使用，且每次灌溉后都要人工清洗。一般在地表水源中可以单独作为过滤设备使用，遇有大颗粒泥沙水质时与离心过滤器联合配套使用效果更好。

叠片过滤器能清除水中各种杂质。但需要定期清洗过滤器，而且不易彻底冲洗干净，因受水体中有机物和化学杂质的影响，使叠片往往被堆在一起，尤其在手动清洗时不方便，严重影响过滤效果。一般与离心过滤器和砂石过滤器作为二级过滤器使用，但一般用得比较少。

过滤器必须根据水源的水质情况、系统流量及灌水器要求来选择，要选择既能满足系统要求又操作方便的过滤器类型及组合，有条件的情况下，最好选择自动反冲洗过滤器，以保证灌溉系统安全运行。

（二）过滤系统操作规范

下文以最常使用的筛网式过滤器为例，对灌溉系统中的过滤系统操作规范进行介绍。

1. 过滤器运行前准备

（1）开启水泵前认真检查过滤器各部位是否正常，抽出网式过滤器网芯检查有无砂粒和破损。各个阀门此时都应处于关闭状态，确认无误后再启动水泵。

（2）系统运行前，应将过滤网抽出，对过滤系统进行冲洗。

（3）检查网式过滤器网芯，确认无破损后装入壳内，不得与坚硬物质碰撞。

（4）水泵开启后，先运转 3~5min，使系统中空气由排气阀排出，待完全排空后打开压力表旋塞，检查系统压力是否在额定的排气压力范围内，当压力表针不再上下摆动，无噪声时，视为正常，过滤站进入工作状态。

2. 过滤器运行操作程序

（1）缓慢开启泵与过滤器之间的控制阀，使阀门开启到一定位置，不要完全打开，以保证水流稳定，提高过滤精度。

（2）检查过滤系统两压力表之间的压差是否正常，确认无误后，开启管道进口阀将流量控制在设计流量的 60%~80%，待一切正常后方可按设计流量运行。

（3）过滤系统在运行中，应对其仪表进行认真检查，并对运行情况做好记录。

（4）过滤系统在运行中，出现意外事故，应立即关泵检查，对异常声响应检查原因再工作。

（5）当首部两块压力表压差达到 0.15MPa 后，应对网式过滤器进行反冲洗。反冲洗方法为：关闭二级网式过滤器中的过滤筒前方蝶阀（即反冲洗蝶阀），并水从过滤筒下方进入滤网内侧。打开过滤筒下方排污阀，逐一进行反冲洗，每个过滤筒冲洗干净后（排水清澈为干净）关闭排污阀，打开该过滤筒蝶阀，恢复灌溉工作。

（6）当过滤器发生故障后，应关闭故障蝶阀和反冲洗阀，再进行开盖处理，处理完成后，再打开故障蝶阀和反冲洗阀，恢复灌溉工作。

（7）长时间停止灌溉时，应该将过滤设备打扫干净，将过滤器中的水放净。

第三节　灌溉技术

一、技术内容

1. 渠道防渗技术

渠道输水是目前我国农田灌溉的主要输水方式。传统的土渠输水渠系水利用系数一般为 0.4~0.5，差的仅 0.3 左右，也就是说，大部分水都渗漏和蒸发损失掉了。渠道渗漏是农田灌溉用水损失的主要方面。采用渠道防渗技术后，一般可使渠系水利用系数提高到 0.6~0.85，比原来的土渠提高 50%~70%。渠道防渗还具有输水快、有利于农业生产抢季节、节省土地等优点，是当前我国节水灌溉的主要措施之一。

根据所使用的材料，渠道防渗可分为：① 三合土护面防渗；② 砌石（卵石、块石、片石）防渗；③ 混凝土防渗；④ 塑料薄膜防渗（内衬薄膜后再用土料、混凝土或石料护面）等。

2. 管道输水技术

管道输水是利用管道将水直接送到田间灌溉，以减少水在明渠输送过程中的渗漏和蒸发损失。发达国家的灌溉输水已大量采用管道。目前我国北方井灌区的管道输水推广应用也较快。常用的管材有混凝土管、塑料硬（软）管及金属管等。管道输水与渠道输水相比，具有输水迅速、节水、省地、增产等优点，其效益为：水的利用系数可提高到 0.95；节电 20%~30%；省地 2%~3%；增产幅度 10%。目前，如采用低压塑料管道输水，不计水源工程建设投资，亩投资为 100~150 元。但是，管道输水仅仅减少了输水过程中的水量损失，而要真正做到高效用水，还应配套喷、滴灌等田间节水措施。目前尚无力配套喷、滴灌设备的地方，对管道布设及管材承压能力等应考虑今后发展喷、滴灌的要求，以避免造成浪费。

3. 喷灌技术

喷灌技术是利用管道和压力喷洒器将水流分散成细小水滴，均匀地喷洒到田间，对作物进行灌溉。它作为一种先进的机械化、半机械化灌水方式，在很多发达国家已广泛采用。喷灌技术的主要优点如下。

（1）节水效果显著，水的利用率可达 80%。一般情况下，喷灌与地面灌溉相比，1m^3 水可以当作 2m^3 水用。

（2）作物增产幅度大，一般可达 20%~40%。其原因是取消了农渠、毛渠、田间灌水沟及畦埂，增加了 15%~20% 的播种面积，且灌水均匀，土壤不板结，有利于抢季节、保全苗，有效改善了田间小气候和农业生态环境。

（3）大大减少了田间渠系建设及管理维护和平整土地等的工作量。

（4）减少了农民用于灌水的费用和投劳，增加了农民收入。

（5）有利于加快实现农业机械化、产业化、现代化。

（6）避免由于过量灌溉造成的土壤次生盐碱化。

4. 微喷技术

微喷是新发展起来的一种微型喷灌形式。主要是利用塑料管道输水，通过微喷头喷洒进行局部灌溉。它比一般喷灌更省水，可增产 30% 以上，能改善田间小气候，可结合施用化肥，提高肥效。主要应用于果树、经济作物、花卉、草坪、温室大棚等灌溉。

5. 滴灌技术

滴灌是利用塑料管道将水通过直径约 10mm 毛管上的孔口或滴头送到作物根部进行局部灌溉。它是目前干旱缺水地区最有效的一种节水灌溉方式，其水的利用率可达 95%。滴灌较喷灌具有更高的节水增产效果，同时可以结合施肥，提高肥效一倍以上。可适用于果树、蔬菜、经济作物以及温室大棚灌溉，在干旱缺水的地方也可用于大田作物灌溉。其不足之处在于滴头易结垢和堵塞，因此应对水源进行严格的过滤处理。

6. 痕量灌溉技术

2013 年 2 月 26 日，华中科技大学对外发布消息，学校痕量灌溉研究中心历时 10 多年研发出“痕量灌溉”技术，一举打破农作物“被动式补水”传统灌溉模式，改由农作物自主吸水、按需吸水。“痕灌”是受化学上微量元素与痕量元素概念启发而取名，主要指能在超微流量向作物长久供水，痕灌单位时间的出水量可达到滴灌的百分之一到千分之一。痕灌技术的核心节水部件是痕灌控水头，由具有良好导水性能的毛细管束和具有过滤功能的痕灌膜组成，控水头埋在作物根系附近，毛细管束一端与充满水的管道相连，另一端与土壤的毛细管相连，感知土壤水势的变化。作物吸水导致根系周围的水势降低，即发出需水信号，控水头内的水不断以毛细管水的形式流向根系周围，直至作物停止吸水；控水头内的痕灌膜可防止毛细管束因杂质而堵塞，保证系统长期稳定工作。多年田间试验表明，痕灌比滴灌节水 50% 左右，即使在滴灌无法使用的地区也可推广应用，应用前景广阔。

二、装备配套

1. 中心支轴式喷灌机

中心支轴式喷灌机（图 5–14，图 5–15）又称指针式喷灌机，是将喷灌机的转动支轴固定在灌溉面积的中心，固定在钢筋混凝土支座上，支轴座中心下端与井泵出水管或压力管相连，上端通过旋转机构（集电环）与旋转弯管连接，通过桁架上的喷洒系统向作物喷水的一种节水增产灌溉机械。组成结构包括：中心支轴轴座、喷灌机喷洒系统、喷灌机桁架、喷灌机塔车、喷灌机轮胎及驱动装置等。其原理是从固定支轴座取水，通过喷洒系统，将压力水喷射到低空，经雾化后像雨滴一样均匀地降落到作物和地表面。

图 5–14 中心支轴式喷灌机

图 5–15 中心支轴式喷灌机

中心支轴式喷灌机适用条件。

（1）土地开阔连片、田间障碍物少。

（2）使用管理者技术水平较高。

（3）灌溉对象为大田作物、牧草等。

（4）集约化经营程度相对较高。

（5）水源水量应有保障。水源水质应符合 GB 5084 的规定，当水中的杂质影响喷灌机正常工作时，应采取沉淀或过滤措施。

（6）地块的地面坡度不宜大于 15%。

（7）当风速大于 5.4m/s 时，喷灌机不宜进行喷灌作业。

（8）确定喷灌机有效长度时，在经济技术分析的基础上，宜综合考虑下列因素：① 中心支座固定型喷灌机的有效长度不小于 200m。② 对于常用的桁架输水管采用 GB/T 21835—2008 表 1 中规定的外径为 168.3mm（或 165mm）普通焊接钢管的喷灌机，喷灌机有效长度不大于 450m。③当喷灌机有效长度大于 450m 时，靠近中心支座处的若干跨桁架输水管采用不小于 GB/T 21835—2008 中规定的外径为 193.7mm 的普通焊接钢管。

2. 平移式喷灌机

平移式喷灌机（图 5–16，图 5–17）外形及工作原理和中心支轴式喷灌机很相似，同样是由十几个塔架支承一根很长的喷洒支管，一边行走、一边喷洒。但它的运动方式和中心支轴式不同，中心支轴式的支管是转动，而平移式的支管是横向平移。其取水方式也与中心支轴式不同，中心轴式取水点固定不动，而平移式取水点随机具横向平移。整体设备结构和中心支轴式喷灌机基本一样，区别在于首端有动力车带动横向移动，造价比中心支轴式稍高。

图 5–16　平移式喷灌机

图 5–17　平移式喷灌机

平移式喷灌机适用条件。

（1）土地开阔连片、田间障碍物少。

（2）使用管理者技术水平较高。

（3）灌溉对象为大田作物、牧草等。

（4）集约化经营程度相对较高。

（5）水源水量应有保障。水源水质应符合 GB 5084 的规定，当水中的杂质影响喷灌机正常工作时，应采取沉淀或过滤措施。

（6）地块的地面坡度不宜大于 15%。

（7）当风速大于 5.4m/s 时，喷灌机不宜进行喷灌作业。

平移式喷灌机与中心支轴式喷灌机的优点。

（1）节省水量、经济施肥、调节地面气候。

（2）接近自然降雨的方式，可避免土地盐碱化问题。

（3）与地面灌溉相比，大田作物喷灌一般可省水 20%~30%，增产 10%~30%。

（4）使农田灌溉从传统的人工作业变成半机械化、机械化，甚至自动化作业，加快了农业现代化的进程。

平移式喷灌机与中心支轴式喷灌机相比较。平移式喷灌机的缺点主要是，喷洒时整机只能沿垂直支管方向作直线移动，而不能沿纵向移动，相邻塔架间也不能转动。为此，平移式喷灌机在运行中必须有导向设备。另外，平移式喷灌机取水的中心塔架是在不断移动的，因而取水点的位置也在不断变化，一般采用的方法是明渠取水和拖移的软管供水。

3. 滚移式喷灌机

滚移式喷灌机（图 5–18，图 5–19）也称滚轮式喷灌机，在很多大型农田灌溉中应用较为普遍，滚移式喷灌机其主要特点是整条输水支管机动滚移，在一个位置喷洒了一定时间，达到灌水定额后，将引水软管与给水栓脱开，操作人员操纵驱动车把整条支管向前滚移 18~20m，将引水软管与该位置的给水栓相连，开启给水栓，开始第二个位置定点喷洒，如此循环直到完成一个灌溉周期。

滚移式喷灌机由驱动车、输水支管（兼作轮轴）、从动轮、引水软管、喷头、

图 5–18　滚移式喷灌机

图 5–19　滚移式喷灌机

喷头矫正器、自动泄水阀、制动支杆等组成。

该机的特点是结构简单，便于操作，沿着耕作方向作业，与排水、林带结合较好，在不同水源条件下都适用，爬坡能力较强，但自动化程序低，需要人工调整滚轮位置，而且灌溉不均匀。

滚移式喷灌机适合用于大面积喷灌，要求有丰富的水源，而且只能对大豆、小麦、玉米前期（株高在 75cm 以下）、蔬菜等矮株作物喷灌。

要求水源要有足够的供水能力以便于满足喷灌机的工作流量要求，当水质固体颗粒较多时，应安装过滤装置。使用滚移式喷灌机的地面坡降不应大于 10%。风速过大和气温低于 0℃时不应使用喷灌机喷洒作业。

滚移式喷灌机较指针式和平移式喷灌机的投资相对要小，但是灌溉作物和对地势的适应性不如指针式和平移式喷灌机。管理上比指针式和平移式喷灌机相对烦琐，特别是在冬天不使用时，需要拆卸，放在大田的安全性也不如指针式和平移式喷灌机高。

4. 绞盘式喷灌机

绞盘式喷灌机（图 5-20，图 5-21）又称为卷盘式喷灌机或卷筒式喷灌机，是指用软管输水，在喷洒作业时利用喷灌压力水驱动卷盘旋转，卷盘上缠绕软管（或钢索），牵引远射程喷头，使其沿管（线）自行移动和喷洒的喷灌机械。

图 5-20 绞盘式喷灌机

图 5-21 绞盘式喷灌机

卷盘式喷灌机主要由底架、卷盘、PE 管、水涡轮、变速箱、速度补偿装置和喷水行车组成。

其工作原理主要是利用牵引力把缠绕在主机上的输水管以及连接在输水管上

的喷水行车拖出至地块的另一端，接上水源并达到一定的工作水压，这样喷水小车通过喷枪或悬臂开始向农田进行喷水。同时，主机利用水压通过水涡轮、变速箱以及传动系统的工作产生一定的机械动能，开始转动卷盘。卷盘的转动带动输水管地块的一端向主机方向一端回卷，这样就形成了卷盘在转动，而喷水行车在设定的速度下匀速往回行走，边行走边喷水，直至完成整个地块的灌溉。当小车行走至主机位置，主机可以将小车提升并固定在主机上，此时整个的灌溉过程完毕，切断水源，设备可以进入下一个地块进行另一次的灌溉。

其主要有两种基本型：钢索牵引绞盘式喷灌机和软管牵引绞盘式喷灌机。

特点是结构简单，操作简便，机动性和喷灌质量都较好。绞盘式喷灌机的喷头车在喷洒过程中能自走、自停，管理简便，操作容易，省工（基本上一人可管理一台），劳动强度较低。该式喷灌机结构紧凑，成本较低。材料消耗较少，田间工程量少。机动性好，供水可用压力干管，也可用抽水机组。适应性强，不受地块中障碍物限制。一个中型绞盘式喷灌机价格在 10 万 ~50 万元不等，中小型卷盘式喷灌机在 5 万 ~15 万元不等，主要根据卷盘长度、控制面积和自动化控制程度决定价格。

绞盘式喷灌机主要用于广阔的平原、丘陵、沙地和牧场。能灌溉五谷、豆类、甘蔗、烟草、马铃薯、蔬菜和果林等作物，尤其是劳力较缺乏的家庭农场、大中型农场更为适宜，并能实现牧业基地的粪水灌溉，此外还可用于园林、运动场草坪和矿山、码头的除尘。

5. 固定式喷灌系统

固定式喷灌系统（图 5-22）是除喷头外，喷灌系统的各组成部分均固定不动，各级管道埋入地下，支管上设有竖管，根据轮灌计划，喷头轮流安设在竖管上进行喷洒灌溉。固定式喷灌系统由水源、水泵、管道系统及喷头组成。除喷头外喷灌系统的各个组成部分在整个灌溉季节甚至常年固定不动。水泵和动力机械固定，干管和支管多埋于地下，喷头装在固定的竖管上使用。

图 5-22　固定式喷灌系统

其原理是水泵取水后由管道系统

输送至喷头，进行田间喷灌作业。固定式喷灌系统操作使用方便，易于维修管理，生产效率高，并且便于实行自动化控制。但其设备利用率较低、耗材多、投资大，不利于农业机械化耕作。

固定式喷灌系统管道埋在地下，喷灌管竖于地上，易影响耕作。导致田间耕作成本提高。一次性投资高，应优先考虑经济作物、园林绿地及蔬菜、果树、花卉等高附加值的作物，灌溉水源缺乏的地区、高扬程提水灌区、受土壤或地形限制难以实施地面灌溉的地区和有自压喷灌条件的地区，集中连片作物种植区及技术水平较高的地区。

6. 移动式喷灌系统

移动式喷灌系统（图 5-23）结构和原理与固定式喷灌系统类似，均属于管道式喷灌，区别在于，移动式喷灌系统其各个部分，包括水泵、动力机及各级管道直至喷头都可以拆卸移动，这些设备在一个灌溉季节里可以在不同的地块轮流使用。这种喷灌系统设备利用率高、管材用量少、投资小。但是由于机泵、管道等设备的拆装、搬移，劳动强度较大，生产效率较低，有时还易损伤作物。

图 5-23　移动式喷灌系统

移动式喷灌系统操作相对麻烦，人员需要经过简单培训并且是强劳力方能熟练操作。其主要适用于大田作物的喷灌，但在高秆密植作物种植区以及在土质黏重或地形复杂的情况下，将给设备的拆装移动带来困难。

7. 半固定式喷灌系统

半固定式喷灌系统（图 5-24）是泵站和干管固定不动，支管和喷头可以移动。结构和原理与固定式喷灌系统类似，均属于管道式喷灌。这种喷灌系统设备利用率较高，管材用量较少，运行操作也较方便，是国内外应用较广泛的一种喷灌系统。

图 5-24　半固定式喷灌系统

8. 滴灌系统

图 5-25　滴灌系统

滴管系统（图 5-25）是将灌溉水进行加压、过滤，必要时连同可溶性化肥或农药一起，通过有压管道系统输送至滴头，以点滴的方式，均匀而缓慢地滴入作物根区土壤中，以满足栽培作物对水分的吸收和利用的一种灌溉方法。

固定滴灌系统是由水源工程、首部枢纽、输配水管道和灌水器组成，滴管带铺设后固定不动，设备平均投资800~2 000 元 / 亩。

（1）首部枢纽。包括水泵（及动力机）、施肥罐、过滤器、控制与测量仪表等。其作用是 抽水、施肥、过滤，以一定的压力将一定数量的水送入干管。

（2）管路。包括干管、支管、毛管以及必要的调节设备（如压力表、闸阀、流量调节器 等）。其作用是将加压水均匀地输送到灌水器（滴头）。

（3）灌水器。其作用是使水流经过微小的孔道，形成能量损失，减小其压力，使它以点滴的方式滴入土壤中。滴头通常放在土壤表面，亦可以浅埋保护。

固定滴灌系统的设备配套性强、整体性好，适用于一家一户普通老百姓、规模化农场和庄园的个体经营者等应用操作水平，方便用于对任何土壤、任何地形和非密植的任何作物，如：果树、蔬菜、棉花、大豆、玉米等作物的应用，尤其在干旱的山丘陵区效果显著。

9. 移动滴灌设备

图 5-26　移动滴灌设备

是把滴灌系统的首部、输配水管网和灌水器等配套产品、安装组合模式和应用模式等进行优化配置、高度集成，具有快速装配与拆卸功能，是一种能够提高设备重复利用率、方便实施移动操作、降低投资成本的灌溉方式（图 5-26）。

移动滴灌设备整体方便可移动，操作简单、灵活，省工、省时，设备重复利用率高，具有投资成本低、灌溉效果好、设备集成度高、操作简单和应用灵活等明显优势，较适合在我国广大农村用户，特别是缺水山丘区的农村各用户家庭和农场各承包户应用。主要用于对小宽行矮秆类（如：瓜、薯、菜等）和大宽行高秆类（如：梨树、柑橘树等）作物的长期灌溉和季节性应急抗旱灌溉，灌溉质量高、节水效果明显，尤其在干旱缺水的山丘区使用效果更明显。

10. 微喷灌

微喷灌（图 5-27）是利用直接安装在毛管上或与毛管连接的微喷头，将压力水或可溶性肥料以较小的流量、较大的流速喷出，在空气阻力的作用下粉碎成细小的水滴，喷洒到作物叶面或根系周围的土壤表面的灌水技术，是介于喷灌与滴灌之间的一种灌水方法。雾喷又称为弥雾灌溉，也是用微喷头喷水，只是工作压力较高（可达 200~400kPa），从微喷头喷出的水滴极细而形成水雾，在增加湿度方面有明显效果。系统主要构成包括以下几个部分。

图 5-27 微喷灌

（1）水源。江河、渠道、湖泊、水库、井、泉等符合微灌水质要求的水源，均可作为微灌水源。

（2）首部枢纽。包括水泵、动力机、肥料和化学药品注入设备、过滤设备、控制阀、进排气阀、压力流量测仪表等。其作用是：将水源水增压、处理后配送到微灌系统。

（3）管网。其作用是将压力水输送并分配到所需灌溉的种植区域。由不同管径的管道组成，分干管、支管、毛管等，通过各种相应的管件、阀门等设备将各级管道连接成完整的管网系统。现代灌溉系统的管网多采用施工方便、水力学性能良好且不会锈蚀的塑料管道，如 PVC 管、PE 管等。同时，应根据需要在管网中安装必要的安全装置，如进排气阀、限压阀、泄水阀等。

（4）喷头。喷头用于将水分散成水滴，如同降雨一般比较均匀地喷洒在种植区域。在大棚中多采用倒挂微喷系统，一般由微喷直通、微喷毛管、防滴器、微喷头、重锤组成；大田、果园一般采用地插微喷系统，一般由微喷直通、微喷毛管、微喷头、插杆组成。

三、操作规范

1. 可移动喷灌机组（中心轴式、平移式）

（1）每次开机前要进行设备检查。首先查看电线是否存在漏电、老化等问题，检查控制柜是否正常，查看轮胎是否存在漏气胎压低等现象，检查水泵电机等。

（2）检查没有问题后，先开水泵，待喷头出水，达到正常工作压力后，检查喷头是否存在不喷水或者喷洒幅度明显比周围机器偏小等现象，如有应及时检查并排除问题。

（3）达到工作压力后启动行走模式，行走的速率通过百分盘来调整，可以根据作物的旱情及其制定的灌溉所需水量、灌溉时间等进行灌溉。

（4）灌溉过程中，需有工作人员定时查看工作状态，如发现问题，应及时停机维修。

（5）灌溉完成后应先关闭行走模式，再关闭水泵。在北方地区，如冬天存在结冰现象，应及时把水泵及管道的水排空，以免冻裂设备。

（6）灌溉完成后要及时锁住控制柜，避免造成意外。

设备需要定期地进行检修。检查线路是否老化，是否存在表层线损坏漏电等危险。检查轮胎是否有跑气、漏气现象，胎压是否正常。出现其他不易解决的问题应及时联系设备厂家或专业机构检修。

2. 滚移式喷灌机

（1）机组连接完毕，检查无误后打开控制开关。

（2）在一个位置喷洒一段时间，达到灌水定额后，关闭干管上的给水栓，将引水软管与给水栓脱开。

（3）输水支管里的水通过自动泄水阀和快速接头密封胶圈排泄干净。

（4）操作人员启动发动机，操纵驱动车把整条支管向前滚移 18~20m。

（5）将引水软管与该位置的给水栓相连，开启给水栓，开始第二个位置定点喷洒。如此循环直到完成一个灌溉周期。

（6）由于滚移式喷灌机作业高度有限，因此不能灌溉高秆作物，而且要保证地面无树木、线路和其他障碍物。

（7）滚移式喷灌机对地形和水源的要求较高，要求地形较平坦，水源要丰富。

（8）进水管路安装要特别注意，防止漏气。滤网应完全淹没在水中，其深度在 0.3m 左右，并与池底、池壁保持一定距离，防止吸入空气和泥沙等杂质。

（9）水泵运行中若出现不正常现象（杂音、振动、水量下降等），应立即停机。使用过程中需注意轴承温升，其温度不可超过 75℃。

（10）应尽量避免使用泥沙含量过高的水源进行喷灌，否则容易磨损水泵叶轮和喷头的喷嘴。

（11）机组长时间停止使用时，必须将泵体内的存水放掉，拆检水泵、喷头，擦净水渍，涂油装配，将进、出口的机件包好，停放在干燥的地方保存。管道应洗净晒干（软管卷成盘状），放置在阴凉干燥处。切勿将上述机件存放在有酸碱和高温的地方。

（12）驱动车应按说明书定期进行保养。喷灌结束后，应用制动杆双向支撑固定，当风速大于 5.4m/s 时，应另加固定措施。冬季存放或长期不用时，应按照使用说明书要求拆卸、保养、存放。

3. 绞盘式喷灌机

（1）用户要先请专业技术人员做好田间运行规划设计与机型、规格尺寸和配套设备的选择。

（2）把喷灌机组运到田间位置时要按照说明书做一系列的检验。第一次操作机组之前应仔细阅读使用说明书。

（3）将喷灌机组安置好后，就可以将机组与压力管道上的给水栓或移动泵站的水泵出水口连接，启动水泵供水。

（4）当软管中的空气通过喷头喷嘴排出后，水压达到预定的工作压力值，就将变速杆拉到回卷软管的位置。绞盘转动，开始边回卷软管、边喷洒作业。

（5）用拖拉机输出轴收卷软管时，必须要确认变速杆的正确位置。

（6）当机组收卷软管时，不要靠近各运动部件。

（7）若在高压电线附近喷洒作业，应保持安全距离，更不要将水束喷洒到马路上。

（8）机组在公路被拖移的速度应不超过 10km/h，田间拖移速度应不超过 5km/h。

（9）灌溉结束或冬季到来时，都应对机组进行彻底的检查、清洗和打黄油，做好日常保养和冬季存放工作。

4. 固定式喷灌系统

（1）固定式喷灌系统使用起来比较简便，系统安装完毕后，需要灌水时只需先打开喷灌区域控制阀门，启动水泵即可。按照轮灌组的划分，灌完一个轮圈区后，停泵，关阀门，然后把喷头换到下一个轮圈区，再打开阀门，开泵。如此循环直到灌完整个区域。

（2）管道铺设时要安装在冻土层以下，防止管道冻裂。

（3）水源的水要经过过滤，尤其是含沙量较大的水源，以防磨损、堵塞喷头。

（4）在非灌溉季节一般应放空管道，以便于冬季防冻，并能防止水长期滞留在管道中产生微生物，附着在管壁和喷头上影响喷灌效果。

5. 移动式喷灌系统

（1）移动式喷灌系统使用起来相对烦琐一些，系统安装完毕后，需要灌水时先打开喷灌区域控制阀门，启动水泵，然后打开需要运行的支管给水栓，水便从三通管进入支管，由支管再进入竖管和喷头。按照轮灌组的划分，灌完一个轮圈区后，停泵，关阀门，然后把系统换到下一个轮圈区，再打开阀门，开泵。如此循环直到灌完整个区域。

（2）水源的水要经过过滤，尤其是含沙量较大的水源，以防磨损、堵塞喷头。

（3）操作时要严格遵循开阀门、开泵、停泵、关阀门的操作顺序。

（4）整个灌溉季节结束后，要对设备进行保养后才能入库。胶封圈需拆下后洗净，阴干，涂上滑石粉。

（5）设备入库要置于远离石油制品的干燥通风处，管道和管件要单独存放，不要有枕木，码放的高度不能超过 1m，上面不准堆放重物，管道和管件不能和含酸碱性的物质一起堆放。

6. 半固定喷灌系统

（1）半固定式喷灌系统使用起来比较方便，系统安装完毕后，需要灌水时，先把一条支管的首端阀门打开，微启干管首端阀门，开泵，在水泵运转正常时缓缓打开干管首端闸阀直至完全打开。

（2）打开泵站的放气阀门，直至管中的气体全部排出再关闭阀门。排气完毕，装上压力表，待喷洒正常后进行测压，看其是否达到设定压力。

（3）工作支管喷洒完毕，在停止喷洒前应先将备用支管的阀门打开，然后再关闭已工作完毕的支管阀门。然后按计划顺序移动支管位置，轮流喷洒，直至灌完整个区域。喷灌工作结束，仍需缓慢关闭首端闸阀再停泵。

（4）管道铺设时要安装在冻土层以下，防止管道冻裂。

（5）水源的水要经过过滤，尤其是含沙量较大的水源，以防磨损、堵塞喷头。

（6）在非灌溉季节一般应放空管道，以便于冬季防冻，并能防止水长期滞留在管道中产生微生物，附着在管壁和喷头上影响喷灌效果。

（7）支管拆移时，管要平行于地面，严禁垂直移动，防止碰到高压线发生触电事故。要边拆边装，防止脏物进入管内，绝对禁止两根以上的管子同时搬迁。支管搬运过程中要轻拿轻放，保护好管道设备，并修好或换掉损坏的配件。

7. 固定滴灌系统

（1）根据投资、灌溉对象等不同，选择好滴灌系统类型。

（2）正确安装全套滴灌系统的配套设备。

（3）灌溉系统的干管、支管和毛管三级管道一般埋在地表 60cm 以下。

（4）滴灌系统布设主要是根据作物的种类进行合理布置。

（5）滴头及管道布设时，干、支、毛三级管最好相互垂直，毛管应与作物种植方向一致。山区丘陵地区，干管与等高线平行布置，毛管与支管垂直。

（6）滴头容易堵塞，对水质要求较高，所以必须安装过滤器。

（7）灌溉系统运行停止后，应打开泄水阀，以排除管网中的余水。

8. 可移动滴灌设备

（1）检查装置各部件的状况，包括过滤器、管道、灌水器等，确认完好后，再进行部件的安装。

（2）将水池清扫干净，放满水待用，并且在放水口安装过滤器、空气阀等设备。

（3）铺设干管、支管，干管沿田间小路布置，支管则应垂直干管或作物的行向布置，干管、支管长度可根据地形情况靠增减管段数量来调节使用。

（4）沿行向布置、铺设毛管，安装灌水器，并插放滴水器在作物根区土层。

（5）将毛管插接在支管上，打开总阀门，实施首轮滴灌，全部毛管分组循环移动，采用流水作业，用时间控制灌水量和轮灌周期。

（6）毛管在一个位置灌溉结束时，关闭总阀门，拆分首端插口，1 人取灌水器，1 人盘卷，然后放在下一个灌溉位置，并装上灌水器待用。

（7）支管移动前需将上述毛管全部拆下，从支管首端快速接头处拆开，由尾端向首端盘卷，盘卷时排出管道内水。

（8）干管移动前需关闭总阀门，排出管道内余水，然后重新安放。

（9）灌水器移动频率与毛管相同，一般情况流量调节器固定在毛管上随毛管移动，地下滴水器则拆开单独移动，当移动距离小，地下滴水器可随毛管一起移动。

（10）每次收工之前应关闭进水控制阀，以便排空管道中的水分，方便管网中各级管路的移动。

（11）注意清洁，防止堵塞，管道、灌水器移动过程中，一定要注意保护，另外每年第一次灌水前应对滴水器进行检查、更换，灌水前还需对管道和水池进行冲洗。

（12）小心移动、运输和装卸，减轻损坏。

（13）精心保管、定时维护，装置灌完一次水并及时清洗后，收回仓库保管，保管时应避免高温、寒冷、风吹、日晒和鼠类咬破等。

（14）过滤器是防止堵塞的重要设备，定时清洗过滤器及滤芯。

9. 微喷灌及雾喷系统

（1）微喷灌系统虽不易发生堵塞，但也必须对灌溉水进行过滤后才能使用。

（2）微喷头的选用要参考作物种类、种植间距和土壤质地等，使用微喷灌系统的灌水强度不得大于土壤入渗能力，避免造成地面积水。根据蔬菜作物大小和不同土壤的保水情况进行微喷，一般在绿叶菜上应用多，茄果瓜豆类上应用少。

（3）干旱时，蔬菜作物需水量大，则开机时间可长些，一般沟里水流淌时就可停机。一般开机时间为 1h，每隔 5~7 天喷灌一次，冬季开机时间和次数明显少于夏秋季。

（4）当种植作物为密植作物时，喷头应选择正方形、矩形、正三角形和等腰三角形等组合方式之一。因有全圆喷洒、扇形喷洒、带状喷洒等多种形式，在保护地中，除了微喷头的喷洒半径必须小于保护地的尺寸这一要求外，在保护设施边界处应选择扇形喷洒，而中间部位可选择全圆喷洒方式。

第四节　肥液注入技术

一、技术内容

把肥料直接注入灌溉水中进行施肥的方法称为灌溉施肥，灌溉施肥在我国称为水肥一体化。与传统施肥相比，水肥一体化技术具有提质增效、降低劳动强度、改善农业环境等优点。

水肥一体化技术是一项以节水灌溉系统为基础，配之以施肥设施，将灌溉与施肥融为一体，实现水肥耦合的农业新技术。是可溶性固体或液体肥料配对成肥液与灌溉水一起，按土壤水分和养分含量、作物的需水需肥规律，通过管道和灌水器，均匀、定时、定量供给作物利用的过程。

水肥一体化的灌溉类型有滴灌（通常指地面滴灌）、微喷灌、喷灌、地下滴灌及渗灌等。目前应用较多的是滴灌系统和微喷灌系统，使用者可根据不同的作物来选择系统类型。

表面灌溉施肥是在常规的无压灌溉条件下，将肥料溶入灌溉水中，通过灌溉水将肥料带入田间的方法。表面无压注入（沟灌和畦灌）是最传统的灌溉施肥方式。我国现有耕地 1.35 亿 hm^2，灌溉面积 0.6 亿 hm^2，其中一半以上采用的是常规无压灌溉，即表面灌溉。农民为了节省施肥的劳动力投入，常常采用将肥料溶入灌溉水中进行施肥，所以，加强表面灌溉施肥的研究与应用在中国十分必要，也十分迫切。在可预见的未来，表面灌溉施肥的研究将进一步发展，其原因有四个方面，一是在我国很多地方，由于经济和社会的原因，肥液有压注入还很难达到；二是先进计算机软硬件的出现有助于表面灌溉施肥技术的设计与实施；三是有研究表明表面灌溉的均匀性与有压灌溉基本相同，且使用简便；四是在表面灌溉实施中，水和肥的效率是独立的。所以表面灌溉无压施肥技术在未来一段时间内还会发展，表面灌溉和无压肥液注入的模拟模型如表面水流、地下水流、表面溶质运移、地下溶质运移模型都需要进一步研究。目前对表面灌溉施肥的模拟模型大部分是针对一次灌溉施肥事件，长期来看，从农业、环境和经济的角度，一个作物生长季节的表面灌溉施肥研究很有必要，同时，作物模型也应结合施肥模型以评估施肥措施对水分和养分的吸收，作物产量的影响，经济效益和肥料的淋失等。

二、装备配套

1. 压差式施肥罐

压差式施肥罐（图 5-28）是通过灌溉水在罐中过流，将罐中肥料溶解稀释带进灌溉管道的施肥设备，一般由储液罐、进出水软管、调压阀等部分组成。

压差式施肥罐工作原理是在灌溉系统工作的同时，调节施肥阀的开度，以在输水主管上的两点形成压力差，将可溶于水的肥料、土壤改良剂、除草剂、杀虫剂等化肥或农药吸入灌溉系统，充分混合后随灌溉水喷洒到受控作物叶面或滴入土壤。对于容积较小的施肥罐，通常会配有施肥阀；对于容积较大的施肥罐（如150L），通常在供水主管路上安装蝶阀或闸阀，并在阀门前后各预留进出水口。

图 5-28 压差式施肥罐

体积较大的金属施肥罐可以安装在首部，体积较小的塑料施肥罐可以安装在田头。施肥前先灌水 20~30min，将溶解好的肥料母液过滤后倒入施肥罐，罐内注满水后，调节压差保持正常施肥速度，灌至肥料施完，再添肥料。

2. 文丘里施肥器

文丘里施肥器（图 5-29）是一种通过施肥器流道管径变化产生负压吸肥的设备。其原理是与灌溉系统入口处的供水管控制阀门并联安装，使用时将控制阀门关小，造成控制阀门前后有一定的压差，使水流经过文丘里施肥器的支管，用水流通过文丘里管产生的真空吸力，将肥料溶液从敞口的肥料桶中均匀吸入管道系统进行施肥。

使用时将肥料母液过滤后倒入一容器中，将文丘里施肥器吸头包上过滤网，放入肥液中，不要触到容器底部，灌水 30min 后，打开吸管上阀门并调节主管上的阀门，调节进、出口压差，使吸管能够均匀稳定的吸取肥液。施肥完毕后，继续灌溉 20min。文丘里施肥器应选择性能好，水头损失小的品牌，使用时应保证压差，安装使用过程中避免漏气。文丘里施肥器一般安装在棚头或田头，可以实现独立施肥。

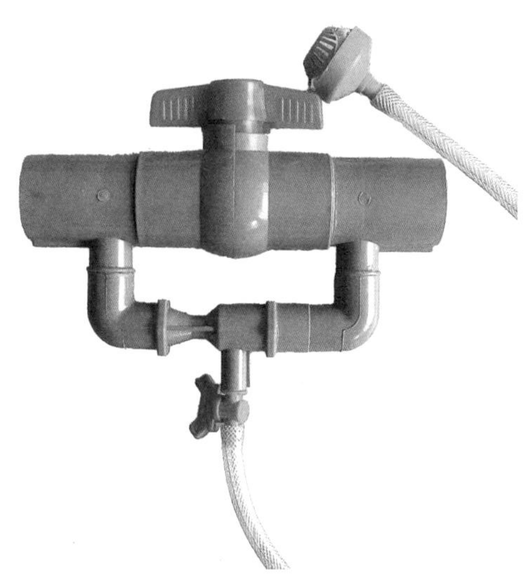

图 5-29 文丘里施肥器

3. 精准施肥机

随着设施农业无土栽培技术的发展，对少量多次的灌溉施肥管理方式和混肥精度要求越来越高，常规的吸肥装置较难满足应用要求，需要自动化和智能化程度较高的精准施肥机进行水肥过程的调控。尤其在对养分浓度有严格要求的花卉、优质蔬菜等的温室栽培中，应用施肥机不仅能按恒定浓度施肥，同时吸取几种营养母液，按一定比例配成完全营养液，并可监测营养液的电导率和 pH 值，实现精确施肥。

精准施肥机（图 5-30）一般由主控系统、吸肥动力系统、吸肥管路系统、混肥系统、电磁阀接入系统、传感器接入系统构成，特点是浓度、流量控制精确。缺点是成本高，对操作人员要求高。适用于高附加值的温室花卉与蔬菜等场合。

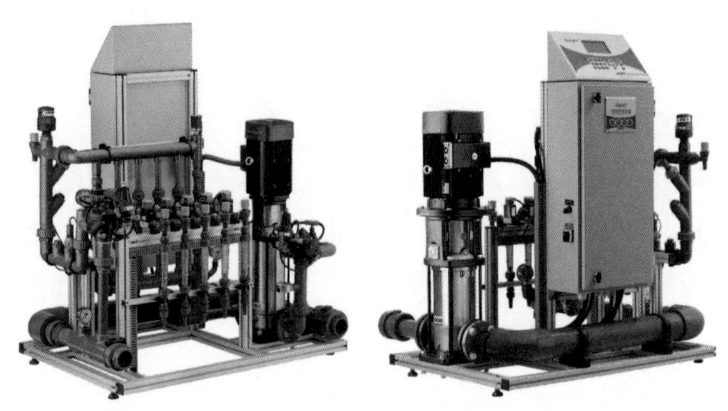

图 5-30　精准施肥机

对于精准施肥机，国外的发展相对较早，且一直处于行业领先地位。尤以荷兰、以色列等温室工程、现代农业发展较为先进的国家为首。国内施肥机则以北京、上海、天津、江浙等地的科研院所和企业为主，在本土化的过程中，将施肥机操作界面中文化，同时更符合国内用户操作习惯；对一些控制程度要求不高的系统，进行系统和操作简化，降低成本的同时增加可操作性。目前，我国自主开发了一系列精准施肥机，如北京农业信息技术研究中心基于 Geen-AM 可编程控制器研发的肥能达施肥装备，通过一组文丘里注肥器直接、准确地把肥料液按照用户的施肥要求按比例注入灌溉系统中，在 5~5 000 亩的灌溉区域内能够完成大量的和多种肥料的配比施肥任务；中国农业机械化研究院研制的 2000 型温室自动灌溉施肥系统，以及天津市水利科学研究所研制的 FIGS-I 和 FICS-2 型滴灌施肥智能化控制系统，可实现温室花卉、蔬菜灌溉施肥的自动化，实现养分浓度的精确调节，系统总体达到国外先进水平，对我国水肥一体化设备开发及推广发挥了积极的作用。

三、操作规范

1. 精准施肥机操作规范

（1）设备安装。施肥机应安装在机井首部，过滤器后面，进水管在上游，注肥管在下游，液肥罐和施肥机尽量靠近首部，以免阻力增大，造成施肥效率下降等故障发生。

（2）肥料选择。肥料要求常温下能够具有以下特点：高度可溶性、养分含量高、杂质含量低、溶解速度快，避免产生沉淀，酸碱度为中性至微酸性。常用肥料有尿素、硫酸钾、溶解度高的复合肥、硝酸钾、硝酸铵等。

（3）使用前检查。首先检查滴管带、微喷带的阀门状态，需要灌溉的地块开启，其他地块阀门全部关闭。

（4）确定施肥量。根据每亩施肥计算一个灌溉单元的施肥量。如需施尿素10kg/亩。在设置界面的参数设置下，依据实际的灌溉亩数、浇灌时间和本次预计施肥量对施肥前灌溉清水、施肥时间、施肥量、后清水时间等进行设置，每项参数设置好后，点击“确认”键完成设置。

（5）初次排气。初次施肥应旋转主管道加肥口处的三通阀，将加肥泵内的气体全部排出后，方可切换到主管道上。

（6）设置前后清水。施肥前要求先滴清水20~30min，再加入肥料。追肥完成后再滴清水30min，清洗管道，防止堵塞滴头。

（7）维护保养。长时间不使用的灌溉施肥系统需要进行全面维护，以确保日后的正常运行。需对整个系统进行清洗，打开若干轮灌组阀门（少于正常轮灌阀门数），开启水泵，依次打开主管和支管的末端堵头，将管道内积攒的污物冲洗出去；完成后打开地下管道末端阀门，排出管道积水，防止冻裂；可拆除的管道应尽量拆下，清洗干净入库保存，拆卸阀门要仔细，注意保护塑料部件，并将阀内的水排尽；将阀门和连接件用塑料包裹好，以防杂物和水进入，对于损坏堵塞的管件要及时补充更换。

2. 文丘里施肥器操作规范

（1）设备安装。在安装过程中，一定要注意把施肥器以并联的状态安装到管道系统中，同时应保证施肥器上的箭头方向与水流方向一致，如做试验研究，可在施肥器前后安装压力表，以便更好地判断文丘里工作情况。

（2）肥液浓度调节。在使用时，调节主管阀和支管阀使得肥液按一定浓度施用即可，主管阀开度越大，支管阀开度越小，肥液的浓度越低。在施肥结束后，可关闭支管阀，再用清水冲施一段时间。

（3）问题检查。由于文丘里施肥器主要利用的是束窄流道形成负压的原理进行工作，所以时一定要保证施肥系统前后的压差。如遇吸不上肥液或倒流的情况，可先从系统的密闭性、吸头（吸管末端）和过滤器堵塞情况这三个方面检查。

（4）注意事项。使用文丘里施肥器时应缓慢开启施肥阀两侧的调节阀。每次施完肥后应将两个调节阀关闭，并将罐体冲洗干净，不得将肥料留在罐内，以免造成损失。在施肥装置后应加装一级网式过滤设备，以免将不完全溶解的肥料带入系统中，造成灌溉设备的堵塞。

第六章 收获机械化技术

第一节　谷物收获机械化技术

一、技术内容

谷物收获机械化技术是指用收割机、割晒机、割捆机和谷物联合收获机等进行稻、麦等谷类作物子粒和秸秆收获的机械化技术的总称。

谷物收获机械是代替人、畜力完成谷物收获全过程各项作业所用机械的总称。适时收获，颗粒归仓，是保证丰产丰收的重要条件。为此必须根据当地气候、种植模式、地块情况等选择合适的收获设备进行收获作业。

二、装备配套

（一）设备分类

1. 联合收获机

联合收获机又称联合收割机，是指能够一次完成谷类作物的收割、脱粒、分离茎秆、清除杂余物等工序，从田间直接获取谷粒的一类机械（图6-1）。联合收获机有多种分类方法，一般可以按喂入量、动力供给方式、喂入方式等来进行分类。

图6-1　大型谷物收获机

按动力供给方式，可把联合收获

机分为牵引式、自走式、悬挂式和半悬挂式 4 种。

按喂入方式，可把联合收获机分为全喂入式、半喂入式、摘穗式 3 种。

按喂入量，可把联合收获机分为大型、中型、小型 3 种。

此外，还有人按行走装置来进行分类，这样可以把联合收获机分为轮式、履带式和半履带式 3 种。

2. 稻麦收割机

将水稻或小麦切割并将其在田间铺放成禾条、禾铺或扎捆成束的机具。按割台形式不同，分为卧式割台、立式割台和圆盘割台三种。

（二）机具结构及工作原理

1. 联合收获机

联合收获机能够一次完成谷类作物的收割、脱粒、分离和清选等作业，获得比较干净的籽粒，一般由割台、脱粒部分（包括脱粒、分离、清粮装置）、输送装置、传动装置、行走装置、粮仓、集草车和操纵机构等组成（图 6–2）。

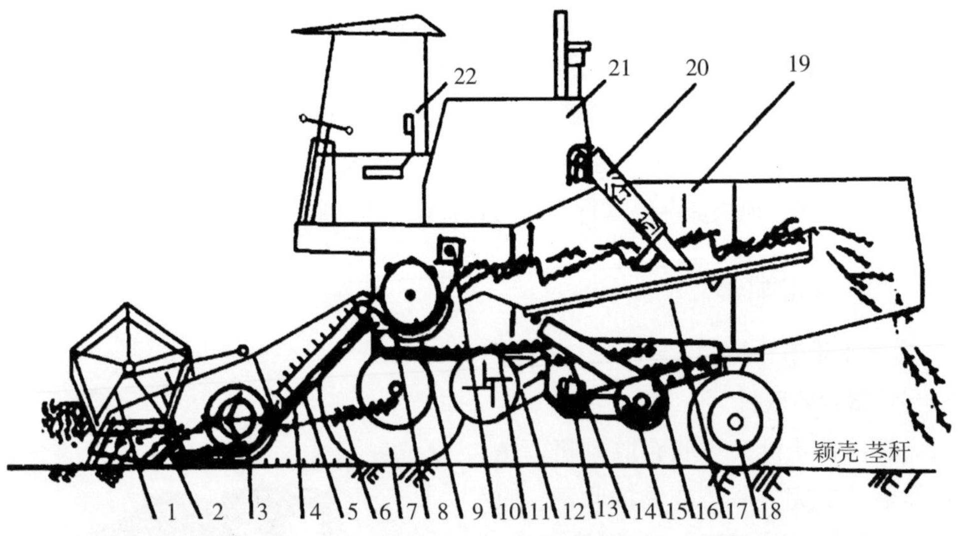

1. 拨禾轮　2. 切割器　3. 割台螺旋推动器　4. 输送链耙　5. 倾斜输送器（过桥）
6. 割台升降油缸　7. 驱动轮　8. 凹板　9. 滚筒　10. 逐稿轮　11. 阶状输送器（抖动板）
12. 风扇　13. 谷粒螺旋和谷粒升运器　14. 上筛　15. 杂余螺旋和复脱器　16. 下筛
17. 逐稿器　18. 转向轮　19. 挡帘　20. 卸粮管　21. 发动机　22. 驾驶室

图 6–2　自走式联合收获机构造

其工作过程一般是拨禾轮将作物拨向切割器，切割器将作物割下后由拨禾轮拨倒在割台上。割台螺旋推送器将割下的作物推集到割台中部，并由螺旋推送器上的伸缩扒指将作物转向送入倾斜输送器，然后由倾斜输送器的输送链耙将作物喂入滚筒进行脱粒。脱离后的大部分谷粒连同颖壳杂穗和碎秆经凹板的栅格筛孔落到阶状输送器上，而长茎秆和少量夹带的谷粒等被逐稿轮的叶片抛送到逐稿器上。在逐稿器的抖动抛送作用下使谷粒得以分离。谷粒和杂穗短茎秆经逐稿器键面孔落到键底，然后滑到阶状输送器上，连同从凹板落下的谷粒、杂穗、颖壳等一起，在向后料动输送的过程中，谷粒与颖壳杂物逐新分离，由于重量不同，谷粒处于颖壳、碎秆的下面。当经过阶状输送器尾部的筛条时，谷粒和颖壳等先从筛条缝中落下，进入上筛，而短碎茎秆则被条托着，进一步被分离。由阶状输送器落到上筛和下筛的过程中，受到风扇的气流吹散作用，轻的颖壳和碎秆被吹出机外，干净的谷粒落入谷粒螺旋，并由谷粒升运器送入卸粮管（大型机器则进入粮箱）。未脱净的杂余、断穗通过下筛后部的筛孔落入杂余螺旋，并经复脱器二次取粒后再抛送回阶状输送器上再次清选（有些机器上没有复脱器，则由杂余升运器将杂余送回脱离器二次脱粒），长茎秆则由逐稿器抛送到草箱（或直接抛撒在地面上）. 当草箱内的茎杆集聚到一定重量后，草箱自动打开，茎杆即成堆放在地上。

（1）牵引式联合收获机

该型联合收获机由拖拉机牵引作业。联合收获机所需动力既有自带动力的，也有由牵引拖拉机传递的。牵引式联合收获机一般机组较庞大，尤其是机组很长，致使其机动性能差，不能自行开道，不适合小地块作业。

（2）自走式联合收获机

自走式联合收获机本身带有行走和收获作业的动力。它由自身发动机驱动，机动性好，自行开道，转移方便，生产效率高，其缺点是价格高。

（3）悬挂式收获机（图 6-3）

这种收获机组中的收割机悬挂在拖拉机上，由拖拉机带动作业。也有的收获机另配有动力供脱粒清选用。悬挂式联台收获机的割台有的置于拖拉机前方，有的置于拖拉机后方，还有

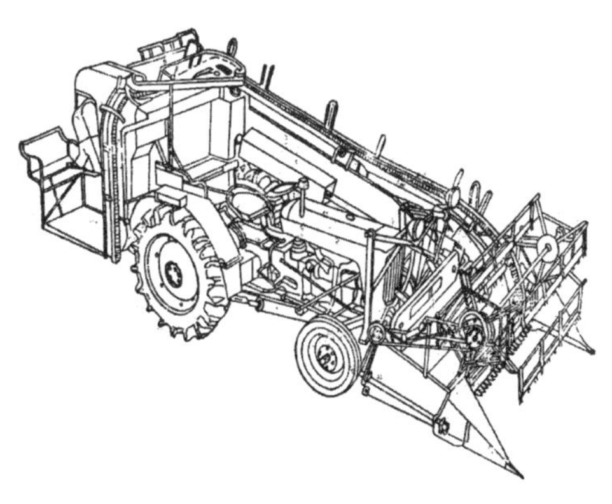

图 6-3　悬挂式联合收获机

的置于拖拉机的侧面，如现在应用的单行玉米收获机。此机型收获机机动性好，价格低廉，其主机——拖拉机可一机多用。割台前配置的机型，可以自行开道。

（4）半悬挂式收获机

半悬挂式联合收获机侧挂在拖拉机上，割台置于拖拉机前方，其余部分在拖拉机一侧。外侧装有行走轮支撑联合收割机大部分的重量，内侧有前后两点同拖拉机连接。这种机型具备悬挂式收获机的一些优点，整体性能好，拆装方便，但机动性差，机组较宽，操作不便，现在很少使用。

（5）全喂入式脱粒系统

这种机型是将作物的秸秆和穗头全部切割后喂入脱粒装置，然后进行脱粒、清选。目前应用的小麦收获机多为此类型（图 6-4）。

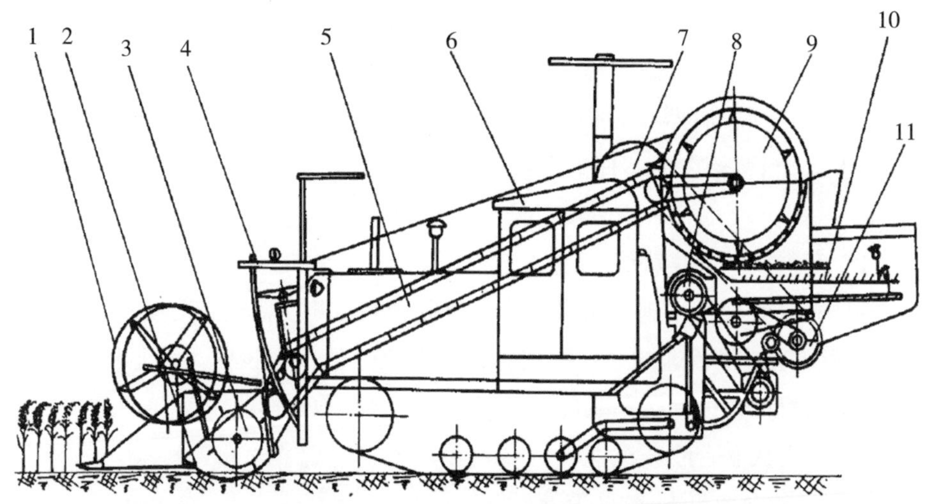

1. 拨禾轮　2. 切割器　3. 割台螺旋　4. 操纵台　5. 输送槽　6. 拖拉机　7. 卸粮口　8. 风扇　9. 滚筒　10. 筛子　11. 谷粒螺旋和扬谷器

图 6-4　全喂入式联合收获机

（6）半喂入式脱粒系统

这种机型是用收获机的夹持输送装置夹住作物茎秆，送入脱粒机构，但只将穗部喂入滚筒进行脱粒，而秸秆仍然完整保留。采用这种方式既可以保留完整的秸秆供作其他用途，又可以减少脱粒、清选的功率消耗。目前这种机型主要是水稻收获机（图 6-5）。

（7）摘穗式收获机

这种机型是近几年开始试验研究的。收获机作业时，用梳脱头将站立在田间的作物的穗头梳去，送入脱粒机构脱粒，然后清选，而作物秸秆不被切割断，仍站立在田间。这种结构作业效率高，消耗功率少，但目前还没有进入生产应用领域。

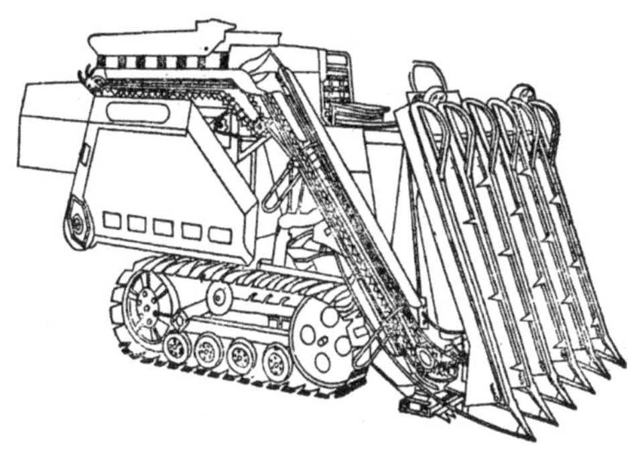

图 6-5　半喂入式联合收获机

目前我国应用较多的是中小型的自走式和悬挂式联合收割机。因为这两型的联合收获机结构简单，价格较低，行走灵活，适应小地块作业，投资回收快，为目前主导产品（图 6-6）。

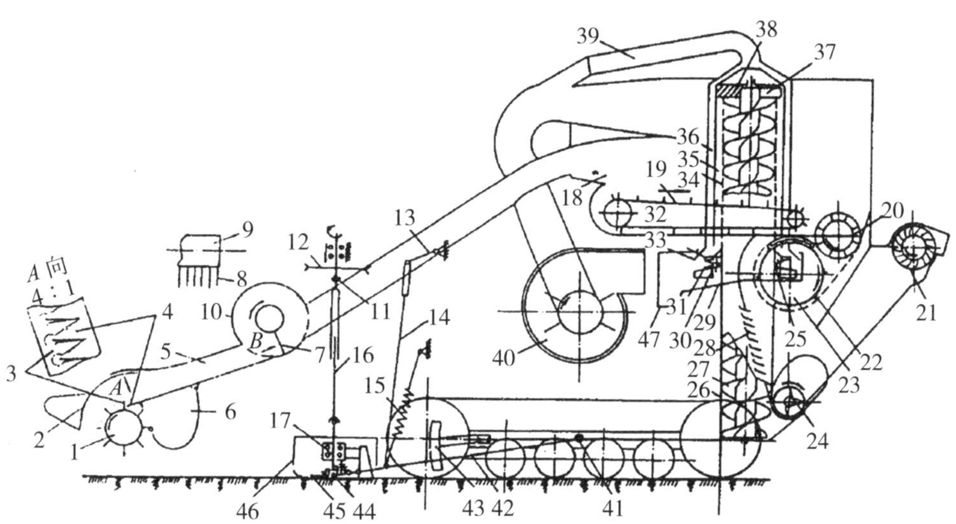

1. 摘脱滚筒　2. 压禾器　3. 三角形板赤　4. 固定板齿　5. 管道　6. 回收箱　7. 拨指助推器　8. 拨指　9. 滚筒　10. 外壳　11. 万向节　12. 三角带轮　13. 转臂　14. 吊杆　15. 补偿弹簧　16. 立轴　17. 曲拐轴　18. 分离箱入口　19. 带式输送器　20. 排料叶轮　21. 横流风机　22. 凹版　23. 复脱装置　24. 水平推运器　25. 滚珠轴承　26. 圆筒　27. 立式推运器　28. 进风口　29. 承粮盘　30. 排粮叶片　31. 三角带轮　32. 旋转叶片　33. 截顶圆锥面　34. 圆筒有孔晒面　35. 沉降室　36. 气吸道　37. 径向叶片　38. 导管　39. 管道　40. 吸运风机　41. 支柱　42. 推杆　43. 挡板　44. 销轴　45. 往复切割器　46. 搂草杆　47. 卸粮口

图 6-6　摘脱式联合收获机

2. 稻麦收割机

（1）卧式割台收割机（图 6–7）

割台基本上是水平的，略向前倾斜。由拨禾轮、往复式切割器、前后帆布输送带、分禾器和传动机构等组成，悬挂在手扶或轮式拖拉机的前方。作业时，作物由割台两侧分禾器分开，被拨禾轮拨向切割器割断后，倒在由两个前后输送带组成的输送器上，从机侧排出机外，由后输送带将其铺放成禾条。

卧式割台收割机适用于 2m 以上割幅。其特点是对倒伏和稀、密作物的适应性较好，但纵向尺寸较大，机组的机动灵活性较差。割晒机是卧式割台收割机的一种特殊形式。它的用途是将作物切割后铺放成尾穗相互搭接的禾条（无须转向铺放）。经晾晒后用装有捡拾器的联合收割机捡拾脱粒。结构和工作过程与卧式割台收割机基本相同，在割台左侧或中央留有排禾口。割台上的输送带将作物输送至排禾口排出，在禾茬上铺成禾条。禾条的大小应与捡拾器的幅宽和联合收割机的喂入量相适应。禾条底宽不超过 1.5 m，每米长质量为 2.5~3.5 kg，禾条厚度不超过 20 cm。

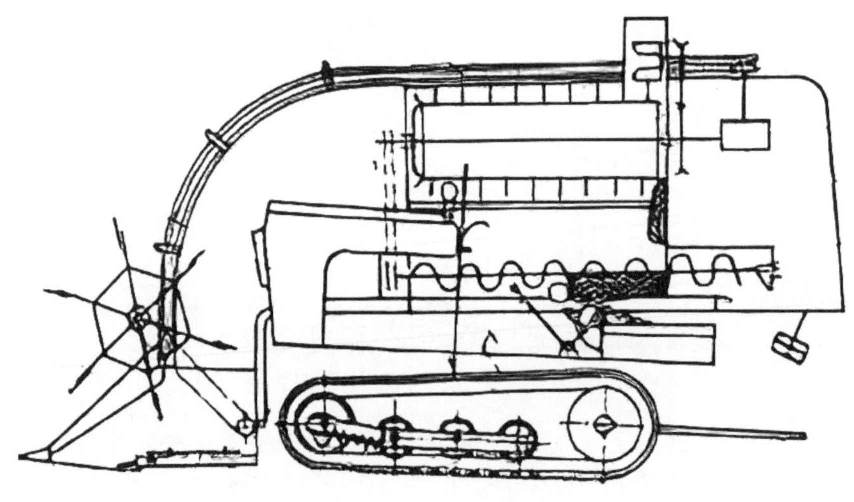

图 6–7　卧式割台收割机

（2）立式割台收割机（图 6–8）

有机后放铺和机侧放铺两种。

机后放铺收割机是中国为其北方套种地区收割小麦而研制的。它由切割器，

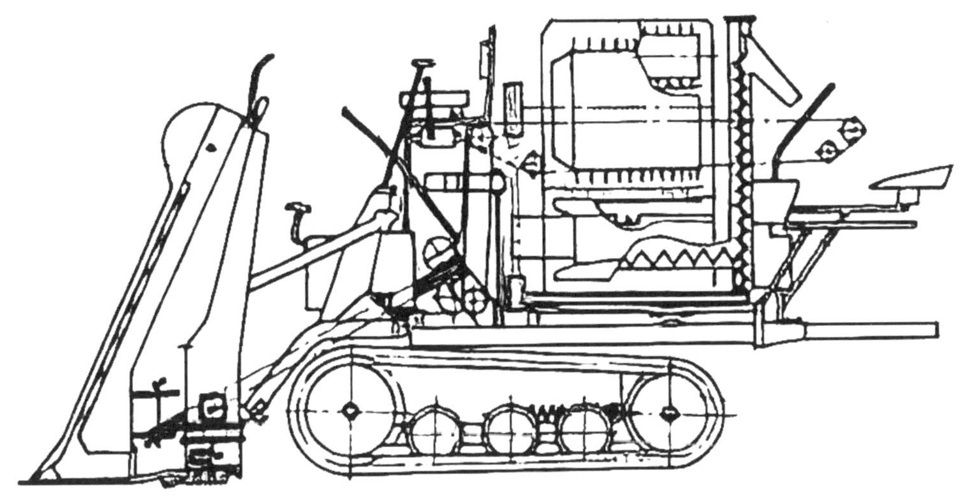

图 6-8　立式割台收割机

分禾器、扶禾器星轮、扶禾器、上下输送带、夹持输送带、导向杆等组成。作业时，在扶禾器的三角带拨齿与星轮的配合下，作物上部被拨送到割台的上输送带，作物的下部被切割器切割，切割后的作物受到扶禾器星轮和上下输送带拨齿的作用横向运移。在此过程中星轮下的压条不但能防止作物前倾，避免堵塞，而且使用物紧贴台面，作物与台面间产生的摩擦力可平衡拨齿作用力、保持作物在直立状态下输送。当作物输送到割台后端时，即被传递给转向星轮，由转向夹持输送带向后输送，越过拖拉机地轮，由导向杆横向压倒铺放于地面。这样，割台两边畦埂上套种的其他作物幼苗便不会被铺放的小麦所覆盖。

切割器和上下横向输送带由手扶拖拉机动力输出轴经传动机构驱动，而拨禾星轮和与之同轴的带拨齿的扶禾三角带由上输送带的拨齿带动。星轮拨齿均为后倾的孤形齿，便于卸草。机器作业速度一般为 0.1~1.4m/s。当工作幅度宽为 1.85m 时，生产效率可达 0.53~0.67 hm^2/h。

机侧放铺收割机有拨禾星轮式和扶禾星轮式两种。拨禾星轮式由拨禾星轮、上输送带、下输送带、切割器和分禾器等组成。该机呈垂直状悬配于手扶拖拉机前端。作业时，靠作物的惯性和前方作物的依托，使已割作物贴近于上下输送带，并保持作物直立横向输送到一侧，通过拨禾星轮使作物向外倾斜，形成穗头朝外，禾秆与机器行进方面接近垂直的禾铺。该机型可通过换向机构改变输送带的运动方向，使作物向左或向右输出，便于进行梭式作业。该机的主要缺点是幅宽不能太宽（0.9~1.2 m）；必须满幅作业；地头转弯时易造成作物散株损失。

扶禾星轮式是在机后放铺收割机的基础上发展成的。它取消了机后放铺收割机转向机构、后输送机构和带拨齿的扶禾器三角胶带，而在上输送主动带轮上安装拨禾星轮，用来卸除输送带上的作物，放铺成穗头朝外，禾秆与机器行进方向接近垂直的禾铺。由于该机型的前部有若干组扶禾器和扶禾器星轮，保证了作物在割台上的直立输送，因此割幅可达 1.8 m 左右。

（3）圆盘割台收割机（图 6-9）

主要特点是能将切割作物集束铺放。由推禾机构、圆盘割刀、导向凸轮、上下挡圈、上下揽禾杆、分禾器和挡禾杆等组成。作业时，分禾器、上下揽禾杆和圆盘割刀绕回转割台的轴心作顺时针回转，圆盘割刀在公转的同时，又按逆时针方向自转。分禾器将待割作物聚集在上下挡圈和分禾器之间，由圆盘割刀将其割断。上下揽禾杆将割断作物揽集并使之随分禾器转移到机器前进方向的右侧，已割作物因受到装有挡圈上的当禾杆的弹力作用而逐渐集紧、而揽禾杆则在导向凸轮控制下缩进挡圈内，由推禾机构将成束作物推出铺放在田间。分禾器和切割器又转至机器左侧，开始下一周的收割。

图 6-9　圆盘割台收割机

圆盘割台收割机多与手扶小动力底盘和手扶拖拉机配套，割幅一般不超过 1m。圆盘刀数目 1~3 个，机器前进速度 0.5m/s 左右。

（三）功能特点及应用范围

1. 联合收获机

牵引式联合收获机以及悬挂式联合收获机都是以拖拉机作为动力和控制系统的联合收获机械，其具有结构简单、购买成本低的优点，但这两类联合收获机也存在着使用前需安装、作业行走过程不灵活的缺点。

自走式谷物联合收获机具备独自的动力系统，机器设计过程中整体程度高，作业过程中对于谷物的适应性好，但是机器所需的配套动力较大，收获后对于作物秸秆处理还有一定的优化空间，适用于大地块作业，但总体来说自走式谷物联合收获机是现阶段较为合理且具有发展价值的机型。

2. 稻麦收割机

稻麦收割机由剪割器、运送组织、脱粒组织、分选组织、输料组织、贮料组织和动力传动组织组成。选用同轴传动的二根平行运送带，加上浅齿刮板，且上运送带的延伸部分作脱粒机的运送带，减少了中心交代、传送的杂乱组织；剪割器与运送带同轴传动，免去了杂乱的传动结合组织。稻麦收割机结构简略、制作方便、收割快、不损害禾秆、抛撒极微，合适平原丘陵地区稻麦收割之用。

三、操作规范

（一）联合收获机

1. 准备

（1）清除联合收割机上的颖壳，碎茎秆及其他附着物，及时润滑一切摩擦部位，外面的链条要清洗，用机油润滑。

（2）检查发动机技术状态，包括油压、油温、水温是否正常，发动机声音燃油消耗是否正常等。

（3）检查调整收割台，包括拨禾轮的转速和高度，割刀行程和切割间隙，搅龙与底面间隙及搅龙转速大小是否符合要求。

（4）检查脱粒装置，主要是滚筒转速、凹板间隙应符合要求，转速较高，间隙较小，但不得造成籽粒破碎和滚筒堵塞现象。

（5）检查分离装置和清选装置，逐稿器应以拧紧后曲轴转动灵活为宜，轴流滚筒式分离装置主要是看滚筒转动是否轻便、灵活、可靠。

（6）其他项目检查。焊接件是否有裂痕，各类油、水是否洁净充足，紧固件是否牢固，转动部件运动是否灵活可靠，操纵装置是否灵活、准确、可靠，特别是液压操纵机构使用时须准确无误。

2. 操作

（1）作业前，应检查作业地块内有无障碍物，如电线杆、树桩、水沟等，并做出明显的警示标记。

（2）驾驶员在启动机器前，应检查变速杆、割台和脱粒离合器、卸粮离合器、操纵杆等是否处于空挡和分离位置。

（3）收割机作业时行走路线应考虑到卸粮方便。

（4）收割机进地作业前应将发动机转速提高到工作速度，再进行收割，防止秸秆堵塞并保证切碎质量。

（5）收割机作业时，发动机油门定位应保持在额定转速位置，注意观察仪表和信号装置。

（6）收割机作业中因出现堵塞或其他故障时，应断开行走离合器、断开割台和脱粒离合器等，发动机熄火后，再排除故障。

（7）收割机切割器发生故障时，应停机切断动力进行修理。排除割台故障时，应使收割台得到安全可靠的支承（用安全锁定部件固定或用升降锁止手柄固定后，垫上木块）。

（8）收割机作业时，不应人工喂入。

（9）收割机在作业中转向、倒车时，宜适当减速，不应卸粮和接粮。

（10）粮箱卸粮时，不应用铁器推送粮箱里的粮食，人员不应进入粮箱里。卸粮工作应一次完成，如因故中断卸粮，应将搅龙中的籽粒排除干净后再卸粮。不应在堵塞状况下二次卸粮。

（11）作业过程中观察散热器、排气管、发动机、外露轴承及旋转部件，如有杂物应停机清理，发动机过热时，应停止作业，不应用冷水浇泼机体降温。

（12）作业过程中观察漏油、漏水、漏粮情况，严重时停机维修。

（13）作业时应随时观察收割机的各种仪表，注意水温、油温和油压是否正常，倾听有无异音，一旦发现不正常现象应立即停机检查。

（14）收割机通过田埂时宜低速垂直于田埂越过。

（15）收割机遇到电线不能通过时，应使用绝缘杆挑开电线。

3. 维护保养

联合收获机每季工作结束后，应很好保管，要保证机器的完整性，不丢失零件，要预防机件的变形、损坏、锈蚀等，以延长机器的使用寿命。

（1）停机前用大中油门使收获机空运转 5 分钟，用水刷洗机器外部，彻底清除联合收获机内、外的麦壳、泥污等。

（2）按使用说明书要求，润滑各润滑点。对摩擦金属表面及脱漆表面，要涂油防锈。

（3）放松安全离合器弹簧和割台搅龙浮动弹簧等。取下全部传动带，擦去污物，涂上滑石粉，系上标签，悬挂存放。卸下链条，放在柴油或煤油中清洗，然后再放人机油中浸 15~20 分钟，装回原处或系上标签装箱保管。

（4）全面检查易损零部件，如割台搅龙、伸缩齿杆导管、动刀片、定刀片、摩擦片、滚筒、凹板筛、清选筛等，如有损坏应修复或更换损坏的零部件。

（5）将收割台放下，并放在垫木上。放松平衡弹簧。前后桥用千斤顶顶起，垫上木块，机体安放平稳且轮胎离地，减低轮胎气压至标准气压的1/3。卸下蓄电池，进行检查和保管。

（6）关闭钥匙开关，并盖好机罩，同时做好防鼠工作，以保护电线电路。

（7）保存期间，停放联合收获机和零部件的库房，要注意通风、防火，并设有防火设施。定期转动曲轴10圈，每月将液压分配阀在每一工作位置扳动15~20次，为防止油缸活塞工作表面锈蚀，应将活塞推至底部。发动机和蓄电池按其各自的技术保管规程进行保管。

4. 注意事项

（1）只有在收割台得到安全可靠的支撑（用安全锁定部件固定或用升降锁止手柄固定后，再垫上木块）后，才能在割台下面工作。发动机未熄火不允许排除机械故障。

（2）收获机械作业时，发动机油门必须保持在额定转速位置，注意观察仪表和信号装置，不准其他人搭乘和攀缘机器。

（3）在作业中转向、倒车时，要充分注意周围安全，并严禁接粮。

（4）大、中型全喂入自走式联合收割机，粮箱装满后驶行速度不得超过8km/h，并严禁急刹车。

（5）作业中因超负荷造成堵塞或其他原因需要排除故障时，必须停止发动机工作。收割机工作时，地面允许最大坡度随机型不同而异（详见各类型使用说明书）。在斜坡作业必须停车时，应先踩离合器踏板，后踩刹车踏板，然后用斜木或可靠的石块等垫住（亦可不摘挡熄火）。

（6）粮箱卸粮时．禁用铁器推送粮箱里的粮食，也不允许人跳进粮箱里用脚推送。二次卸粮时，必须将斜搅龙和过渡搅龙中的籽粒排除干净后，再卸粮。严禁在堵塞状况下二次卸粮。作业中不得用手或器件碰撞和接触机器上的运（转）动件，清除杂物应在停机后进行。在田间进行人工脱粒时，注意手指和工作服的袖口切勿被卷进喂入链。

（二）稻麦收割机

1. 准备

检查各箱体机油润滑情况及各连接螺栓紧固情况并进行空运转试验，试运转应达到下列要求：

（1）收割机各操纵手柄分、离要彻底。

（2）各运动部件必须运动灵活，不得与其他机构干扰。

（3）各动刀片的中心线起止行程应与相邻两定刀片中心线重合，其相错不得大于 5 毫米。

（4）上、下输送链拨齿应对齐。

（5）齿轮箱不得有不正常的响声。链条松紧要适度，不得有异常杂音，皮带轮张紧要适度。

（6）所有紧固件必须牢固，不得松动。

2. 操作

（1）割晒机，一般从田埂的右角进入，放下割台，按大油门、低挡位逆时针方向进行收割；到边要减速转直角弯，和下田的方向一样，不能转圆弧弯，那样会压倒作物。

（2）轻微倒伏可采用逆倒伏方向收割，若受地理条件限制，可采用垂直倒伏方向收割。

（3）如遇作业地块较潮湿，橡胶轮打滑，下陷严重时，取消作业。

（4）在有风的时候进行收割，可侧风收割，这样可提高收割质量；但风力过大时应取消作业。

（5）下坡要提高割台，人为增加阻力，以防失控。

（6）收割过程中遇到杂草缠绕时，应立即停车，发动机熄火后方可排故障。

3. 维护保养

（1）每班作业前后应将各紧固件和驱动板铆合检查一遍，如发现有松动或丢掉零件，应及时修理。

（2）作业后应检查割刀间隙并进行必要的调整。

（3）作业后对机具进行全面清理。

（4）收割作业结束后，应将收割机从行走机构上卸下，全部清洗一遍，并修复或更换损坏的机件。

（5）将各注油点注足润滑油，动定刀片表面涂上黄油，割台挡板，扶禾器罩等涂上防锈剂。

（6）卸下传输链，并和割台一起存放好。

（7）收割台放置于干燥防雨处。扶禾器尖朝里放，防止碰坏或伤人，收割台上严禁堆放东西。

4. 注意事项

（1）操作人员必须熟知使用说明书要求和规定，做到彻底掌握，熟练运用，确保在良好的技术状态下工作。

（2）收割前必须加油润滑油、检查各部连接状态是否安全可靠。

（3）收割机工作时，严禁检修和调整。

（4）收割机工作时，任何人不得在割台前左右逗留。清理作物和杂草时，必须切断收割台动力，严禁将手伸向切割器。

（5）作业中如发现堵塞或齿轮箱、变速箱、切割器等有故障时，应立即停车，排除故障后，方即可继续工作，否则就会损坏机件。

（6）在作业中遇到障碍物时，必须停止切割动作。

（7）收割前先将收割机空运运转，达到一定程度且无异常再进行收割作业。

四、作业质量

（一）标准

1. 稻麦收割机作业标准（表 6-1）

表 6-1　稻麦收割机作业标准

项 目		指 标	
		小 麦	水 稻
总损失率 %		≤ 1.0	≤ 1.5
铺放质量	铺放角（0）	90 ± 20	
	角度差（0）	≤ 20	
	根 差 mm	≤ 150	≤ 100
割茬高度 [1] mm		≤ 150	≤ 100
收割后地表状况		割荐高度一致、铺放整齐、无漏割、地头地边处理合理	
污染情况		无	

注：1）高留茬时根据农艺要求确定割茬高度 .

2. 联合收获机作业标准（表 6-2）

表 6-2　联合收获机作业标准

项目	指标	
	小麦	水稻
总损失率 %	≤ 2.0	≤ 3.5
破碎率 %	≤ 2.0	≤ 2.0
含杂率 [1]%	≤ 2.0（7.0）	≤ 2.0（7.0）
还田茎秆切碎合格率 %	≥ 90	≥ 90
还田茎秆抛撒不均匀率 %	≤ 10	≤ 10
割茬高度 [2] mm	≤ 150	≤ 100
收获后地表状况	割茬高度一致、无漏割、地头地边处理合理	
污染情况	无	

注：1）括号内的数值用于采用风扇清选的谷物联合收割机作业质量.

2）高留茬时根据农艺要求确定割茬高度.

（二）指标解释

1. 铺放

将割下的作物按一定要求放置在田间。

2. 损失率

谷物收获机械各部损失籽粒质量占籽粒总质量的百分率。

3. 破碎率

谷物（小麦）联合收获时，因机械损伤而造成破裂、裂纹、破皮的籽粒质量占所收获籽粒总质量的百分率。

4. 含杂率

谷物联合收获，收获物所含非籽粒杂质质量占其总质量的百分率。

5. 割茬高度

作物收获后，留在地块中的禾茬高度。

6. 还田茎秆切碎合格率

收获后秸秆切碎还田，切碎长度合格茎秆质量占还田茎秆总质量的百分率。

7. 还田茎秆抛撒不均匀率

茎秆切碎还田抛撒的不均匀程度。

8. 污染

指由于机具漏油对籽粒、茎秆和土壤等造成的污染。

第二节 玉米收获技术

一、技术内容

玉米收获机械化技术是在玉米成熟后，根据其种植方式、农艺要求，用机械来完成对玉米摘穗、剥皮（或脱粒）、秸秆处理生产环节的作业技术。在我国大部分地区，玉米收获时的籽粒含水率一般在25%~35%，甚至更高，收获时不直接脱粒，所以，一般采取分段收获的方法。第一阶段收获是指将整株玉米摘穗、剥皮、果穗收集和秸秆处理；第二阶段是指将玉米果穗在地里或场上晾晒风干后脱粒。

二、装备配套

（一）设备分类

玉米收获机可以一次完成摘穗、剥皮、集穗、秸秆放铺或秸秆粉碎回收、还田等项作业。玉米收获机根据摘穗原理的不同，主要分为辅式摘穗和板式摘穗2种机型；根据摘穗器结构的不同，可分为纵卧辊式和立辊式机型；根据动力配置方式的不同，又可分为牵引式、悬挂式、自走式、与小麦收获机互换割台和稻麦联合收获机玉米割台等多种机型。

1. 背负式玉米联合收获机

即与拖拉机配套使用的玉米联合收获机，它可提高拖拉机的利用率，机具价格也较低。但因与拖拉机配套受到限制，作业效率较低。目前国内已开发单行、双行、三行等产品，分别与小四轮及大中型拖拉机配套使用，按照其与拖拉机的安装位置可分为正置式和侧置式，一般多行正置式背负式玉米联合收获机不需要开作业道。与拖拉机的安装位置多为正置式，正置式的背负式玉米收割机不需要人工开割通道。可一次完成多行玉米的摘穗、果穗集箱、秸秆粉碎处理作业，部分机具还具有剥皮功能。大部分机型采用辊式摘穗机构，也有部分机型采用板式摘穗机构，目前，还有更为先进的组合式机构。

2. 自走式玉米联合收获机

即自带动力的玉米联合收获机，该类产品国内目前有三行和四行，其优点是工作效率高，作业效果好，使用和保养方便，唯一不足是用途单一。国内现有机型摘穗机构多为摘穗板—拉径辊—拨禾链组合结构，秸秆粉碎装置有青贮型和粉碎型两种。秸秆粉碎装置有青贮型和还田型两种。底盘多为国内已定型的小麦联合收割机底盘基础上的改进型，所配动力一般采用两端输出。操纵部分采用液压控制。

该类机具大多采用板式摘穗机构，具有籽粒损失小、剥皮效果好、动力匹配合理、机动灵活等优点，适应性和可靠性比其他机型强。该机可一次完成多行玉米的摘穗、剥皮、果穗集箱、秸秆粉碎处理作业。

3. 牵引式玉米联合收获机

牵引式玉米联合收获机是由拖拉机牵拉作业，所以在作业时由拖拉机牵引收获机再牵引果穗收集车，配置较长，转弯、行走不便。目前，这种玉米收获机基本属于淘汰机型。

4. 玉米割台

又称玉米摘穗台。玉米割台是与麦稻联合收获机配套作业使用，它扩展了现有麦稻联合收获机的功能，同时价格低廉。这类机具一般没有果穗收集功能，是将果穗铺放在地面。

国产玉米割台（不同于国外可实现直接脱粒收获的玉米割台）是与谷物联合收获机配套的专用割台，但无脱粒功能。换上玉米割台，可完成玉米摘穗、集穗等收获作业。采用玉米割台，投资少，机械利用率高。

（二）机具结构及工作原理

1. 背负式玉米联合收获机

背负式玉米联合收获机是针对我国农村拖拉机保有量比较高的实际国情而开发的，是我国特有的一种玉米收获机械，它充分利用了拖拉机的动力和行走装置。提高了拖拉机的利用率。悬挂式（背负式）机型的收获工艺为摘穗→输送→果穗装箱→茎秆粉碎还田（图 6-10）。

图 6-10　4YW-2 型背负式玉米收获机

悬挂式玉米收获机的悬挂方式有前悬挂、侧悬挂和后悬挂 3 种。其结构由摘穗机构、输送装置、果穗箱和秸秆粉碎装置（或粉碎检抬回收装置）组成。我国悬挂式玉米收获机的主要有2~4 行机型，配套动力为 37~44 千瓦四轮拖拉机。作业过程可以实现摘穗、集穗、秸秆粉碎还田等功能，部分机型还加装了果穗剥皮功能。

在收获作业时，玉米果穗通过摘穗装置摘下，然后经过搅龙横向输送到升运器，再通过升运器将果穗收集到果穗箱，玉米秸秆在拖拉机碾压后通过粉碎装置切碎还田。

2. 自走式玉米联合收获机

自走式玉米收获机，配套动力在 55 千瓦以上，主要有果穗收获型、穗茎兼收型和籽粒收获型 3 种（图 6-11）。

图 6-11　自走式玉米联合收获机

果穗收获机型可以一次完成摘穗、剥皮、集穗、秸秆粉碎还田等工序；而籽粒收获型是在摘穗后，直接进行果穗脱粒。自走式机型摘穗机构一般采用摘穗板——拉茎辊——拨禾链组合机构。所以它具有工作效率高，作业效果好，使用和保养方便的优点，但其用途专一。一般带有秸秆粉碎还田装置，秸秆粉碎机采用甩刀式结构，刀端的线速度不低于 38 米 / 秒，割茬高度可调整。

穗茎兼收型可一次完成摘穗、输送、集穗、秸秆切碎收集、青贮等作业。4YQZ-3 型自走式穗茎兼收型玉米联合收获机作业时，首先由往复式切割器切断玉米植株，然后通过夹持链将其输送到立辊式摘穗杆进行摘穗；摘下的果穗由输送装置输送到果穗箱中；茎秆通过拉茎辊拉送，经滚刀切碎并由抛送器抛送到茎秆收集箱或拖车中；割断后的根茬由根在粉碎装置粉碎还田。

籽粒收获机型可一次完成玉米果穗摘收、脱粒和秸秆还田作业。作业时要求玉米收获期籽粒含水率较低。由于我国现阶段玉米收获时含水率普遍较高，因此目前我国应用具有脱粒功能的玉米收获机很少，底盘是在国内已定型的小麦联合收割机底盘基础上适当改进，所配动力一般采用两端输出。前端输出通过中间轴、无级变速、齿轮变速箱（包括离合器、差速器）驱动收获机行走，后端输出通过主离合器驱动工作部件，两者相互独立，便于工作和运输状态的相互转换。

3. 牵引式玉米收获机

牵引式玉米联合收获机是我国最早研制和开发的机型，具有摘穗、剥皮、果穗装车、茎秆粉碎还田或收集等功能（图 6-12）。

图 6-12　牵引式玉米收获机

该机型在收获作业时，拖拉机牵引玉米收获机顺垄行走。同时由拖拉机输出轴输出的动力驱动摘穗装置、切碎装置、升运装置、剥皮装置等各作业部件运动。收获作业时，果穗先由摘穗装置拉断摘下。然后经升运装置输送到剥皮装置，剥皮后的果穗再经升运装置收集至拖车；摘穗后的茎秆由切碎装置切碎还田。

4. 玉米割台

图 6-13　玉米割台

我国开发的玉米割台与稻麦联合收获机配套作业，扩展了现有稻麦联合收获机的功能，可完成摘穗、集穗、秸秆粉碎还田等作业。目前示范推广的主要是与自走式稻麦联合收获机进行割台互换的玉米摘穗台，可以一次完成摘穗、输送和集箱等作业。该机在工作时，分合器从玉米茎秆的下部插入行间将植株扶正，并引导茎秆进入两组回转的、带拨齿的拨禾链。拨禾链将茎秆引人摘穗板和拉茎辊的工作间隙，由相对回转的拉茎银将其向下方强制拉出。果穗到达拉茎辊上方的摘穗板时，由于果穗直径大于摘穗板的间隙，被阻挡在摘穗板上，而茎秆被拉茎辊继续向下拉引，果穗从而被摘离，掉人输送搅龙，通过果穗升运器进入粮箱（图 6-13）。

（三）功能特点及应用范围

1. 背负式玉米联合收获机

该种机具具有结构简单、操作方便、机动灵活等特点，与大型自走式玉米联合收获机相比，具有价格低廉的优点。其缺点是与拖拉机组装工作量大，机组作业时驾驶人员舒适性差。

2. 自走式玉米联合收获机

结构紧凑、性能完善，玉米生产机械化技术作业效率高、作业质量好等优点；其不足之处是构造复杂，制造要求高，且售价较高。

3. 牵引式玉米收获机

由于收获机安置在动力机械的一侧，所以作业前需要人工收割开道，加之机组较长，转弯半径大。因此适应较大地块的玉米收获作业。虽然该机技术成熟，但由于自身结构存在的如上缺陷难以适应当前农村一家一户小地块的种植模式。所以除在个别农场还在应用外，在广大农村应用较少。

4. 玉米割台

玉米割台是与麦稻联合收获机配套作业使用，它扩展了现有麦稻联合收获机的功能，国外一些玉米割台可实现直接脱粒收获。当前市场上正在试验示范的大都是不带脱粒的玉米割台，这种可互换的玉米割台在一年两作地区市场前景看好。

三、操作规范

（一）准备

（1）在收割前要按使用说明书的技术要求对玉米收获机进行全面的保养、检查、调整、紧固，使整机达到良好的技术状态。

（2）作业前对机具进行试运转，发动机无负荷试运转，整机空运转及负荷试运转。

（3）作业前应进行试收获，并进行必要的调整。选择和确定合适的行走速度、收割行数及行走路线等。行走速度要适当，太高或太低都将会影响到作业质量，确定的依据主要兼顾摘穗，剥皮和茎秆切碎 3 个环节。机具调试好后方可投入正式作业。

（4）对玉米联合收获机所有的摩擦部分及时、仔细和正确进行润滑。

（5）作业前，适当调整摘穗辊（或摘穗板）间隙。

（6）正确调整秸秆粉碎还田部分的作业高度，根茬高度为≤ 10 cm 即可，调得太低刀具易打土，导致）刀具磨损过快，动力消耗大，降低机具使用寿命。

（7）辅助机械的准备。依据收割机的班次生产率、运距，选配好相应的运粮、运草等辅助机械。

（8）准备好易损零配件，如甩刀、拨禾轮、传动链等。

（二）操作

（1）收获机组进入工作现场，首先初步了解作物生长情况、标定障碍物及酝酿方案。

（2）按照利于接运果穗和连续转向的要求确定首割行；机械调整到工作状态并和运输车辆协调地顺直行进。

（3）自走式收获机在收割前，应先把切碎机滚子转速逐渐地从最小增加到额定转速方可作业，还应开出 10 米宽的地头，并沿着玉米行方向划分作业小区。

（4）牵引式收获机作业时，牵引机车要保证行驶准确，使玉米植株顺利进入摘穗辊，特别在行距不规则时，更应加倍注意。

（5）当结穗部位低，严重倒伏时，摘穗辊尖和扶导器尖部应尽量低摘穗辊尖低到不刮地为止，扶导器尖接近地面滑动，其他情况下适当调整摘穗辊尖和扶导器。

（6）玉米收获机作业到地头时应停住牵引车，空转几秒钟，待第二个开运器中果穗输运完毕再转弯，避免果穗掉到拖车之外。

（7）作业过程中，司机精神集中操作并随时检查收获质量和茎秆切碎质量，根据实际情况及时对各工作部件进行调整。发现作业质量问题或机具故障，必须停止作业，切断机器动力进行调整和排除故障的操作。

（8）玉米联合收获机工作中，严禁非工作人员进入作业现场，分散司机注意力；任何人员不得进入待割区。

（9）运输过程中应将玉米联合收获机及秸秆还田装置提升到运输状态，前进方向的坡度大于 15° 时，不能中途换挡，以保证运输安全。

（10）地面坡度大于 8° 的地块不宜使用玉米收获机作业；玉米收获机转弯时的速度不得超过 3~4km/h。努力减少中途转向、重割等作业；尽量保持收后地貌便于后续作业。

（11）工作结束立即清理机体，进行必要保养；并做好使用记录。

（三）维护保养

1. 作业日常技术保养

（1）每日工作前应清理玉米联合收获机各部残存的尘土、茎叶及其他附着物。

（2）检查各组成部分连接情况，必要时加以紧固。特别要检查粉碎装置的刀片、输送器的刮板和板条的紧固，注意轮子对轮毂的固定。

（3）检查三角带、传动链条、喂入和输送链的张紧程度。必要时进行调整，损坏的应更换。

（4）检查减速箱、封闭式齿轮传动箱的润滑油是否有泄漏和不足。

（5）检查液压系统液压油是否有泄漏和不足。

（6）及时清理发动机水箱、除尘罩和空气滤清器。

（7）发动机按其说明书进行技术保养。

2. 收获机的润滑

玉米联合收获机的一切摩擦部分，都要及时、仔细和正确地进行润滑，从而提高玉米联合收获机的可靠性，减少摩擦力及功率的消耗。为了减少润滑保养时间，提高玉米联合收获机的时间利用率，在玉米联合收获机上广泛采用了两面带密封圈的单列向心球轴承、外球面单列向心球轴承，在一定时期内不需要加油。但是，有些轴承和工作部件（如传动箱体等），应按使用说明书的要求，定期加注润滑油或更换润滑油。

3. 三角皮带传动维护和保养

（1）使用中必须经常保持皮带的正常张紧度。皮带过松或过紧都会缩短使用寿命。皮带过松会打滑，会使皮带快速烧损，从而使工作机构失去效能；皮带过紧会使轴承过度磨损，甚至将轴拉弯，从而增加功率消耗。

（2）必须防止皮带沾油。

（3）必须防止皮带机械损伤。挂上或卸下皮带时，必须将张紧轮松开，如果新皮带不好上时，应卸下一个皮带轮，套上皮带后再把卸下的皮带轮装上。同一回路的皮带轮轮槽应在同一回转平面上。

（4）皮带轮轮缘有缺口或变形时，应及时修理或更换。

（5）同一回路用 2 条或 3 条皮带时，其长度应该一致。

4. 链条传动维护和保养

（1）同一回路中的链轮应在同一回转平面上。

（2）链条应保持适当的紧度，太紧易磨损，太松则链条跳动大。

（3）调节链条紧度时，把改锥插在链条的滚子之间向链的运动方向扳动，如链条的紧度合适，应该能将链条转过 20° ~30° 。

5. 液压系统维护和保养

（1）检查液压油箱内的油面时，应将收割台放到最低位置，如液压油不足时，应予补充。

（2）新玉米联合收获机工作 30 小时后应更换液压油箱里的液压油，以后每年更换 1 次。

（3）加油时应将油箱加油孔周围擦干净，拆下并清洗滤清器，将新油慢慢通过滤清器倒入。

（4）液压油倒入油箱前应沉淀，保证液压油干净，不允许油里含有水、沙、铁屑、灰土或其他杂质

（四）注意事项

（1）机组驾驶人员，首次使用前，应详细阅读使用说明书，熟悉机器的操控装置和它们的功能，要经过玉米收获机操作的学习和训练并取得从业资格证方可操作。

（2）要注意粘贴在机器上的安全标志。机器开动和作业前，应环视四周发出信号，让周围的人远离机组，尤其是不要在机组后方或前方。

（3）玉米联合收获机技术状态应良好，使用一年以上的玉米收获机必须经过全面的检修保养。

（4）工作时限驾驶员一人，禁止任何人员站在还田机、割台等部位附近。

（5）收获机启动前必须将变速手柄及动力输出手柄置于空挡位置。

（6）作业中注意尽量对行收获，根据果穗高度和地表平整情况，随时调整割台高度，保证收获质量。

（7）注意观察发动机动力情况，掌握好机组前进速度，负荷过大时降低行进速度。

（8）注意果穗升运过程中的流畅性，以免卡住、堵塞；随时观察果穗箱的充满程度，及时卸车，以免果穗满箱后溢出或卸粮时出现卡堵现象。

（9）所有收获机械作业中无论行走快慢，都要选择大油门作业，以保证作业质量；作业中不准倒退；转弯时要提升秸秆还田机。

（10）对田块中的沟渠、垄台予以平整，对水井、电杆拉线等不明显障碍提前做好标志，安全作业。

四、质量标准

（一）标准（表 6-3）

表 6-3 玉米收获机械作业标准

项　目	指　标
籽粒损失率 %	≤ 2.0
果穗损失率 %	≤ 3.0
籽粒破碎率 %	≤ 1.0
果穗含杂率 %	≤ 5.0
苞叶未剥净率 %	≤ 15
割茬高度[1)]mm	≤ 100
还田茎秆切碎合格率 %	≥ 90
还田茎秆抛撒不均匀率 %	≤ 20
收获后地表状况	割茬高度一致、无漏割、地头地边处理合理
污染情况	无

注：1）玉米茎秆机械青贮时根据农艺要求确定割茬高度 .

（二）指标解释

（1）籽粒损失率：落地籽粒损失与夹带籽粒损失质量之和占总产籽粒质量的百分率。

（2）果穗损失：漏摘和落地果穗所含籽粒所成的损失。

（3）果穗损失率：果穗损失籽粒质量占总产籽粒质量的百分率。

（4）破碎率：因机械造成破损的籽粒质量占所收获籽粒总质量的百分率。

（5）果穗含杂率：收获果穗中所含杂质（石块、土块、秸秆、苞叶等）质量占其总质量的百分率。

（6）苞叶未剥净率：未剥净苞叶果穗数占果穗总数的百分率。

（7）割茬高度：收获后，留在地面上的禾茬高度。垄作玉米以垄顶为测量基准。

（8）还田秸秆粉碎合格率：粉碎长度合格秸秆质量占还田秸秆总质量的百分率。

（9）还田秸秆抛撒不均匀率：玉米秸秆粉碎还田抛撒的不均匀程度。

（10）污染：由于机具漏油等对籽粒、秸秆、土壤造成的污染。

（11）果穗：去掉果柄（玉米穗根部与茎秆连接部分）的玉米穗。

（12）未剥净果穗：机械收获剥苞叶后，仍有 3 片或 3 片以上苞叶的果穗。

第三节　根茎类收获技术

一、技术内容

根茎类收获机械化技术是指采用挖掘式或联合收获式机械将根茎类作物进行分段或联合收获的机械化技术。常用机型多数用于马铃薯的收获，少数机型也可用于挖收甘薯、萝卜、胡萝卜和洋葱等。

二、装备配套

（一）设备分类

根茎类作物（如马铃薯、萝卜、胡萝卜，洋葱等）收获机的型式有挖掘式和联合收获式两种，目前具有向联合收获机方向发展的趋势。

（二）机具结构及工作原理

1. 挖掘式收获机

图 6-14　挖掘式马铃薯收获机

该机由机架、挖掘铲、分离—升运器、碎土器、振动筛，横向输送器和卸载输送器组成。振动筛装在由振动器带动的框架上。并有 2 个按序列配置的筛子。一个筛子刚性地固定在框架上，另一个筛子则通过杆和动力机构与框架相铰连（图 6-14）。

工作时，挖掘铲挖掘出土垡，土垡进入分离输送机构，在这里分离主要的土块。所挖出的带块根（茎）的土垈经土壤破碎器落入振动筛中，筛子同时破碎土块和分离出植物块根（茎），然后将块根（茎）输送到下一工作机构上。

同时振动筛可直接将块根（茎）铺放在机器之后或输送到机器一侧的横向输送器上。在机器之后铺条时，回转筛利用动力机构和杆件在振动筛的纵向垂直平面上绕轴旋转一定角度。挖出的土垈与筛的倾斜面相遇时即被击碎，块根（茎）上则脱掉了土块杂物并铺放在地上。

2. 联合收获机

（1）马铃薯联合收获机

各国生产的马铃薯联合收获机的工作过程大致相同，日本生产的主要为单行履带自走式联合收获机，行走与输送链 HST 无极变速，发动机为水冷 4 冲程柴油机（图 6-15）。

图 6-15　马铃薯联合收获机

机器工作时，靠仿形轮控制挖掘铲的入土深度，被挖掘铲掘起的块根和土块送至升运链进行分离。在升运链杆条的下方设有强制抖动机构，以强化升运链的破碎土块及分离性能，将细小的夹杂物和泥土等筛落。在升运链的上升末端，茎叶在导向器的作用下，茎叶与杂草通过第一摘茎叶与昆被摘除排除机外，同时薯块下落到缓冲输送带输送至转筒式升运器，而后被升运到前进方向输送带继续向前运送，经过第二摘茎叶辐和小薯块分选辊，残留的茎叶和杂草再次被摘除排除机外，形状较小的薯块则落入小薯储果箱。薯块分离茎叶和小薯块后，通过人工分拣平台，靠人工拣出夹杂在薯块中的大杂物和石块。薯块经过人工分拣以后，输送并装入薯箱（或卸入拖车）。该机适合于马铃薯、甘薯、芋头、短根胡萝卜的机械化收获，收获过程中需要一人驾驶操控，2~3 人分拣土块、叶子等其他杂物。

（2）胡萝卜联合收获机

联合收获机由下列主要部件组成：机架、起拔架，挖掘机构，行走轮，纵向输送器，除叶器，横向输送器、液压系统和传动装置。

机器在作业时，扶茎器扶起倒伏的和倾斜的萝卜茎叶。当起拔架夹住茎叶时，挖掘铲在下面挖掘块根，破坏其与土壤的联系，而起拔架则从土中将块根拔出。

起拔皮带将块根传送到除叶器上，随着除叶器的复杂运动来整平块根头并除叶（使用揉挤法），将茎叶推出后再卸到地上。切下的块根落到小型的纵向输送器上，该输送器又将它们传送到装载输送器上。在这些输送器上清除块根上的泥土及其他的细小杂物，然后传送到并行的运输车辆上（图 6-16）。

图 6-16 胡萝卜联合收获机

（三）功能特点及应用范围

1. 挖掘式收获机

挖掘式收获机可一次完成挖掘、升运、清理、放铺等作业，大幅度缩短收获期，可以防止早期霜冻危害，减少损失，可以大大减轻劳动强度。适用于家庭式小地块使用。

2. 联合收获机

（1）马铃薯联合收获机。联合收获机能一次完成挖掘薯块、分离土壤、石块、茎叶、杂草、人工分拣、自行集果装车等功能。但机具价格较高，适用于大地块及农场使用。

（2）胡萝卜联合收获机。可一次完成胡萝卜扶禾挖掘、夹持输送、土块分离、去须、切秧、秧草抛离、集果等功能。但机具价格较高，适用于大地块及农场使用。

三、操作规范

（一）准备

（1）作业前，必须检查各连接螺栓是否松动或脱落。如果螺栓松动、相关零部件不在正确位置工作，很快就会损坏。

（2）检查机器的润滑情况，有漏注润滑脂的要注足润滑脂。

（3）机器作业前，分别用小、中、大油门试运转 15 分钟，看安全保护装置是否已经安装好；检测机器是否运转平稳，有无挂碰、异常声音；螺栓等紧固件是否松动，如松动要重新旋紧。

（二）操作

（1）开始作业时，首先要检查挖掘深度，用规定速度作业一段，如果发现有漏挖或损伤的马铃薯，则需要重新调整。

（2）在高低不平的田地里工作时，尤其要注意适当提高机架前梁与地面之间的距离，并关闭提铲机构液压缸的油路，防止机器挖掘深度变动过大。

（3）通过调整机器提铲机构的液压缸，可以控制挖掘机构的高度。在机器越过沟坎，地头转弯，和机器前部堵塞时，应提起挖掘铲。

（三）维护保养

（1）日常维护保养，每班作业后，机器上的土、杂物和易燃物质都要清理干净。

（2）每年作业结束后，要彻底清除泥土、茎蔓、杂草等杂物。

（3）掉漆部位涂漆。

（4）检修并更换失效的零件。

（5）需要润滑的部位要注足润滑脂。

（6）检查调整齿轮箱内齿轮啮合状况，更换润滑油。

（7）拆下传动链条，放入机油中浸泡。

（8）机器存放在干燥通风的库房内，露天存放必须用苫布罩严，防止水浸雨淋。

（四）注意事项

（1）使用之前要检查各个部位的螺丝松动情况，如果发现松动，及时紧固。彻底清扫收获机，将收获机内外的泥土、碎秸秆、杂草杂物等清理干净。

（2）对收获机定期做全面的注油保养，防止收获机的链条等部位出现生锈，摩擦不顺畅等情况。

（3）在进行调整、排除故障、维修和保养等作业时，必须停车、拖拉机熄火并锁定液压升降阀后，方可按相应规定进行。

（4）每次使用完之后，要将刀片上的泥土拭擦干净，防治刀片生锈，再次使用不利。

四、质量标准

（一）马铃薯作业要求

（1）挖掘式收获机。明薯率≥ 96%，伤薯率≤ 1.5%，破皮率≤ 2%，生产率不低于设计值的 90%，挖掘铲静沉降（液压系统）值≤ 10mm，使用可靠性≥ 90%。

（2）联合收获机械。损失率≤ 4%，伤薯率≤ 4.2%，破皮率≤ 3%，含杂率为≤ 4%，生产率不低于设计值 90%，环境噪声≤ 89dB（A），驾驶员操作位置处噪声≤ 95dB（A），坡度停车要求可靠地停在 20%坡度的干硬坡道上，挖掘铲静沉降（液压系统）≤ 10mm，使用可靠性≥ 90%。

（二）名词解释

（1）明薯。机器作业后暴露出土层的马铃薯。

（2）漏拾薯。挖掘出土层后而没有被拣拾收回的马铃薯。

（3）损失薯。联合收获机械作业后的漏挖薯埋薯和漏拾薯之和（不含小薯）。

（4）伤薯。机器作业损伤薯肉的马铃薯（由于薯块腐烂引起的损伤除外）。

（5）破皮薯。机器作业擦破薯皮的马铃薯（由于薯块腐烂引起的破皮除外）。

第四节　花生收获机械化技术

一、技术内容

花生收获机械化技术是指通过花生挖掘机、收获机、摘果机、联合收获机等完成花生挖果、分离泥土、铺条、捡拾、摘果、清选等一项或多项作业的机械化技术总称。

二、装备配套

（一）设备分类

1. 花生挖掘机

用于花生挖掘的简式机械。

2. 花生收获机

作业时一次完成花生的挖掘、抖土、铺放的机械。

3. 花生摘果机

针对挖掘出的带秧花生，作业时一次完成花生的摘果并将荚果、土、蔓分离的机械。

4. 花生联合收获机

作业时一次完成花生的挖掘、捡拾、摘果并将荚果、土、蔓分离的机械。

（二）工作原理及适用范围

1. 花生挖掘机

这类机型大多为拖拉机悬挂式或畜力牵引式的双翼铲，也有对称配置的两个单翼铲。收获作业时，挖掘铲将埋深约 10cm 的主根切断，使花生沿铲面升出地面铺放成条，铲后面有纵向排列的栅条，以便漏除泥土。铺条的花生由人工收集或用机械捡拾后摘下荚果（图 6–17）。

图 6–17　花生挖掘机

2. 花生摘果机

用于从藤蔓和根系上摘下花生荚果。在中国有两种机型：一种为钉齿滚筒与凹板式，同钉齿滚筒式脱粒装置相似，脱下的花生经凹板筛孔漏下，经风扇气流清除杂物后落入果箱，适于北方晾干的带蔓花生；另一种是使花生通过两个相对旋转的钉齿滚筒间隙脱果，脱下的荚果落到振动筛上，在风扇气流的配合下清除杂物后落入果箱，适于南方丛生蔓花生（图 6-18）。

图 6-18　花生摘果机

3. 花生联合收获机

一次完成花生的挖掘或拔取、分离泥土以及摘果、清选等作业。有两种机型：一是挖掘式。采用三角形挖掘铲把花生连同泥土铲起，经分土轮分离出大量泥土后，再经输送装置送入摘果装置。二是拔取式。由每行一对环形夹持输送胶带夹持花生茎蔓后，连同花生拔起，经输送装置送入摘果装置用于砂土地丛生蔓

图 6-19　花生联合收获机

花生的收获。这两种机型的摘果装置采用两个或多个串列的弹齿滚筒和凹板，滚筒上的弹齿将花生荚果梳脱，并伸入凹板槽缝以降低花生蔓茎的通过速度。清选装置与花生摘果机上同类装置相似（图 6-19）。

三、操作规范

（一）准备

（1）收获前，应对花生的生长状态、种植的花生品种、种植密度和行距、所需的合适挖掘深度、土壤类型等情况，做好田间调查。

（2）根据地块大小和种植行距及作业质量要求选择合适的机具，确定具体的作业路线。

（3）作业前，驾驶、操作人员必须对田间影响作业的沟渠、垄台予以平整，在水井、电杆拉线等障碍物处设置醒目的警示标志。

（4）开始作业前，应按使用说明书的要求对机组进行全面保养，认真检查各零部件连接是否可靠，紧固件是否松动，转动部件是否灵活；检查调整传动部件如链条、三角皮带的张紧度；转动部件按要求加注润滑油和润滑脂。同时，挂接妥当后，要空运转 3~5min，确认各部位运转正常后，方可投入作业。

（5）作业前，先收获花生地横头 3~5m，以避免机具在地头转弯时造成花生损失。

（二）操作

1. 花生挖掘机、花生挖掘收获机和花生联合收获机作业技术规程

（1）机手应首先确定花生收获机具在田间作业的进出口、作业路线，以保证其正常工作。

（2）花生收获机作业前，先使机器空转 3~5min，待机器运转正常后方可进行作业。

（3）在启动发动机以前要仔细观察，确保周围无危险因素，辅助人员和其他旁观者都处于安全位置后，方可起步运行。地头转弯、提升机具不能过高，转弯不要过猛，机具降落要缓慢，以防冲击损机。收获机在落地后严禁倒退。

（4）机具进入地块后，应试收一段距离，停车检查收获质量。无异常现象方可投入正常作业。

（5）要根据花生的密度和长势、土壤含水率和坚实度，采用不同的作业速度。动力输出轴接合动力时，要低速空负荷，待发动机加速到额定转速后，机组

才能缓慢起步投入负荷作业。严禁带负荷起动收获机或机组起动过猛，以免损坏机件，也不允许带负荷转弯或倒退，机组转移地块时，应切断机具动力。严禁非操作人员靠近作业机组或在机后跟随，以确保人身安全。

（6）作业时应随机观察花生收获的质量，发现问题及时停机排除。

（7）作业中机具挖掘、分离等部件上缠绕花生蔓、杂草或卡滞砖、石块等杂物时，应及时停车分离动力后清除。

（8）悬挂式收获机在拖拉机熄火时，不要使机具处于悬空位置。花生联合收获机停止作业时，一定要将齿轮离合器处于分离状态，切断动力输出。

（9）作业中应及时清理发动机散热器，并补充冷却水，防止发动机水温过高。在长距离转移地块时，要将悬挂部件锁死。

2. 花生摘果机作业技术规程

（1）花生摘果机配套动力应与额定需求功率相匹配，并保证20%的储备功率。配套完成后注意固定好动力机和摘果机。

（2）滚筒间隙的调整，要根据花生蔓的干湿度来确定。湿花生蔓要求间隙偏大，干花生蔓要求间隙偏小。

（3）注意滑果板与挡果板的调整，改变滑果板的上下位置，减少花生果的吹落损失，调整挡果板的位置，使花生不跳出。

（4）上述调整完毕后，使机组空运转5分钟，待机组运转平稳，均匀输入花生蔓，开始摘果。

（5）机械摘果作业时，应注意排杂口顺风向而置，严禁将手伸向喂入口。喂入物料要均匀一致，如喂入量太大造成机器有杂音时，应停止喂入半分钟后再喂料。切忌将石块、铁丝等硬度较大的杂物喂入机内。

（三）维护保养

1. 花生挖掘机、花生挖掘收获机、花生联合收获机的保养

（1）作业一个工作幅到地头后，要检查挖掘铲有无堵塞，如有堵塞要及时切断动力给予清理。

（2）每班作业后应清除机具部件上的泥土和杂草，检查连接部件紧固情况，链条、皮带的松紧度，转动部件完好情况。

（3）地轮轴处每班加润滑油，每工作日后要对轴承加注黄油一次，对其他润滑点应定期检查和补充，对整机进行必要的维护保养。

（4）每季作业全部完成后，要及时清除转动部位积物及护板内壁沾集的泥土层，检查轴承的转动状况，并加足黄油，损坏的要及时更换。还要将运动部件涂上防锈油，将三角皮带放松。

（5）机具应放在库房中，或置于通风干燥处保存，加盖防雨、防晒设施，不得露天存放，以防风雨腐蚀。存放时应将机架垫起，使挖掘铲、限深轮离开地面。

（6）长时间不用时，还应做好外露部件的防腐处理，挖掘产应涂油保管，传动链条卸下涂油密闭保存或泡在机油中。机具避免与酸碱、农药等腐蚀性物品一同存放。

2. 花生摘果机的保养

（1）三角皮带在使用一段时间后，会逐渐伸长松弛，应根据情况及时调整。

（2）正常工作每班保养一次，保养时一定要停机检查，并按要求加注黄油。

（3）停机后应清理各部位泥沙杂物，保持机器清洁。

（4）经常检查各部位螺栓有无松动，如有松动应随时紧固；检查滚筒内有无木棍、石块等异物，如有异物及时取出。

（5）正常工作每班应检查两次，滚筒摘齿是否有松动和断齿现象，如有应及时修理后再开机。

（四）注意事项

（1）花生收获机的传动等危险部位应有安全防护装置，并有明显的安全警示标志。

（2）花生收获机在进行保养、清除杂物和排除故障时等，必须在发动机停止运转后方可进行。

（3）严禁机手酒后或身体疲劳状态下驾驶机具。机手在作业时要穿适宜的服装，女机手需把长头发盘于工作帽内，不准佩戴围巾作业，闲杂人员及未成年人不准靠近作业区域。

（4）自走式花生联合收获机必须按相关规定办理行驶证、牌照等手续。

四、质量标准

（一）标准

作业质量

（1）花生挖掘收获机、花生挖掘机和花生摘果机作业质量指标。一般作业条件下，花生挖掘收获机和花生摘果机作业质量指标应符合表 6–4 的规定。

表 6-4 花生挖掘收获机、花生挖掘机和花生摘果机作业质量

项 目	指 标		
	花生挖掘收获机	花生挖掘机	花生摘果机
埋果损失率 %	≤ 2.0		/
破碎果率 %	≤ 1.0		≤ 1.0
地面落果率 %	≤ 5		/
含土率 %	≤ 20		/
含杂率 %	/		≤ 1.0
摘果损失率 %	/		≤果损失
挖掘深度合格率	/	≥掘深	/
机收污染	无污染		/
作业后田块状况	作业后地表较平整、无漏收、无机组对作物碾压		/

（2）花生联合收获机作业质量指标。一般作业条件下，花生联合收获机作业质量指标应符合表 6-5 的规定。

表 6-5 花生联合收获机作业质量

项 目	指 标	
	自走式花生联合收获机	悬挂式花生联合收获机
埋果损失率 %	≤ 2.0	≤ 2.0
破碎率 %	≤ 1.0	≤ 1.0
裂口率 %	≤ 1.5	≤ 1.5
地面落果率 %	≤ 3.0	≤ 3.0
含杂率 %	≤ 3.0	≤ 5.0
摘果损失率 %	≤果损失	
机收污染	无污染	
作业后田块状况	作业后地表较平整、无漏收、无机组对作物碾压、无荚果撒漏	

（二）指标解释

（1）挖掘深度：未耕地表（垄作时按垄顶）到挖掘后沟底的垂直距离。

（2）地面落果：机械作业后，掉在地表面的荚果（不包括因果柄霉烂、萎缩而自然脱落的荚果）。

（3）埋果：机械作业后埋在土层内的荚果。

（4）破碎果：机械作业后，果壳破碎能见到花生仁的荚果。

（5）裂口果：机械作业后，果壳裂损但看不见花生仁的荚果。

（6）摘果损失：经花生联合收获机作业后，花生蔓上未被摘下的荚果而造成的损失。

（7）含土率：经花生挖掘收获机作业后，挖掘出的花生未被抖下的土的质量占收获物总质量的百分比。

（8）含杂率：经花生联合收获机作业后，收获物中所含杂质（土、小石子、叶、蔓、果柄、草等）质量占其总质量的百分比。

（9）机收污染：由于机组漏油对荚果、蔓和土壤造成的污染。

第七章 产后加工机械化技术

第一节 脱粒机械化技术

一、技术内容

脱粒是把农作物的籽粒从谷穗或其他果实器官中脱离出来的作业，同时尽可能地将其他的脱出物如短茎秆、颖壳、杂物与籽粒分离出来。脱粒的难易程度与农作物种类、品种、成熟度和湿度等因素有关，就北京的粮经作物而言，主要介绍玉米脱粒机械化技术。

玉米脱粒机是针对玉米收穗机收获的去皮玉米果穗进行脱粒的机械装置。一般要求玉米果穗籽粒含水率 20% 左右，再进行脱粒作业，脱粒质量好，生产效率高。

二、装备配套

（一）设备分类

玉米脱粒机按其作业可动性分为固定式（图 7–1）和移动式（图 7–2）。

图 7–1　固定式玉米脱粒

图 7–2　移动式玉米脱粒

（二）机具结构及工作原理

固定式玉米果穗脱粒机（图 7–3）多为轴流滚筒式，其主要由滚筒、凹板、筛子、风扇、喂料斗、籽粒滑板、螺旋导杆等组成。它采用切向喂入轴端排穗芯的轴流式脱粒装置。

脱粒作业时，玉米穗通过喂料斗进入滚筒，在高速回转滚筒的冲击和玉米穗、滚筒、凹板的相互作用下被脱粒。脱下的籽粒及细小混杂物大部分通过凹板孔，由风扇进行气流清选。轻混杂物从排杂口吹出，籽粒由籽粒滑板滑出机外。穗芯则沿滚筒轴向往后移动，由轴端的出口经振动筛子表面排出机外，夹带在穗芯中的部分籽粒经筛孔漏下并进入籽粒滑板滑出机外。

图 7–3　固定式玉米脱粒机脱粒机

（三）应用范围

该固定式玉米脱粒机适用于剥皮玉米果穗，且果穗籽粒含水率低于 25%。

（四）功能特点

结构简单，操作方便，使用灵活性强。

三、操作规范

（一）准备工作

（1）作业前，必须检查设备安装是否牢固；检查各部位联接螺栓是否松动，若松动应紧固。

（2）作业前，必须检查设备转动部位是否顺畅，若有卡滞缺油现象，应加油润滑。

（3）作业前，应检查传动带松紧度是否合适，太紧磨损严重，太松易脱落。

（二）操作技术

（1）玉米果穗应去皮，果穗颗粒含水率应低于 25%。

（2）玉米果穗应顺序喂入料口，喂入均匀。

（3）为保证玉米穗顺利喂入而不堵塞滚筒，料斗底板应有一定的倾斜度，进入滚筒的入口应偏向滚筒向下回转的一侧。

（4）穗芯排出口与籽粒排出口的配置应保持一定距离，以免穗芯与籽粒混杂。

（三）维护保养

（1）设备作业一段时间后，应进行全面检修，若发现故障及时修理。

（2）作业完成后，应把设备清理干净，并全面检修，转动部位加注润滑油，整机存放避雨干燥处。

（四）注意事项

（1）先要对脱粒作业人员进行安全操作培训，使其明白操作规程和安全常识，如衣袖要扎紧、应戴口罩和防护眼镜等。

（2）使用前必须认真检查转动部位是否灵活无碰撞，调节机构是否正常，安全设施是否齐全有效；要确保机内无杂物，各润滑部位要加注润滑油。

（3）开机前应清理作业场地，不得放一些与脱粒无关的杂物；要禁止儿童在场地边上玩耍，以免发生事故。

（4）工作时玉米棒喂入要均匀，严防石块、木棍和其他硬物喂入机内。

（5）传动皮带的接头要牢固，严禁在机器运转时摘挂皮带或将任何物体接触传动部位。

（6）配套动力与脱粒机之间的传动比要符合要求，以免因脱粒机转速过高，振动剧烈，使零件损坏或紧固件松动而引发人身伤害事故。

（7）不能连续作业时间过长，一般工作 8h 左右要停机检查、调整和润滑，以防摩擦严重导致磨损、发热或变形。

（8）脱粒机在作业过程中如出故障，应停机后再进行维修和调整。

四、质量标准

（1）脱粒机运转正常平稳，操纵和调节机构灵活可靠，不得有异常振动和噪声。

（2）玉米果穗未脱净率，即玉米芯上仍存留玉米籽粒，小于 2%。

（3）玉米籽粒破碎率，即经脱粒作业后，玉米籽粒表面有裂纹和破损的籽粒，小于 3%。

（4）脱粒机脱粒总损失率（含夹带损失率，清选损失率，飞溅损失率）小于 2%。

（5）含杂率即经过脱粒作业后玉米中所含有的其他杂质，小于 4%。

第二节　谷物清选机械化技术

一、技术内容

脱粒机或联合收割机加工收获的谷粒混合物中包含有饱满谷粒、虫伤或破碎的谷粒、未脱净的穗头、未成熟的谷粒、混杂的其他作物种子、杂草种子、碎秸秆、颖壳、土块、砂粒、灰尘等。谷物清选技术就是利用筛选、风选、磁选等技术，留下谷物中饱满的谷粒，清除谷物中的其他杂质，为谷物的储存、深加工做好准备，谷物清选是谷物收获后不可缺少的环节。

谷物清理的原理是利用谷物与杂质存在某种物理特性的差异，通过相应的工作构件和运动形式加以分离，从而达到清除杂质的目的。

1. 筛选

是利用筛子使物料中小于筛孔的细粒物料透过筛面，而大于筛孔的粗粒物料滞留在筛面上，从而完成粗、细料分离的过程。谷物筛选可利用一个或一个以上的筛面，清除谷物中大于和小于谷物粒径的杂质（图 7-4）。

2. 风选

基本原理是利用谷粒与杂质之间悬浮速度的差别，通过一定形式的气流，使谷物和杂质以不同方向运动或飞向不同区域使之分离，从而达清选目的。风选可清除谷物中的轻杂，以及不完善粒和未成熟粒（图 7-5）。

图 7-4　谷物筛选

图 7-5　谷物风选

3. 磁选

是谷物进入磁选设备选分空间后，受到磁力和机械力的作用，磁性杂质沿着不同的路径运动，从而达到清除谷物中的磁性杂质。一般没有特殊要求，筛选和风选也能清除磁性杂质（图 7–6）。

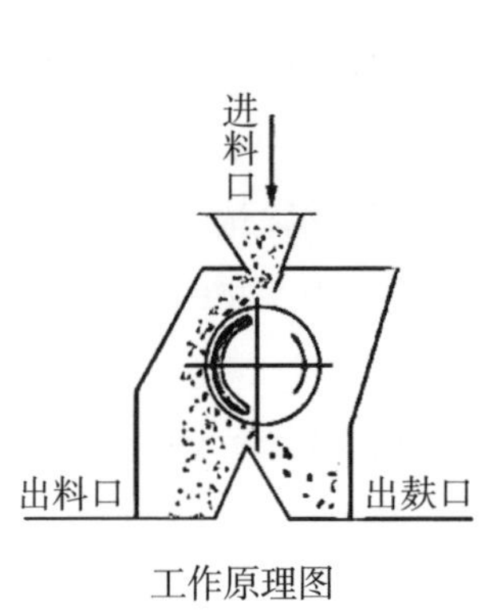

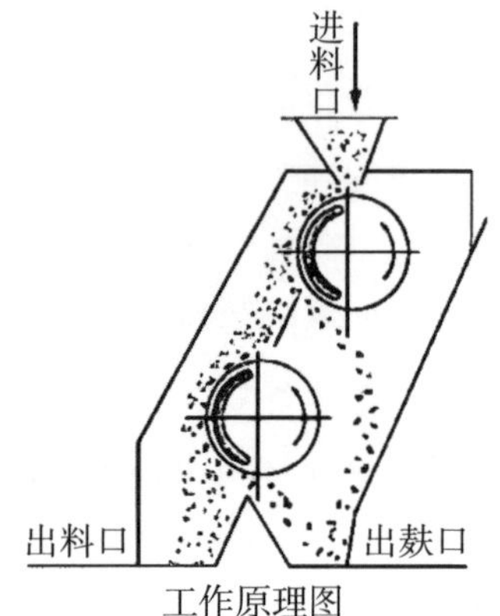

图 7–6　谷物磁选原理示意

二、装备配套

（一）谷物筛选风选一体机机具结构及工作原理

HYL–8 小型谷物筛选风选一体机（图 7–7），主要由送料系统、筛选系统、风选系统构成。谷物颗粒物料由送料系统输送至筛选系统，第一层筛网孔径比合格的谷物颗粒直径略大，这样比谷物颗粒大的杂质等都留在了第一层筛网上并排出，谷物颗粒物料随着筛网的振动，紧接着进入第二层筛网，第二层筛网孔径比合格的谷物颗粒直径略小，这样比谷物颗粒小的杂质进入第三层筛网并排出。大小合格的谷物颗粒物料从出料口，直接进入风选系统，在风选过程中，调节合适的风压，可以把比谷物颗粒轻的杂质、瘪谷粒等分选出来，接着将谷物颗粒由抛粮带抛出，进一步清除并肩石类等杂质。

图 7–7　谷物筛选机

该设备可根据谷物颗粒大小更换筛网；根据谷物颗粒比重调节风机风量，满足不同谷物清选需求。

（二）应用范围

设备通用性大，能适合于各种谷物的清选。

（三）功能特点

结构紧凑、占地面积小，使用操作方便。

三、操作规范

（一）准备工作

（1）清选机最好在室内进行作业，安置的地面应平坦、坚实，机器纵横方向都应保持水平。机器停放位置应考虑排尘方便，排风管道便于引向室外。若因条件有限必须放在室外作业时，风力不得大于 3 级，且将机器顺风布置。在室外作业风力大于 3 级时应考虑安装防风屏障。

（2）机器的轮子必须固定住。一般复式清选机上都备有专用来固定轮子的部件。

（3）在风机出口弯头上安装有排风管。为保障作业期间的环境卫生，要有集尘布袋接在排风管末端。

（4）机器在工作场地固定后，安装和检查传动皮带，按润滑表进行注油。检查机器的完好性，然后开机试运转，正常运转 15~30 min 后，确认机器符合技术状态后，即可进行清选作业。

（二）操作技术

（1）开机作业时，必须将机体安全罩罩好，紧固螺钉紧牢。

（2）作业前必须试运转机器，确认机器处于正常技术状态再作业。

（3）入料应均匀稳定，并符合设备生产能力。

（4）筛子的选择应根据被清选的种子的类型和尺寸大小来进行。

上筛的筛孔大小应使大颗粒泥石、土块等不能被通过，而种子基本上全部通过。

下筛的筛孔尺寸应使瘦小破碎种子、小杂质等均能通过，而其余谷物颗粒应留在筛面上。

在选择上下筛时，应根据被清选谷物颗粒的净度、饱满度和均匀度等要求灵活掌握，使机器既能选出合乎要求的谷物颗粒，又具有高的生产率和尽可能小的损失。

（三）维护保养

（1）每班作业前应检查各部位螺栓是否紧固可靠，不得有松动现象。

（2）经常检查传动皮带、传动链条松紧程度，应使松紧合适。

（3）按润滑要求定期润滑机器的各部分，传动齿轮应注机油或润滑脂。

（4）每班作业结束后应进行清扫和检查，及时排除故障，更换损坏的零件。

（5）机器长期不用时，应该妥善保存，存放前应彻底清理机器，进行全面保养，使机器处于良好的技术状态。室内存放时，应有良好的通风与防潮措施。取下筛片，选料筒要立放，卸下三角皮带另行保管。在露天存放时，底部应有支撑物，并有防雨、防晒措施。

（四）注意事项

（1）更换清选品种时的注意事项

在谷物颗粒清选工作中禁忌品种混杂，所以需要对清选机械进行清理，全面清除机器中残留的谷物和杂质。

清除时必须关闭喂入斗闸门，翻转选粮筒的承种槽，关闭吸气道，然后使机器空转，等全部残留谷粒出来后，停车取出筛框、筛片等部件，打开各个出粮口，然后用扫帚或刷子仔细清扫机器各部分，倒净滤尘器内的夹杂物。

完成上述工作后，再空转机器，将残留物进一步吹尽。停车后全机再清扫一遍，并清扫机器周围场地。清扫完毕后，再将卸下的部分全部装上。

（2）作业时若发生故障，应及时停机修复，切不可工作时检修。

（3）必须注意安全用电。电器控制部分须有多种保护功能。

（4）夜间作业时，必须有充足的照明设备。

（5）作业后，若较长时间内不工作，可切断电源，以防意外事故发生。

四、质量标准

（1）经过清选机械清选的谷物，清洁度应达90%以上。在分离出的混杂物中，谷粒的夹带损失不超过1%。

（2）在清选的过程中，不损伤谷物颗粒。

第三节　谷物干燥机械化技术

一、技术内容

谷物干燥设备是降低谷物籽粒含水量的机械和设备。其作用在于为谷物内的水分汽化创造条件，包括用人工方法降低谷物周围空气的相对湿度、利用介质促使谷物释放水汽等。谷物干燥可以防止霉烂变质，延长储存时间，减少体积和重量，便于运输，扩大供应范围。

谷物干燥设备以空气介质作用于谷物上，使其水分汽化并排出，按空气介质的温度可分为常温通风干燥设备和加热气流干燥设备；按气流在干燥室内相对于谷物的流动方向可分为横流式、顺流式、逆流式和双向气流式等类型。横流式谷物干燥机是使气流横向穿过谷物流，在气流进口和出口因温度不同会出现干燥不匀。顺流式谷物干燥机是使气流方向与谷物流动方向一致，热量利用率较高，在进口处干热气流与谷物接触，从而提高谷物的干燥率。逆流式谷物干燥机是使气流方向与谷物流动方向相反，在达到稳定状态时，谷物排出时的温度接近于热气的温度，而气流排出时的温度接近于湿谷物喂入时的温度，其湿度则与湿谷物相平衡，因而不能使用高温热空气，适用于谷物干燥后的冷却通风。双向气流式谷物干燥机是使气流在干燥过程中交替换向，从而可使干燥均匀性提高。

二、装备配套

（一）设备分类

按照干燥室内谷物的状态，则可分为固定床、移动床、流化床、沸腾床和喷动床等类型。固定床干燥机又可分为平床式、竖筒式等，其气流速度小、压力低，被干燥谷物处于静止状态；移动床干燥机有塔式干燥机和回转圆筒式干燥机等，机内的谷物在干燥过程中缓慢地由入口向出口处移动；流化床干燥机是以较大的气流速度穿过谷物层，使谷物以类似流体的状态流动；沸腾床干燥机是以超过谷粒临界速度的气流速度，使谷物在干燥室中剧烈翻动，呈“沸腾”状态；喷动床干燥机是使谷物在更高速度的气流中剧烈运动呈喷泉状。气流速度与干燥效率成正比，干燥均匀性较好，谷粒的爆腰（表皮干裂）率较低。

（二）固定床式干燥设备结构及工作原理

固定床式干燥设备（图 7–8）是常见的谷物干燥设备，在常压条件下，谷物处于静止状态，热风从谷物周围流过，并带走谷物水分而进行干燥。

固定床式干燥设备主要有固定床和热风系统组成，热风系统有热风炉、交换器、预热风筒、风机、换向阀等组成。作业时，先把一定量的谷物平铺在干燥室固定床上，热风炉加热，热风炉的烟气通过热交换器的管壁与预热风筒的空气换热，烟气由热风炉烟囱排除设备外，预热风筒内经过换热后的热空气通过换向阀的控制进入干燥室，交替从固定床上或固定床下穿过谷物层，进行传热，穿过谷物层的潮湿废气从干燥室的废气口排除室外，达到谷物干燥的目的。

图 7–8 干燥设备

（三）应用范围

适用各种谷物干燥。

（四）功能特点

固定床式干燥设备结构简单、制造容易，投资小，通用性强；但在设备安装密封性要求高，装卸物料不方便，生产效率较低，适合小批量分批次作业。

三、操作规范

（一）准备工作

（1）作业前，必须检查设备安装是否牢固；检查各部位连接螺栓是否松动，若松动应紧固。必须检查设备转动部位是否顺畅，若有卡滞缺油现象，应加油润滑。

（2）接通电源，风机试运转，观察旋转方向，如出现反转，立即校正。检查各传感部件工作是否准确，若不准确及时更换。

（二）操作技术

（1）装料：将谷物倒入干燥室固定床上并平铺，倒入量根据谷物湿度和干燥室大小而定。

（2）燃烧：备好热风炉燃料，此时应盖上调温罩关闭温度调节板，接通电源，启动电机，使风机叶轮旋转，几分钟后热风炉便能全部烧旺。

（3）温度控制：主要通过温度调节板的开启角度不同来控制温度。

（4）风量控制：热风交替从固定床上或固定床下穿过谷物层，通过换向阀控制风量。

（5）出料：根据经验和干燥时间，估计谷物已经干燥便可出料。经风冷后水分达标便可入库。

（三）维修保养

（1）定期对设备进行全面检修，若发现故障及时修理。

（2）作业完成后，应把设备清理干净，并全面检修，转动部位加注润滑油。

（四）注意事项

（1）每台设备应配有 1~2 人管理。操作人员不要离开干燥设备，出现故障立即停机。

（2）每次起动风机前都要作检查，在电机和风机叶轮周围如发现杂物，应当立即清除。并注意防火，要求具备消防用品。

（3）注意用电安全，不懂用电知识的人千万不要拆装电机，以免发生危险。

（4）根据需要来控制适当温度，谷物应控制在 60~70℃范围内，温度过高会增加谷粒爆腰，形成碎米多，过低会影响烘干效率。

（5）每次烘干的物料不能超过最大投入量，否则容易造成粮食烘干不均匀，或者水分达不到所需的要求。

（6）处理电炉设备需要专人维护。

（7）定期检查出风口是否有物料堵塞，防尘袋及时清理。

四、质量标准

（1）设备操作和控制简单、灵活可靠，容易操作。

（2）设备内部结构易于粮层均匀，且不存在残存死角。

（3）工作环境噪声小于 85Db（A），工作空间粉尘小于 10mg/m^3。

（4）设备干燥不均匀度小于 1%。

（5）干燥造成谷物破碎率小于 0.5%，干燥谷物出仓颜色、气味正常。

（6）谷物出场温度不高于环境温度 8℃。

第八章 农机信息化技术

第一节 作业管理系统

一、技术内容

农机作业管理系统是指运用遥感系统、地理信息系统、网络通信技术、卫星定位技术、多元传感器技术等的综合农机作业远程管理信息系统。系统提供农机分布、作业实时监测、作业调度、作业监管、作业回放、作业分析和信息管理等功能，为农机作业和日常运营管理提供信息化管理手段。系统建设统一的数据资源云平台，通过终端数据采集，实现对各作业类型的数据汇聚融合，有效解决农机监管、作业统计，帮助政府及合作社在农业作业过程中，强管理、降成本、增营收。农机作业管理系统拓扑结构如图 8-1 所示。

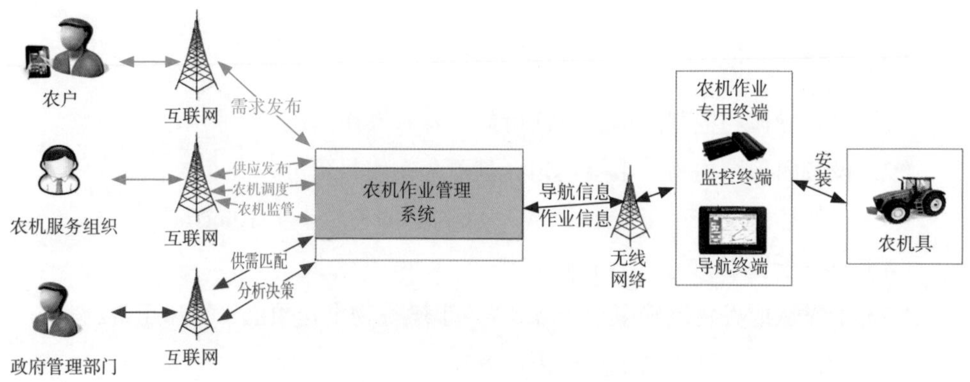

图 8-1 农机作业管理系统拓扑结构

二、系统功能

精准作业平台（图 8–2）主要是面向管理人员及合作社人员查看所辖区域的农机情况、作业情况等。所有的作业类型均可以在一个平台中进行展现，主要功能为农机定位、轨迹、作业面积实时监测，不同作业类型的作业详情展示及存储，提升管理效率。

图 8–2 农机精准作业平台

主要功能包含如下。

1. 农机定位

通过农机上安装的终端设备，实时跟踪掌控农机的位置，利用图、表等形式展示该区域农机概况，宏观上统计该区域所有的农机动态，通过作业时节分析农机使用效率（图 8–3）。

2. 作业实时监测

详细掌握当前作业农机作业状态、具体作业的类型、预估作业面积以及截至目前农机的行驶里程和作业里程（图 8–4）。

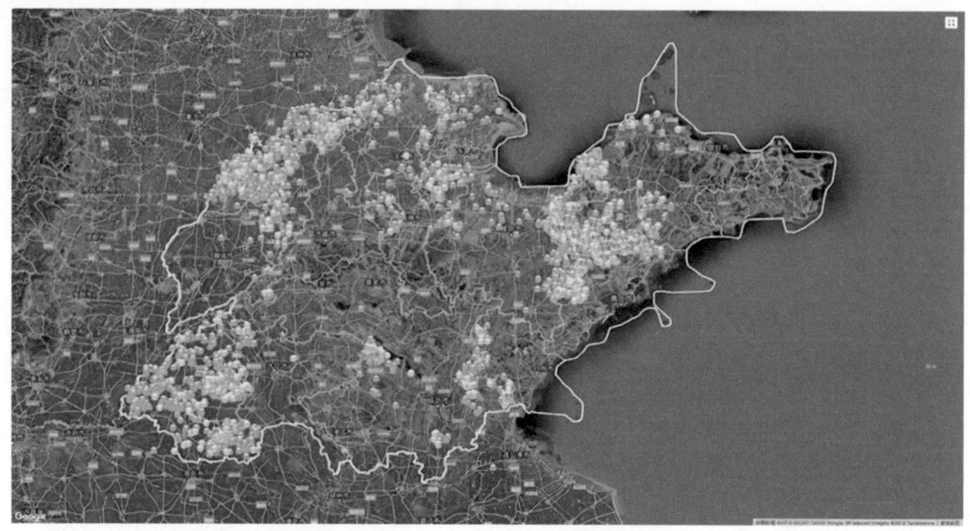

图 8–3　农机定位页面

图 8–4　农机实时监测页面

3. 作业调度

农机服务组织为当前农机作业任务分配所需农机、机手、任务量。

4. 作业监管

通过多元传感器对各环节农机作业质量进行监管，如深松深度、播种管堵塞情况、喷药量、留茬高度、秸秆打包数、作业油耗等，方便管理者进行作业质量追踪，并为后期政府监管提供科学依据（图 8-5）。

深松作业

开始时间 2017-08-01　结束时间 2018-03-29　查询　导出

切换视图　作业总面积数：34001679.31亩 | 达标面积总数：33534679.16亩 | 重叠面积总数：1282929.46亩

单位	车辆编号	设备号	作业面积	达标面积	重叠面积	深度	达标比率	日期	操作
黑龙江-哈尔滨-双城市-庆乐	3695	31270	401.44亩	401.44亩	0.00亩	33CM	94%	2017-11-12	
黑龙江-绥化市-肇东市-大庆园	4756	32478	87.63亩	87.63亩	6.25亩	44CM	0%	2017-11-12	
黑龙江-牡丹江-牡丹江市郊区-西安区-春益	5564	32200	61.74亩	59.98亩	0.00亩	34CM	0%	2017-11-12	
黑龙江-牡丹江-牡丹江市郊区-西安区-春益	5698	32145	165.38亩	165.38亩	0.00亩	36CM	92%	2017-11-12	
黑龙江-哈尔滨-双城市-田园	5907	33952	298.80亩	298.80亩	0.00亩	34CM	0%	2017-11-12	
黑龙江-牡丹江-海林市-为民	6654	31810	95.70亩	95.70亩	0.00亩	51CM	0%	2017-11-12	
黑龙江-绥化市-安达市-福田	6758	33761	18.09亩	18.09亩	0.00亩	30CM	45%	2017-11-12	
黑龙江-黑河市-嫩江县-金山	7065	33108	17.98亩	17.98亩	0.00亩	32CM	0%	2017-11-12	
黑龙江-黑河市-嫩江县-金山	7180	32858	50.52亩	50.52亩	3.74亩	32CM	0%	2017-11-12	
黑龙江-黑河市-嫩江县-金山	7189	32816	60.65亩	60.65亩	9.18亩	32CM	0%	2017-11-12	
黑龙江-黑河市-嫩江县-金山	7883	32807	75.82亩	75.82亩	4.39亩	34CM	0%	2017-11-12	
黑龙江-牡丹江-牡丹江市郊区-西安区-春益	8729	32371	107.12亩	107.12亩	0.00亩	40CM	0%	2017-11-12	
黑龙江-绥化市-肇东市-红发	9070	51560	286.77亩	286.77亩	0.00亩	51CM	0%	2017-11-12	
黑龙江-鸡西市-密山市-农机大户	12115	31687	21.56亩	0.00亩	0.00亩	19CM	0%	2017-11-12	
黑龙江-牡丹江-宁安市-农机大户	12485	32414	92.40亩	92.40亩	0.00亩	56CM	0%	2017-11-12	

图 8-5　农机作业监管页面

5. 作业回放

平台可以将农机的定位形成轨迹，通过轨迹回放功能可以展示车辆整体的行驶和作业情况，可清楚了解机手的作业习惯，并知道机手是否已到指定区域进行作业等。可以根据不同的速度进行播放、回放，并可以任意选择时间查看轨迹详情（图 8-6）。

图 8-6　轨迹回放页面

6. 作业分析

对单个农机的作业情况进行质量分析，查看作业达标情况和具体的作业地块。同时，可以对作业进行重复作业分析，避免一个地块重复同一种作业，造成资源浪费或骗取政府补贴等情况（图 8-7）。

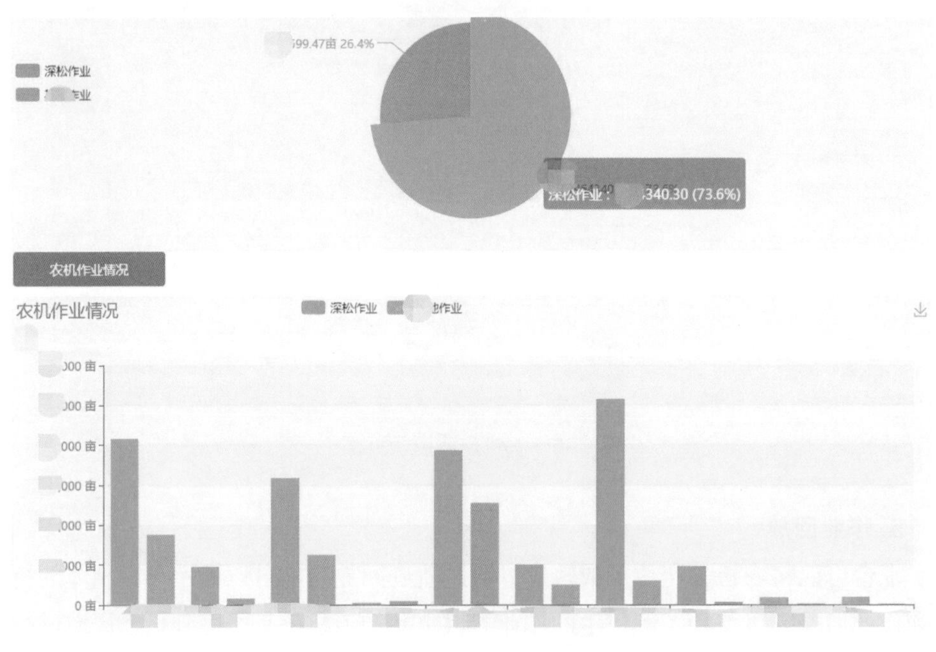

图 8-7　作业分析页面

7. 信息管理

农机合作组织所有资料的静态管理。包括农机信息、农机具信息、机手信息、终端信息、合同信息、加油记录、维修信息等。信息管理为进一步系统地优化内部资源、提升农机具的利用率提供技术手段。

三、相关规范

（一）平台建设规范

依据 T/CAAMM 15-2018《农业机械远程运维系统网络服务平台技术规范》，平台建设可以参照以下规范要求。

1. 网络服务平台组成

（1）网络服务平台基础系统由下列要素组成：① 至少包含执行与物联网终

端数据交互的程序部分、数据库部分；② 可以根据需求情况，增加代理服务功能、接口服务功能、数据转发服务功能。

（2）网络服务平台应用系统由下列要素组成：① 应用系统可包含面向用户的应用服务程序或服务系统；② 应用系统根据需要可适配支持常见的电脑端或移动端操作系统而使用；③ 应用系统可以根据需要，提供基于 B/S、C/S 架构的电脑端应用程序，或者基于移动端的应用程序；④ 应用系统可以根据需要，适配第三方程序系统，实现相关的应用功能。

2. 通信方式

通信方式可按下列方法之一选取：① 物联网终端与平台之间采用 TCP、UDP 协议等长连接方式；② 平台提供服务的 IP 地址或域名、端口号；③ 通信链路通过物联网终端与平台之间定时发送链路保持数据包，检测链路连接状态，实现对链路连接的可靠性确认；④ 当通信链路出现非计划性的中断，由物联网终端主动按照专门定义的规范协议，重新连接平台建立新链路。（规范协议的详细内容可由系统自行约定）

3. 安全认证

平台对于物联网终端的接入请求需要进行安全性验证，确保物联网终端身份可信。

4. 数据转发

平台的数据根据外部平台数据转发请求时，需通过专门的数据接口提供数据，转发规则如下。

（1）平台为需要接入的外部平台设定对应的身份验证，并注册登记外部平台用户访问数据的 IP 地址或域名。

（2）外部平台连接平台的专用接口，并进行安全性验证。

（3）验证通过后，依据规则将数据转发给外部平台。

5. 作业监测

平台在作业监测中应具备以下功能。

（1）根据物联网终端上传的地理位置数据，平台应具有计算出农机实际作业面积功能。

（2）平台应基于物联网终端上报的数据，识别耕地、收获等典型作业状态。

（3）平台应基于物联网终端上报的数据统计单位面积收获质量、耕整地深度。

（4）平台应通过可视化的方式，呈现所获取的农业机械相关数据。

（5）数据可以支持以下几种方式的呈现：①实时显示获取的最新数据，并且可以根据需要，支持实时数据更新显示；②可显示某一项或者某几项数据的历史记录内容，并以适当的方式进行呈现；③可通过指定格式的文件，将相关的数据导出，供其他程序操作和使用。

（二）农机精准作业平台的使用

农机精准作业系统平台是接收农机智能终端上传的农机动态作业数据并将农机作业数据直观地显示给管理者。平台实现了农机实时分布管理、农机作业质量分析、作业类型分类统计等，管理者可通过系统平台来查看各类统计数据，达到作业补贴的准确发放，并可实时的掌握该地区各类农业生产进度。平台设计采用B/S架构，无须安装任意插件，只需通过浏览器输入对应的网址即可登录，查看相关作业信息。

（三）注意事项

系统对各种可能出现的故障均设置了自检和报警功能，采用汉字提示及声音告警来提醒驾驶员该系统处于故障状态，第一时间排查故障，确保系统作业信息不丢失。

（1）当主机显示屏显示“设备正常工作”时可放心作业。

（2）当设备显示XXX异常或者故障时请检查相关连接线。

（3）当更换其他机具作业时，请将机具识别模块的防尘盖盖好。

（4）当无网络信号时，可正常作业，数据会在有网络情况时上传。

（5）当摄像头故障时，可正常作业，作业数据不会丢失，后续更换摄像头即可。

（6）作业之前务必检查各部件连接线是否松动，若松动请用扎带固定。

（7）私自拆卸、移动设备及传感器将导致数据不准确或丢失。

（四）名词解释

1. 物联网终端

连接传感网络层和传输网络层，实现数据采集及向网络层发送数据，它担负着数据采集、初步处理、加密、传输等多种功能。

2.B/S架构

即浏览器和服务器架构。在这种架构下，用户工作界面通过互联网浏览器来实现，极少部分事务逻辑在浏览器上实现，但是主要事务逻辑在服务器端实现，不需要用户单独安装独立的程序。

3.C/S 架构

即客户端 / 服务器架构。通过将任务合理分配到客户端程序和服务器端，降低了系统的通讯开销，用户需要单独安装客户端程序才可进行操作。

4. 链路

在平台和物联网终端之间采用基于 TCP 协议的虚拟数据通道。

5.IP 地址

提供一种统一的地址格式，它为互联网上的每一个网络和每一台主机分配一个逻辑地址，以此来屏蔽物理地址的差异。

6. 云服务器

指基于网络服务平台，提供等同于实体服务器效果的虚拟网络服务。

第二节　定位导航技术

一、技术内容

定位导航技术主要是指应用农机自动导航驾驶系统实现自动定位导航的技术。农业机械自动导航是精准农业技术体系中的一项核心关键技术，广泛应用于耕作、播种、施肥、喷药、收获等农业生产过程。农机自动导航驾驶系统利用北斗、GPS、GLONASS 卫星导航定位系统加上 RTK 模式获取高精度定位坐标数据，并采用高灵敏度角度传感器采样，再由控制器加入定位信息进行处理，并对农机的液压系统进行控制，从而控制车轮的偏移角度，使农机按照设定的路线（直线或曲线）自动行驶。

应用农机自动驾驶系统既可以最大限度地提高作业幅宽的重叠与遗漏，又可以减少转弯重叠，避免浪费，节省资源。同时，应用自动导航驾驶技术可以提高农机的操作性能，延长作业时间，并能实现夜间作业，大大提高机车的出勤率与时间利用率，减轻驾驶员的劳动强度。在作业过程中，驾驶员可以用更多的时间注意观察农具的工作状况，有利于提高田间作业质量，为日后的田间管理和采收机械化奠定了基础。系统总体作业示意如图 8-8 所示。

图 8-8　农机自动驾驶系统总体作业示意

二、技术装备

1. 系统结构

图 8-9　移动式基准站

整套系统由差分基准站、车载系统等构成。其中差分基准站有固定式基站和便携式基站两种，根据拖拉机在固定区域还是经常会远距离跨区作业的使用场景进行配置。车载系统安装在拖拉机上，通过接收基准站传来的差分信息，达到高精度导航目的。移动式基准站如图 8-9 所示，固定式基准站如图 8-10 所示。

自动驾驶车载系统是集卫星接收、定位、控制于一体的综合性系统，主要由卫星天线、北斗高精度定位终端、行车控制器、液压阀、角度传感器等部分组成，如图 8-11 所示。

图 8-10　固定式基准站

图 8-11　自动驾驶车载系统

（1）农机自动导航显示器

定位终端是集北斗高性能卫星导航接收机、显示为一体，三星七频功能，其具有定位精度高、易于安装等一系列优点，如图 8-12 所示。

具有三种数据传输模式、高精度定位技术。支持所有 GNSS 信号接收、20Hz 的数据更新率提供车载级 RS-232/422/485，USB2.0，以太网和 SIM 卡接口。

（2）农机自动导航接收机

GNSS 天线采用高增益多频天线，频率范围包含 GPS、GLONASS、北斗，具有抗震、耐高低温功能，如图 8-13 所示。

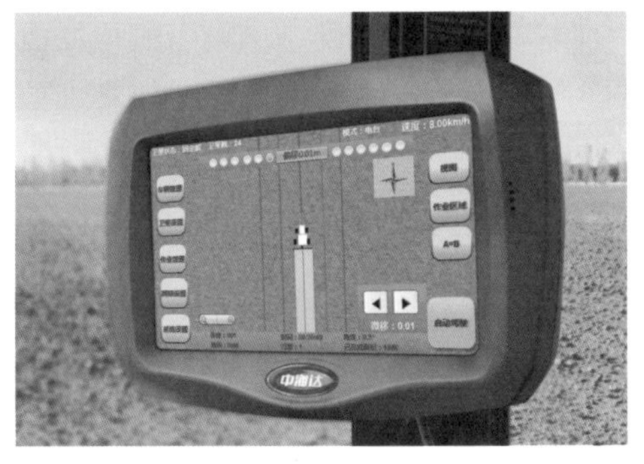

图 8-12　农机自动导航显示器

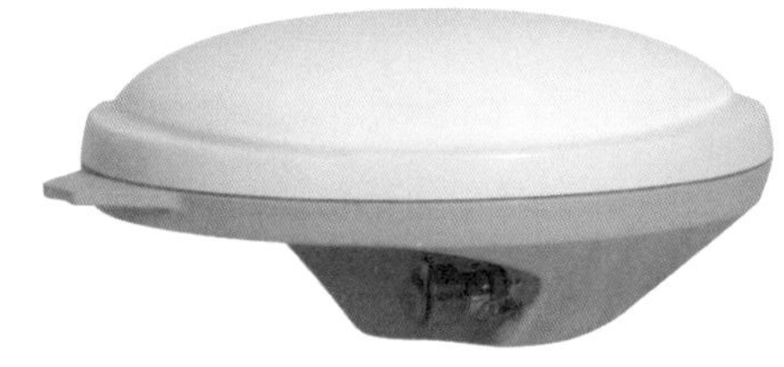

8-13　农机自动导航接收机

（3）ECU 控制器

ECU 控制器（图 8-14）主要用于车辆控制，在准确性和功能上有很好的灵活性。

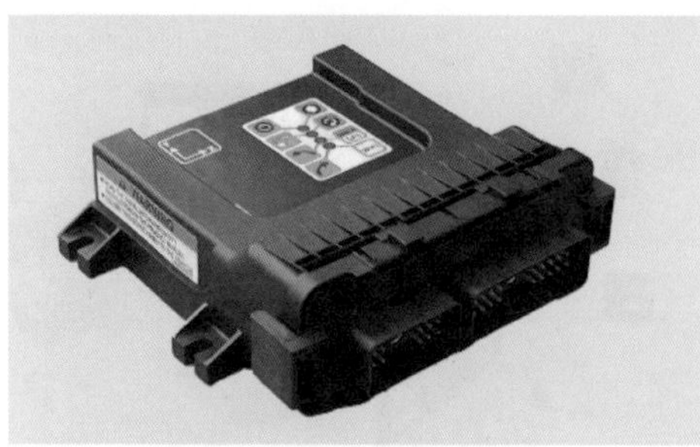

图 8-14　ECU 控制器

自动控制系统采用 ECU 控制器，由液压控制器套件或方向盘控制器套件组成，ECU 系统被设计成符合许多机型可用。ECU 可以安装在包括东方红、雷沃、约翰迪尔、凯斯、纽荷兰等多种品牌农机上。安装简单、可靠。

（4）液压阀

液压阀（图 8-15）作为系统的执行机构，其主要以液压油为工作介质，进行能量的转换、传递和控制。

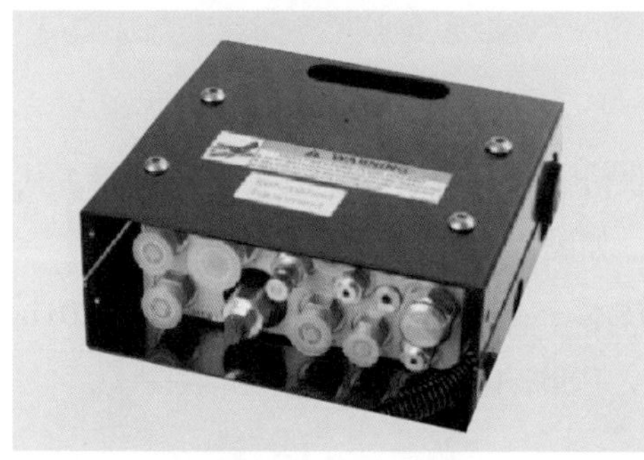

图 8-15　液压阀

采用合金材质，动作灵活，作用可靠，工作时冲击和振动小，噪声小，使用寿命长。流体通过液压阀时，压力损失小；阀口关闭时，密封性能好，内泄漏小，无外泄漏。所控制的参量（压力或流量）稳定，受外部干扰时变化量小。结构紧凑，安装、调试、使用、维护方便，通用性好。

（5）角度传感器

角度传感器（图 8-16）用于检测车辆前轮左右转向角度，采集当前角度值反馈给 ECU 控制器，提高车辆直线行驶精度。

图 8-16　角度传感器

系统中角度传感器安装方式采用螺丝固定，通过连杆装置将车辆前轮转过的角度传输到角度传感器中转换为电信号反馈给 ECU 控制器。连杆装置采用铝合金材料最大限度地保证车辆前轴与角度传感器的刚性连接，从而使检测的角度数据与实际角度数据相符。

2. 工作原理

其中车载系统安装在车内，将 GNSS 天线固定在车顶，通常将电台或者 3G/GPRS 固定在车外，接收来自参考站的差分信号，达到 RTK 解状态，并将定位信息传送给 ECU，ECU 通过 RS232 接收来自流动站的定位信息，结合角度传感器、陀螺仪感知行驶过程中的摆动与方向，经过数据处理，将控制信号传输给液压，并通过 WIFI 或者有线网络在平板电脑上显示相关图形化信息，液压控制器接收到控制信号，控制阀门开关，达到控制方向的目的。作业拖拉机根据位置传感器（GNSS 卫星导航系统等）设计好的行走路线，通过控制拖拉机的转向机构（转向阀或者方向盘）进行农业耕作，可用于翻地、耙地、旋耕、起垄、播种、喷药、收割等作业，达到作业精准的目的。工作原理如图 8-17 所示。

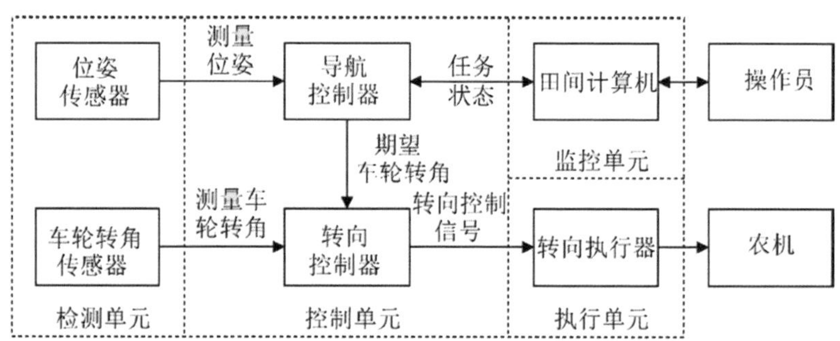

图 8-17　自动驾驶系统工作原理

三、操作规范

1. 基准站安装

（1）拖拉机如果作业地点常驻在周围 20~30km 范围以内的地块，建议安装固定式基站。以后使用自动驾驶更方便、省事。安装固定式基站时尽量将卫星天线（蘑菇天线）和电台天线安装在高点，天线四周没有高建筑物或者山峰阻挡，同时一定要用户部署避雷针等避雷设施。

拖拉机如果作业地块不固定，经常要跨区作业，而且跨区作业距离相差很远，则可以考虑选择便携式基站（跨区作业直径范围超过 30km）。

（2）电台天线尽可能架设在屋顶、铁塔、抱杆的最高处，周围无遮挡建筑物或者山峰，电台天线架设高度和覆盖距离有直接关系，越高覆盖越远；覆盖距离直接关系到作业范围的大小。

（3）基准站架设附近避免大面积水域或强烈干扰卫星信号接收的物体，以减弱多路径效应对 GNSS 信号的影响。

（4）基准站架设应该远离大功率无线电发射源（如电视台、微波站等），远离高压输电线，以避免电磁场对 GNSS 信号的干扰。

（5）基准站架设好后，保证基准站不会因为外力发生偏移，保证工作中的准确性。

（6）设置基准站发射电台时，可提前检验发射频率是否可用，功率设置是否满足实际工作需求，避免信号传输中串频等的影响。

（7）基准站卫星天线更换安装位置后一定需要重新配置基站位置参数。

（8）设备主机和电台安装固定在室内机房，电源要稳定；通过长距离馈线和室外天线连接。

2. 新建作业

（1）点击“新建作业”按钮，进入地块配置界面，根据实际作业情况设置地块名称、创建人、农具宽度、左右偏移值、农具作业点到悬挂点的距离等作业信息。

图 8-18　农具宽度示意图

（2）设置农具宽度：农具宽度是指农具的实际覆盖面宽度。在测算时通常农具宽度 = 作业行宽 × 作业行数，起垄作业时作业行数 = 作业垄数 +1，而播种作业时农具宽度 = 作业行宽 × 播种器数。示意如图 8-18 所示。

（3）设置重叠 / 遗漏：垄与垄之间的重叠量或遗漏量。

（4）设置左 / 右偏移：用于从中心线向左 / 右偏移的农具。这个值是从农机中心点到农具中心点的测量值，一般农具放在地上测量比较准确。

（5）以上参数配置以后，因为农具宽度和左右偏移存在测量误差，导致交接行不够精确，需要通过以下步骤进行修正：

① 下地自动驾驶跑 3 趟，将相邻两趟的交接行距离测量下。

② 点击“农具参数监测”按钮，然后将测量的距离配置进去，获取新的农具宽度和左右偏移。

③ 将新的农具宽度和左右偏移重新配置下去。此过程可重复几次，直到交接行距离达到更为精确的程度。

3. 农机设置

（1）新作业设置 AB 线。驾驶员把车开到新的作业地块所要的位置上并确保车身及农具是正的，建立新的作业，设置作业宽幅（农具有效宽度 + 交接行理论值），驾驶员驾驶车辆将车辆停于田地一端设置“A 点”，将车辆行驶至田地另一端设置“B 点”，车辆掉头后，即可开始自动驾驶作业。

（2）微移。为满足作业要求，用户自己可以按照车辆所需位置移动 AB 参考线，以达到作业需求，建议用户在正常作业当中不要随意应用该功能，否则，会造成交接行尺寸的改变，该功能建议只在卫星信号发生漂移现象后使用，正常作业中不建议司机使用，司机播种收地边角时也可使用。

4. 常见故障（表 8-1）

表 8-1　常见故障表

编　号	故障现象	原因分析	解决方法
1	终端不启动	保险丝烧坏	更换保险丝
2	GPS “NO FIXED”	接收卫星颗数不足 7 颗	改变基站或车辆位置，改变周围环境，避免遮挡
3	GPS “NO gps”	基准站配置不正常	检查配置，重新配置
4	液压阀卡顿	液压油不足	添加液压油
5	自动驾驶不入线	农机参数不正常	重新测量农机参数
6	自动驾驶停止	线缆连接异常	检查线缆连接
7	自动驾驶过程中提示，驾驶员手动停止	手动干预值设置过小	增大手动干预值

四、质量标准

（一）标准

依据 T/CAAMM 14—2018《农业机械卫星导航自动驾驶系统后装通用技术条件》及 T/CAAMM 13—2018《农业机械卫星导航自动驾驶系统前装通用技术条件》。

1. 一般要求

（1）导航驾驶系统应以 BDS（北斗）定位系统为核心，同时兼容至少两种卫星定位系统，例如 BDS（北斗）和 GPS 或 BDS（北斗）和 GLONASS。

（2）导航驾驶系统用差分基准站、数传电台和移动通信网络，应遵循 RTCM SC-104 差分通信协议，能支持北斗厘米级定位。

（3）导航驾驶系统姿态航向测量传感器应具有横滚、俯仰和航向三个方向角度信号输出，横滚、俯仰两个方向的动态精度应满足导航驾驶系统定位精度要求。

（4）整机液压系统不允许有影响转向的渗漏油现象，当导向轮向左（或右）打到极限位置时，不应破坏角度传感器的保护装置。

2. 设计性能指标（表 8-2）

表 8-2　设计性能指标

技术参数	性能指标
锁定卫星数量	≥ 5 颗（空旷环境下）
定位精度	规定的距离内：水平方向 $10mm \pm D \times 10^{-6}mm$，垂直方向 $15mm \pm D \times 10^{-6}mm$
工作环境温度	-30℃ ~+70℃

注：D——测量距离，单位为 km

3. 作业性能要求（表 8-3）

表 8-3　作业性能指标

技术参数	性能指标
轨迹跟踪最大误差	≤ 4.0 cm
轨迹跟踪平均误差	≤ 2.5 cm
上线距离	≤ 5.0 m
抗扰续航时间	≥ 10 s
停机起步误差	≤ 5.0 cm
作业轨迹间距平均误差	≤ 2.5 cm

4. 导航线跟踪精度指标（表 8-4）

表 8-4　跟踪精度指标

类　型	横向偏差 /cm
AB 线	± 2.5
A + 线	± 2.5
圆曲线	± 2.5
自适应曲线	± 5

5. 交接行精度（表 8-5）

表 8-5 交接行精度

类 型	横向偏差 /cm
AB 线	± 2.5
A + 线	± 2.5
圆曲线	± 2.5
自适应曲线	± 5.5

6. 组合导航单元技术指标（表 8-6）

表 8-6 导航单元技术指标

序 号	功 能	指 标
1	卫星星座	应支持 BDS、GPS、GLONASS 全星座
2	定位精度与可靠性（RMS）	RTK：±（$10+1\times10^{-6}\times D$）mm（平面） ±（$20+1\times10^{-6}\times D$）mm（高程） 固定速度＜ 10s 定位可靠性：＞ 99.9%
3	姿态测量	应具有横滚、俯仰和航向三个方向的测量

（二）名词解释

1. 全球导航卫星系统

指卫星导航系统的统称，包括全球的和增强的，如 GPS、BDS（北斗）、GLONASS 和 Galileo 等。

2. 载波相位差分技术

实时处理两个测量站载波相位观测量的差分方法。

3. 车载接收机

导航驾驶系统中，用于实现车辆定位的导航接收机。

4. 导航线

农业机械作业过程中，需要行驶的路径为导航线。

5. 上线距离

在导航驾驶系统上线过程中，从启动自动控制模式的位置到进入稳定工作状态起始点的直线距离。

6. 稳态轨迹跟踪

上线后，由导航驾驶系统引导农业机械沿作业行继续前进至作业行终点的过程称为该系统的稳态轨迹跟踪。

7. 横向偏移误差

农业机械作业过程中，作业机具中心点偏离当前导航线的垂直距离。正负定义为：沿当前作业轨迹前进方向，作业机具中心点偏右时为正，偏左时为负。

8. 轨迹跟踪最大误差

在稳态轨迹跟踪阶段，作业机具中心点相对于当前导航线的横向偏移误差绝对值的最大值。

9. 轨迹跟踪平均误差

在稳态轨迹跟踪阶段，作业机具中心点相对于当前导航线的平均横向偏移误差的绝对值。

10. 停机起步误差

农业机械在稳定工作状态中，人工干预停车并将导航驾驶系统设置为手动模式，等待一段时间后再次启动自动导航控制达到指定作业速度和距离时，这个过程产生的导航误差称为停机起步误差。

11. 作业轨迹间距平均误差

在稳态轨迹跟踪阶段，实际测量作业轨迹间距与预设作业轨迹间距之间平均误差的绝对值。

12. 生产查定

在生产试验过程中，按规定的程序、方法和内容，对样机连续进行不少于 3 个单位班次时间的跟踪，以获取相关数据。

注：通常，单位班次时间按 8 h 计。

13. 作业时间

在单位班次时间内，纯工作时间、地头转弯空行时间和工艺服务时间（停机加种、加肥、装苗和装卸物料等时间）之和。

14. 抗扰续航时间

卫星定位装置受到干扰后（卫星数量不足或者无法接收到 RTK 差分信号），导航驾驶系统可以保持稳定工作状态的持续时间。

15. 电动方向盘

指通过更换方向盘或在转向器处加装电机，实现拖拉机转向电控的装置。

16. 控制器局域网络

指一种 ISO 国际标准化的串行通信协议。

17. 航向偏差

当前拖拉机行驶方向与导航线期望行驶方向的偏移量。

18. 横向偏差

当前拖拉机位置与导航线垂直距离。

19. 入线距离

在导航驾驶系统上线过程中，从启动自动控制模式的位置到进入稳定工作状态起始点的直线距离。

20. 导航线

由用户规定的虚拟路线 0，由系统根据规定的虚拟路线 0 计算以后作业的虚拟路线 N，作业时拖拉机沿着这些规定的路线行驶，称这些虚拟路线为作业时的导航线。

21. AB 线

通过两个点确定的一条直线。

22. A+ 线

通过一个点和方向确定的直线。

23. 圆曲线

指规则的圆形的导航线。

24. 自适应曲线

指不规则曲线类的导航线。

五、附录：计算公式

导航误差 δ

设采样总数为 N，偏航距离用 d_i 表示，偏航距离均值为 u，则导航误差定义如下：

$$\delta = |u| + 2 \times \sqrt{\frac{1}{N-1}\sum_{i=1}^{N}(d_i - u)^2}$$

第三节　信息采集技术

一、技术内容

信息采集技术主要是指应用卫星定位、无线通信传输、传感器、计算机等综合信息技术实现对农机工况、作业位置、作业质量等信息进行采集、传输、存储、计算等的综合技术。

信息采集设备是实现信息采集的主要设备，多指农用车载终端，主要安装于拖拉机及收获机械等上，外部设备可接入卫星定位天线、无线通信天线，也可选装摄像头、角度传感器、显示器等设备。信息采集系统如图 8-19 所示。

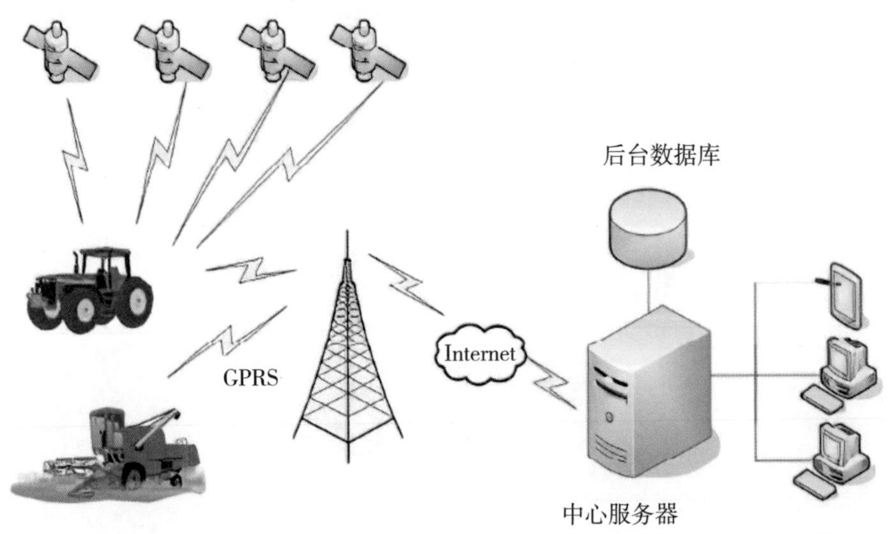

图 8-19　信息采集系统

其主要功能包括如下。

1. 网络通信

支持 GPRS 网络，经过透明 TCP/IP 协议连接服务器，用于终端上传数据和接收指令。

2. 多模定位

支持 GPS 和北斗联合定位，提高定位精度；系统自动在 GPS 失效的情况下自动切换北斗定位。

3. 作业状态切换

当作业指示灯亮，终端进入“作业开始”状态，缩短数据采集和上传的间隔，有利于作业轨迹的跟踪；当作业指示灯灭，终端进入“作业停止”状态，发送作业请求信息，服务器接收到请求后，可以对其分配新的作业任务。

4. 主电掉电报警

在主电源突然掉电时，内部锂电池继续让系统稳定工作，同时向中心发出主电掉电信息；同时进入断电模式，从而保护终端。

5. 轨迹补偿

当终端通过 GPRS 网络联系不上服务器时，采集的数据会存储到自带的 Flash 存储器中，等待与服务器连接成功后，补发采集的数据，以保证车辆行驶轨迹的完整性。

6. 通信备份

当终端联系不上主服务器时，将连接到备份服务器，以保证整个系统数据的完整。

7. 紧急关闭

在特殊情况下，北斗位置云服务系统可以通过指令关闭终端的北斗和 GPRS 通信。

二、技术装备

1. 结构组成

农用车载终端主要由定位模块、数据传输模块、供电模块及数据存储模块组成，以进行数据采集，平台进行数据计算、统计、显示。通过 GPS/BD 定位系统获取到农用车辆的位置信息，利用 GPRS 通信进行数据传输，控制器对各数据进行融合与分析，并最终将数据展示到用户端。

数据采集终端作为农机作业探测的设备安装在拖拉机以及农机具上，实现农机定位、农机作业面积实时统计、作业质量实时掌控。采用“北斗 +GPS”定位系统对农机进行精准定位，通过高性能的 MCU 进行数据处理、计算，实时在屏幕上显示作业质量、倒车影像。终端自带 WiFi 模块，不仅支持 3G/4G 无线通信及断点续传技术，同时支持 WIFI 热点传输模式。数据终端可外接多条数据连接线连接定位天线、摄像头、多元传感器，实现定位、显示、存储、计算等功能。数据采集终端示意图如图 8-20 所示。

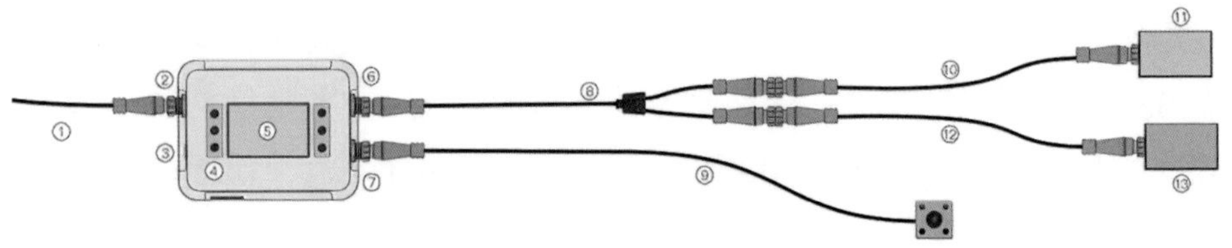

图 8-20　数据采集终端示意

农用车载终端在应用中往往外接多种设备辅助信息采集，如定位天线、显示屏、机具识别传感器、摄像头、多元传感器等，实现用户的多种信息监测需求，以达到农机高效利用、作业状态实时监测、作业质量监管的目的。

其系统结构框图如图 8-21 所示。

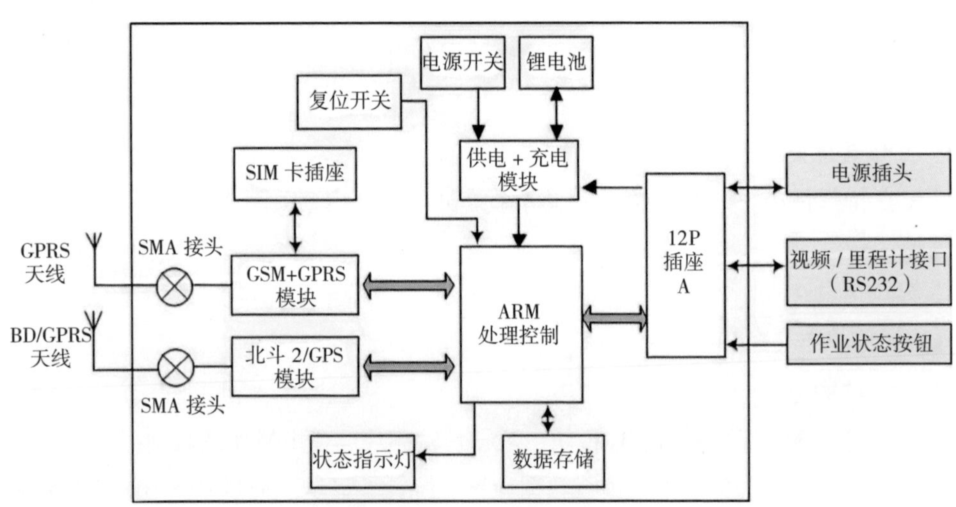

图 8-21　系统硬件框示意

2. 车载终端技术原理

车载终端是农机的车体部分安装的 GPRS 数据发送器，数据可通过 CAN 总线转 RS － 232 串行接口与农机 CAN 总线网络相连。该发送器可随农机一起同步启动。启动后，发送器会自动通过移动无线通信网络 GPRS 和 Internet 网络与监控管理中心的服务器进行连接。与此同时，系统会将当前农机作业速度、作业位置及发动机工作状态等信息实时通过 RS — 232 接口向外送出，GPRS 数据发送器则实时接收这些数据并存储，当发送器监测到这些数据出现异常时，将自动通过 GPRS 网络和 Internet 向监控管理中心的服务器发出报警。同时，用户也可以通过监控管理中心随时查询当前农机的运行情况。车载终端性能指标见表 8–7。

表 8–7　车载终端主要性能指标

序　号	性能指标	指标参数
1	数据传送速率	20~40 kb/s（GPRS）
2	接口类型	SMA 天线接口、杜邦带锁接插件
3	GPS/BD 定位精度	≤ 5 米
4	GPS/BD 数据信息的记录	定时采集，间隔可自定义
5	数据缓冲区（可选）	8Mbit
6	预留数据通信端口	RS232
7	整机功耗	≤ 3W
8	工作电压	DC5~30V
9	工作电流	正常 <200mA@12V，省电 <30mA@12V
10	工作条件	温度：–20~55℃ 相对湿度：<95% 不冷凝

3. 应用范围

（1）精准施肥。传统施肥方式因土壤肥力在地块不同区域差异较大，所以在平均施肥情况下，肥力低而其他生产性状好的区域往往施肥量不足，而某种养分含量高而丰产性状不好的区域则引起过量施肥。定位终端为控制施肥提供空间定位和导航支持，基于 GPS/BD 的变量施肥技术能根据不同地区、不同土壤类型、土壤中各种养分的盈亏情况、作物类别和产量水平，将微量元素与有机肥加以科学配方，做到有目的地科学施肥。

（2）精准灌溉。精确灌溉既能满足作物生长过程中对灌水时间、灌水量、灌水位置、灌水成分的精确要求，又能按照田间的每个操作单元的具体条件，精细准确地调整农业用水管理措施，最大限度地提高水的利用效率和利用率。在田间运用 GPS/BD 土地参数采样器采集植物生长的环境参数，如土壤湿度、地温等，通过中心控制基站利用专家系统进行植物分析，可以调控植物生长环境，精确调控节水灌溉系统。

（3）精准喷药。运用GPS/BD监测病虫草害是预测预报的新手段，通过GPS/BD系统连接高质量视频摄像系统拍摄分析图像，可以收集原始数据，监测大田作物，得出田间病虫草害分布大小位置，并可以通过逐次拍摄确认害虫的迁飞路线、种群数量和为害程度，以及病虫草害发展方向及流行趋势。

（4）精准耕作。将GPS、GIS和精细农业、旱作节水农业相结合，开发精细农业和田间实时导航监控相结合的地理信息管理系统，实现了田间车辆多目标监控；建立农业机械装备数据库和查询系统，可方便地进行100多种农业机械装备数据的查询、添加、删除、保存等操作；通过获取车辆的实时信息，调取地图中的信息，将田间动态的车辆信息与农业机械装备相结合，实现了信息的可交互性、可扩展性和通用性。

（5）农田产量监测。目前，先进的谷物联合收割机均装配了GPS接收机和产量监控器，产量监控器所获得的产量数据可以通过GIS技术绘制成产量图直观表达出来，结合土壤分布情况，可提出当前影响作物产量的相关因素，帮助种植者评估天气、土壤养分和作业管理对作物产量的影响，为翌年生产布局和科学施肥提供决策参考，实行更精细的田间养分管理。产量监控器由谷物流量传感器、地面速度传感器、谷物湿度传感器、计算机系统、数据存储设备和卫星接收机等部件组成。在收获大多数谷物时，传感器置于收割机内谷物流经的地方，测量谷物的流速和湿度，根据收割谷物时收割机实时的具体位置进行数据转换，用流速除以收割面积即可得出单位面积产量。在这个过程中，接收机是产量监控器必不可少的组件之一，在农田产量监测中发挥了关键作用。

三、安装规范

（1）安装车载终端系统主机的拖拉机应配备驾驶室，或对主机加装防护盒；同时注意选择在通风、散热条件好的地方，尽量保证隐蔽安装，不影响原车外观和驾驶员操作。

（2）根据实际需要安装外部设备，安装的位置应考虑方便、美观的原则。

（3）卫星定位天线、无线通信天线和摄像头应不被金属遮挡、不易受干扰的位置、安装牢固。

（4）显示器的安装位置应便于驾驶员观察。

（5）所用线束应符合JB/T 11971的规定。

四、技术标准

（一）标准

依据 T/CAAMM 12–2018《拖拉机北斗兼容车载终端系统通用技术条件》，终端应符合以下技术标准要求。

1. 整体性能

终端应保持 24h 持续独立稳定工作，同时终端的平均故障间隔时间（MTBF）不少于 3000h。

2. 卫星定位模块

（1）卫星接收通道：不小于 24 个。

（2）灵敏度：优于 –130dBm。

（3）水平定位精度不大于 10m，高程定位精度不大于 20m，速度定位精度不大于 0.2m/s；差分定位精度（可选）：2m。

（4）最小位置更新率为 1Hz。

（5）启动：热启动捕获时间不超过 10s，冷启动捕获时间不超过 50s。

3. 启动时间

车载终端系统从加电运行到实现实时数据采集的时间不应大于 120s。

4. 耐环境性能要求

（1）车载终端系统在温度为 70℃时，应能正常工作。

（2）车载终端系统应能承受 85℃高温储存试验。

（3）车载终端在温度 –30℃时，应能正常工作。

（4）车载终端应能承受 –40℃低温储存试验。

（5）车载终端系统应能承受温度为 40℃，相对湿度为 93%、试验周期为 48h 的恒定湿热试验。

（6）车载终端应能承受 –40~85℃的温度变化试验。

（二）名词解释

1. 拖拉机北斗兼容车载终端系统

安装在拖拉机上，采集及保存整车及系统部件的关键状态参数并发送到网络服务平台的装置或系统。

2. 网络服务平台

部署在服务器上，依托网络进行数据交换，用于实现信息收发、数据处理、用户操作服务的软件系统。

3. 定位模块

融合不同传感器的输出信息，自动确定车辆位置的功能模块。

4. 定位精度

定位模块所确定的地理位置与实际位置的偏差。

第四节　作业质量监测技术

一、技术内容

作业质量监测技术是指基于地理空间遥感技术、多元传感器融合技术、断点续传技术等，对农机的播种、植保、收获、深松整地、秸秆还田作业等作业质量、面积，以及对农机油耗、工况等进行监测的技术。

作业质量监测系统（图 8–22）是实现监测的软硬件集合体，其由安装在农机上的数据采集装置以及精准作业软件平台构成。

数据采集装置作为农机作业探测的设备，由定位天线、显示屏、机具识别传感器、摄像头、多元传感器等组成，安装在拖拉机以及农机具上，根据不同环节的作业监测需要进行配置，实现农机定位、农机作业面积实时统计、作业质量实

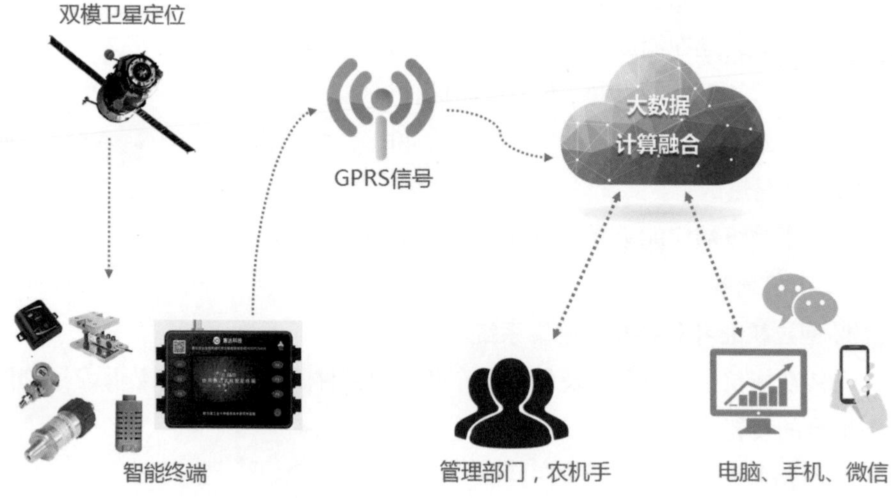

图 8–22　农机作业质量监测流程

时掌控。

其技术应用场景包括旋耕作业、深松作业、深翻作业、播种作业、插秧作业、植保作业、收获作业、秸秆打包作业，以及油耗管理。针对不同作业，有不同的监测技术。

（一）旋耕作业质量监测技术

近年来由于受耕作模式的影响，耕层厚度逐步下降，土壤板结等现象普遍发生，加之粗放性的盲目施肥导致耕地质量和生产潜力不断下降。科学合理的耕深是推广这一技术的根本保障。旋耕作业质量监测的特征在于，农机在田间作业过程中，传感器将耕深值转换为电压值，使驾驶员在田间作业过程中便可直接检测机组的耕作深度，并根据耕深变化情况随时调整。其结果保证了作业质量，提高了工作效率。针对旋耕机，主要对旋耕机的作业状态、作业耕深以及作业面积进行判断探测。

技术原理：通过拖拉机后部提升臂下拉杆安装的姿态传感器来区分作业状态及判断作业耕深质量，平台计算作业面积（图 8-23）。

图 8-23　旋耕作业质量监测

（二）深松作业质量监测技术

近年来国家对于深松作业整地进行了补贴，农机深松整地作业是通过拖拉机牵引深松机或带有深松部件的联合整地机等机具，进行全方位深层土壤耕作的机械化整地技术，对于不同省份，有不同的深松作业深度标准，并且涉及耕作轮作制度等详细环节，深松作业质量监测技术有效解决了耕深准确探测、面积精准计算、轮作报警等功能，为深松补贴发放提供了的数据支撑。

技术原理：通过安装在拖拉机后部提升臂上的倾角传感器的角度变化（图 8-24），判断是否为作业状态，并计算机架与地面距离的变化，得到深松机的深松铲入土深度，即实际的深松深度值；安装摄像头采集农机作业图片信息以确保真实作业。同时后台经过统计分析可以监测每年深松轮作情况（图 8-25）。

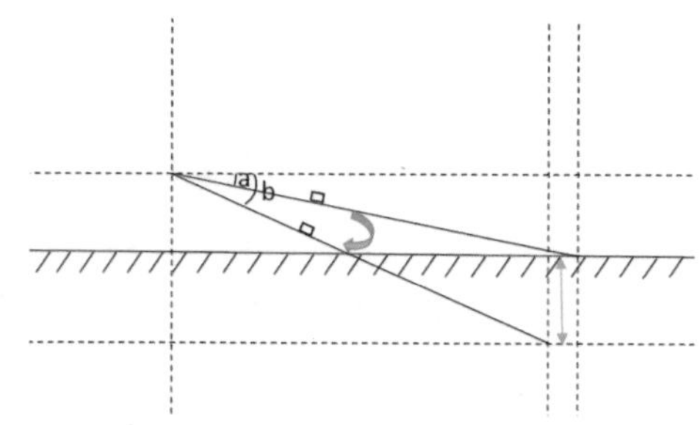

图 8-24　深松作业质量监测技术原理

图 8-25　深松作业轮作

（三）深翻作业质量监测技术

通过翻转犁可以改变土壤的理化性状，促使土地中含有的盐碱和酸性物质脱盐碱，为农作物高产、优质高效奠定了坚实的基础，翻转犁深翻作业可以将秸秆翻埋，增强土地地力，近年来国家对于深翻深耕作业也给予了补助资金，所以翻转犁作业深度、作业面积是关注点，对于部分地区需要将作业之前和作业之后的秸秆覆盖量进行对比，所以需要在农机前后安装摄像头进行照片采集。

技术原理：通过拖拉机固定的臂长、作业时候倾斜角度、大臂下降角度及双臂角度差值以及犁具的平衡角度等一系列数值来建立数学模型，判断机车作业状态和非作业状态，计算翻转犁实际耕深（图 8-26）。

8-26 深翻作业质量监测技术原理

（四）播种作业质量监测技术

在播种作业中，播深、播种量都会影响产量，另外播种管堵塞更影响播种质量。传统的农机播种质量控制方式是以人工监视为主，但是在夜间作业的条件下，人工监视就很难控制播种质量了。随着信息技术的发展，播种质量监测技术解决了这一难题。通过在播种作业中监测播种 / 施肥量、导种管是否堵塞，避免发生大面积断条的情况，提高生产效率，同时需要记录作业轨迹，统计作业面积。

技术原理：利用红外传感器，声光报警器、摄像头等，根据导种管的种是否通过来判断是否进行了播种作业以及导种管是否堵塞，当导种管出现堵塞时，则进行报警提示。该技术适用于穴播、条播等播种机型（图 8-27，图 8-28）。

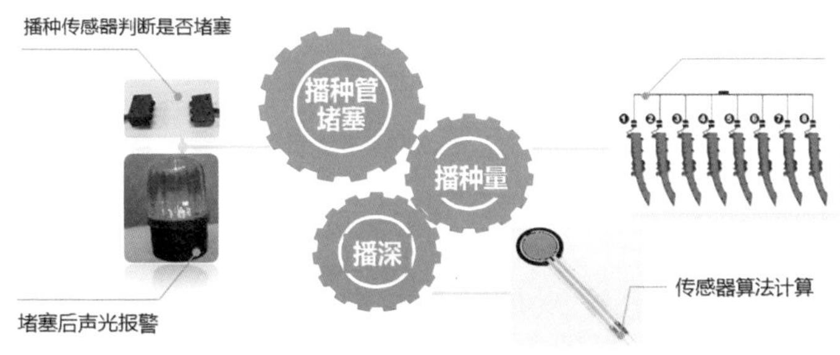

图 8-27 播种监测技术构成

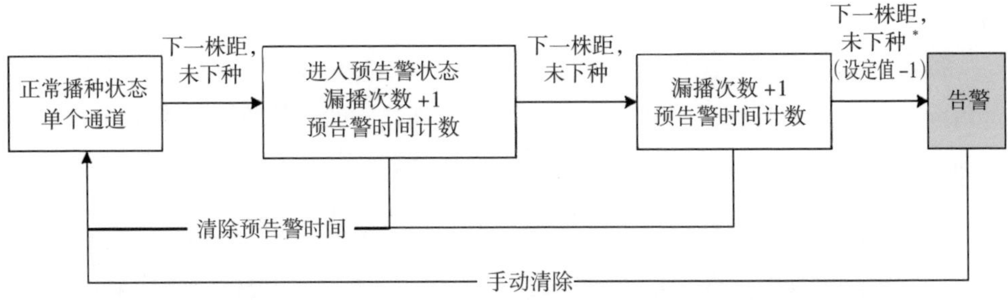

图 8–28　告警判断原理

（五）插秧作业质量监测技术

插秧作业作为生产环节的重要组成部分，已经从传统的手插秧逐渐转变成机械化插秧，不仅节约种植成本，而且减轻了劳动强度，提高了生产效率。对于插秧机的作业，通过安装定位终端及摄像头监测插秧机的作业面积和作业图像，辅助插秧环节作业监管。

1. 步行式插秧机

步行式插秧机（图 8–29）一般由其他动力车辆来运输至作业地点，作业开始时启动插秧机，作业结束后关闭插秧机运走，针对此种类型的插秧机，启动状态默认为作业状态。终端主机的启动跟随着插秧机启动而启动，自动过滤 1m 内采集的无速度的定位点，通过 GIS 聚合算法直接算出作业面积；通过摄像头定时拍照，可抽查作业情况。

图 8–29　步行式插秧机

2. 乘坐式插秧机

针对乘坐式插秧机（图 8–30），由于非作业状态时插秧机在路上行驶，需区分行驶状态与作业状态，传动轴在非插秧作业时是保持静止状态，在插秧作业时候是转动状态，在作业监测时，采用姿态传感器来实现作业状态的判断，判断插秧机是否正在作业，并统计作业面积。

图 8-30　乘坐式插秧机

（六）植保作业质量监测技术

植保作业作为生产环节的重要组成部分，近年来采取植保机进行植保作业大大提高了植保作业效率，植保机作业关注于喷药量、植保作业面积、植保压力及喷洒均匀度，通过对植保作业进行监测，有效提高植保均匀性，避免重喷和漏喷。

技术原理：通过流量传感器及压力传感器来判断植保机是否作业，其中流量传感器安装在出水管或回流管上，用于计算经过流量、植保作业覆盖量及喷药均匀度。压力传感器安装于出水管上，监测出水口压力，当压力过大时会进行报警。适用于牵引式、悬挂式、自走式等植保机械（图 8-31，图 8-32）。

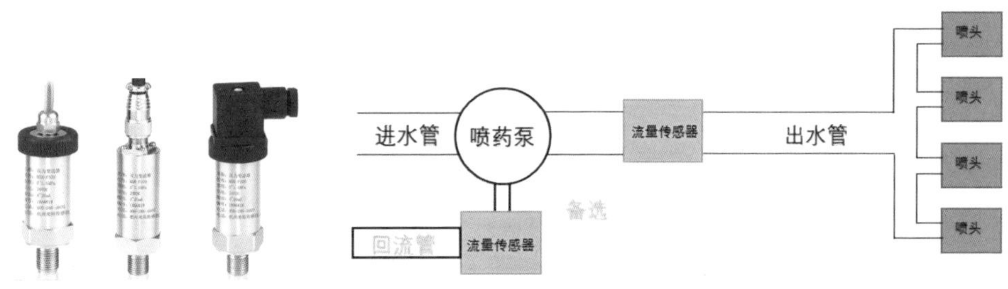

图 8-31　压力传感器　　图 8-32　植保传感器安装示意

（七）收获作业质量监测技术

农机收获产量与收获后留茬高度密切相关，并且随着秸秆综合利用的推广，对于农机作业后留茬高度的监测显得尤为重要。在收获环节，更注重于监测留茬高度指标。

图 8-33　收获作业技术原理示意

技术原理：通过倾角传感器的倾角变化计算底部切割口与地面距离，进行精准测量收获留茬高度，加装摄像头对收获前后进行图片分析比对，以判断地块是否作业，适用于小麦收获机、玉米收获机、青贮收获机等（图 8-33）。

（八）秸秆打包作业监测技术

采用打捆机作业，可以有效防止焚烧秸秆，打捆的秸秆可以卖给发电厂或切碎喂食动物进行二次利用，有利于复播作业，还可广泛用于造纸、饲料、发电等行业。政府对秸秆综合利用有相应的补贴政策，通过在打捆机上加装打捆监测装置，可为政府补贴提供依据。

图 8-34　计数传感器示意

技术原理：通过在打捆机上安装计数传感器来统计打捆数目，通过主机采集打捆数量数据；当打捆机自带计数器时，可通过读取计数器数值来统计。加装摄像头，每当打一次捆，摄像头则进行拍照一次，记录打捆影像。（图 8-34，图 8-35）。

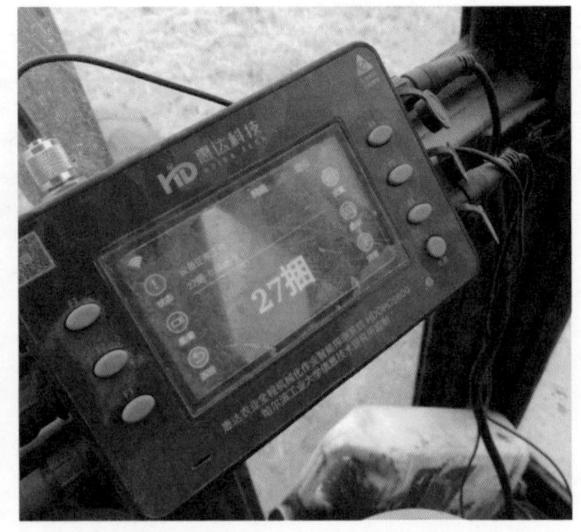

图 8-35　秸秆打包计数效果

（九）油耗管理监测技术

在农机作业中，农机的油量消耗成本占农机作业成本比重较大。通过设备监测农机在不同使用情况下的油耗用量，对农机马力、作业类型、土壤情况进行交叉对比数据分析，统计出不同作业的亩耗油和土质、湿度对油耗的影响，从而可以根据不同的土质、不同的作业类型制定不同的农机作业方案，来节省农机的油耗损耗很有必要。不仅如此，农机油耗检测还能识别农机加油、漏油。如果发生漏油情况，实时提醒管理人员进行农机维护。既保证减少生产经营的油耗成本，也保障农业作业的生产安全。

通过安装油耗监测技术，精确统计车辆在行驶或作业等不同行驶状态下的油耗，实现油耗精细化管理。基于地形、作业类型和历史作业数据，预估不同作业面积所需的油量。详细统计车辆在指定时间段内加油、漏油等状况，支持多种图表查看和导出。

技术原理：通过油耗传感器，实时采集车辆在不同地理环境下的油耗状况。结合车辆运行轨迹和不同计算模型，准确分析车辆在不同时段、不同状态下的油量变化。无须人工干预，自动采集和分析车辆油耗。适用于各类型拖拉机及动力设备（图 8–36）。

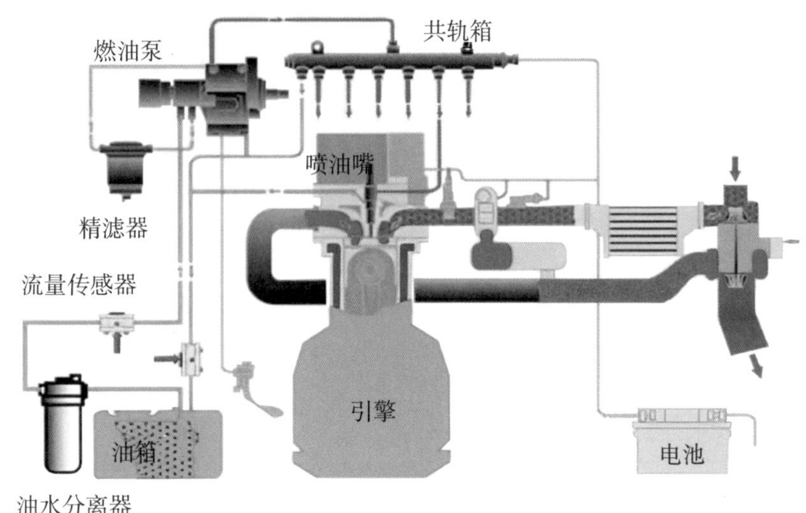

图 8–36　油耗传感器安装示意

二、技术装备

监测终端包括微控制器、卫星定位模块、无线通信传输模块、数据存储模块、电源处理模块、显示报警装置、机具识别装置、作业监测装置、图像采集装置、卫星定位天线、无线通信天线等，可包括操作键、读卡器、信息发布等设备，以及视频、音频、农机驾驶员信息采集设备等。

设备采用“一机多具”结构，即一台主机安装于拖拉机及收获机驾驶室内，主机可与多类型机具连接，只需在农机作业前进行简单的农机主机与机具数据连接线的插拔即可。装备配套方面，主要由主机、定位天线、机具识别器、姿态传感器、摄像头、多元传感器及数据线等组成（图 8–37）。

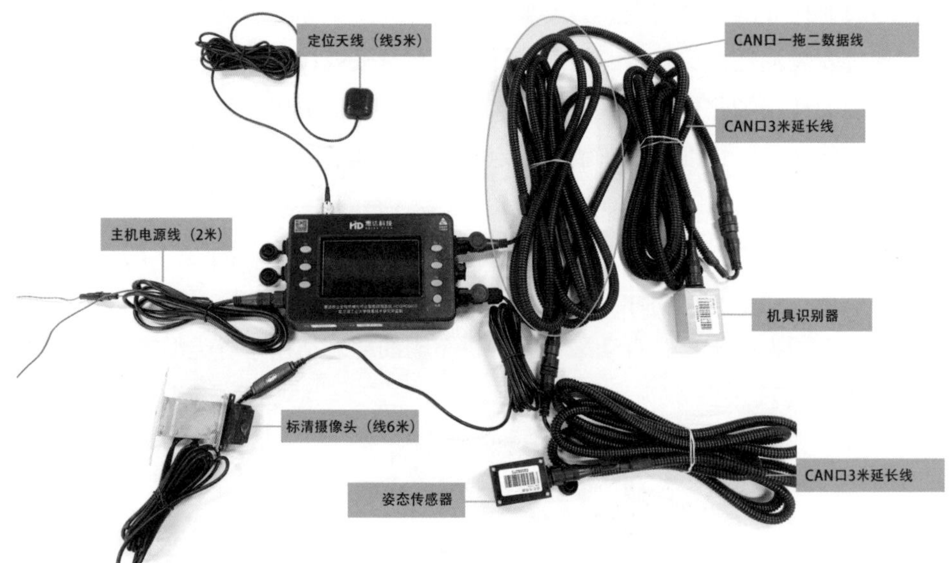

图 8–37　设备标配实物连接

主机主要有数据存储、信息采集和显示功能，机手在驾驶室内即可随时了解作业状态；机具识别器进行农机具识别；姿态传感器进行农机具作业状态识别；摄像头安装于机具上方，便于达到“农机倒车影像”的状态；不同的机具类型针对不同监测指标，挂接相应的传感器实现作业质量的监测管理。

1. 旋耕作业

终端主要组成：主机 ×1；姿态传感器 ×1；机具识别传感器 ×1；摄像头（选配）。

2. 深松作业

终端主要组成：主机 ×1；姿态传感器 ×1；坡度传感器 ×1（选配）；机具识别传感器 ×1；摄像头 ×1。

3. 深翻作业

终端主要组成：主机 ×1；姿态传感器 ×3；机具识别传感器 ×1；摄像头 ×2（选配）。

4. 播种作业

终端主要组成：主机 ×1；播种传感器 ×N（取决于多少路播种管）；播种转换器 x1；声光报警器 ×1；摄像头（选配）。

5. 插秧作业

终端主要组成：主机 ×1；姿态传感器 ×1；摄像头（选配）。

6. 植保作业

终端主要组成：主机 ×1；植保传感器 ×1；植保流量传感器 ×2；摄像头（选配）。

7. 收获作业

终端主要组成：主机 ×1；收获传感器 ×1（选配）；姿态传感器 ×1；摄像头 ×2（选配）。

8. 秸秆打包作业

终端主要组成：主机 ×1；计数传感器 ×1；机具识别传感器 ×1；摄像头 ×1。

三、安装规范

1. 主机安装

放到仪表上方或前风挡的横梁上，用燕尾钉固定支架。放到适宜机手观察的位置即可（图 8–38）。

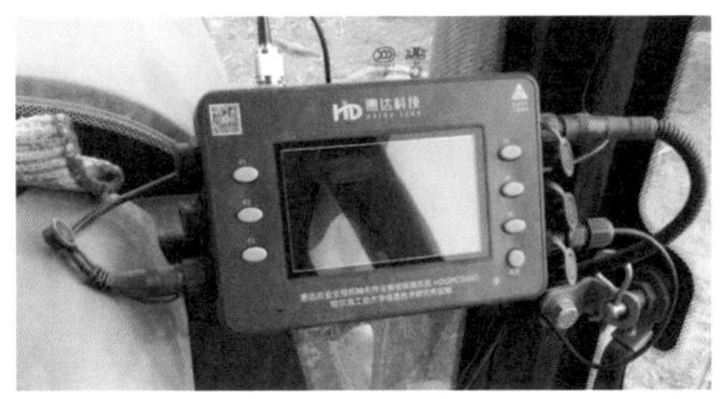

图 8–38　主机示意

2. 定位天线

定位天线一定要固定在车辆驾驶室外车顶的正中间位置，保证正面朝上，上方无遮挡（图 8–39）。（无驾驶室的固定在发动机盖的正中间位置）

图 8–39　定位天线安装示意

注意事项：为了避免车在干活时颠簸会松动，用双面胶粘贴牢固，注意走线尽量用原车预留口、原线束，避开可能伤线的缝隙。

3. 电源

方式 1：选择钥匙门上 ACC 的那根线，即钥匙拧一档有电的那根线，棕色带保险的线连接到 ACC 上，蓝色线搭铁，如图 8-40 所示。

方式 2：可将棕色线连接到机器本身的保险插头上，用铜线缠绕保险的切片时候选取其中的一片进行缠绕，不要同时连接两片，切记要保证连接牢固。（机体保险如图 8-41 所示）

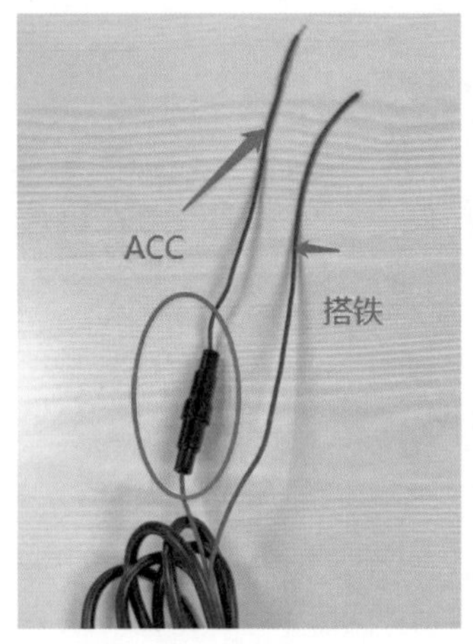

图 8-40　电源线示意

图 8-41　机体保险示意

注意事项：

ACC 线：钥匙门打一挡或二档，但不启动那根有电的线 .

接线：切记在扒线时不要把线弄断，接好线后用绝缘胶布缠好再用扎带将其捆住。

4. 姿态传感器安装

此种安装方式适用于拖拉机通过下拉杆来调整作业的机具作业，姿态传感器固定在拖拉机的下拉杆上，从姿态传感器出来的线的方向要指向车头，方向不能反。注意在下拉杆升降过程中是否会顶到油缸，如不会产生此类问题，则位置确定（图 8-42）。

注意事项：

（1）姿态传感器安装好之后必须保证是平的。

（2）传感器线头连接的方向，必须朝向车头的方向。

（3）传感器连接线，在走线时一定要避开联动件，防止把线拉断。

图 8-42　姿态传感器安装示意

（4）提前预留好足够的线长，保证农机作业放下大臂时，传感器不被拉断。

图 8-43　机具识别器安装示意

5. 机具识别器安装

机具识别器一般安装在机具上的横梁，位置要尽可能高的地方，减少作业过程中外界杂物对设备的磨损，安装时提前预留好足够用的线长，保证农具在作业时线够长（图 8-43）。

6. 摄像头安装

首先保证采集到的机具的画面的完整性，视角能看到整个农具，其次要注意摄像头的方向。由于标清摄像头带有支架，所以安装方式可有多重变化，支架正向安装如图 8-44。

图 8-44　摄像头支架正向安装示意

注意事项：

（1）要保证摄像头的视角能看到整个农具。

（2）固定位置，有驾驶室的车型不要影响车窗的打开和关闭。

（3）不要安装到机具升起时可能磕碰到的地方。

（4）如拖拉机油箱在后风挡玻璃下面，切记不要安装到油箱上。

7. 线束的固定

设备连接线在走线时一定要避开热件、联动件、传动件，安装示意如图8-45所示。

图 8-45 线束安装示意

四、质量标准

（一）作业指标

（1）旋耕作业质量监测技术精度：作业耕深监测误差在 ±2cm 以内。

（2）深松作业质量监测技术精度：耕深监测误差值在 ±1cm 以内。

（3）深翻作业质量监测技术精度：犁地深度平均误差在 ±2cm 以内。

（4）播种作业质量监测技术精度：种箱缺种监测准确率为 100%。

（5）植保作业质量监测技术精度：植保流量监测误差在 5% 以内。

（6）收获作业质量监测技术精度：秸秆留茬高度平均误差在 ±1cm 以内。

（7）秸秆打包作业监测技术精度：打捆计数准确率 100%。

（8）油耗管理监测技术精度：油耗统计准确率大于 90%。

（二）标准

目前，针对各环节作业质量监测系统的标准性文件尚不完全，其中深松环节质量监测技术应用较为广泛，出台了团体技术标准，其内容大致如下。

依据 T/CAMA 1—2017《农机深松作业远程监测系统技术要求》。

1. 系统架构

（1）系统由终端、平台、计算机通信网络等组成。通过系统各组成部分之间的互联互通，实现深松作业管理和数据交换共享。

（2）终端是安装在深松机组上，具有卫星定位、无线通信、作业深度监测、机具识别、图像采集、显示报警等功能的装置。

（3）平台通过接收终端上传的详细作业信息、存储和管理农机作业数据、精准计量农机深松作业面积、对深松作业进行质量分析、统计汇总作业数据、支持重叠作业和跨区域作业检测与分析、提供数据导出和报表打印等功能。用户可通过电脑、手机查看平台数据。

2. 作业深度性能指标

静态条件下，作业深度测量误差应不超过 2cm。

田间作业环境下，作业深度测量误差应不超过 3cm；作业深度数据采样时间间隔应不大于 2s，或采样距离间隔不超过 5m。

3. 定位性能指标

（1）定位数据采样间隔不大于 2s。

（2）卫星接收通道不小于 12 个。

（3）接收灵敏度优于 -130dBm。

（4）作业条件下，水平定位精度不大于 3m。

（5）测速精度不低于 0.2m/s。

（6）数据输出更新频率不低于 1Hz。

4. 电源电压适应参数（表 8-8）

表 8-8　电气性能试验参数　　单位：伏特

标称电源电压	电源电压波动范围	极性反接试验电压	过电压
12	9~16	14 ± 0.1	24
24	18~32	28 ± 0.2	36

（三）名词解释

1. 工作状态

深松机组在作业过程中机具落下，有作业深度并且作业速度大于 0.2m/s 的状态。

2. 作业幅宽

深松作业机具最外侧铲间距离与行距之和。

3. 作业里程

深松机组在工作状态下行驶的里程。

4. 作业面积

深松机组作业里程与作业幅宽的乘积。

5. 作业地块面积

深松机组在工作状态下，行驶轨迹覆盖空间区域的面积。

6. 重叠作业

单个深松机组连续作业过程中邻接行距小于 0.8 倍行距的作业；在轮作周期内，单个深松机组在同一空间区域内的多次作业；在轮作周期内，多个深松机组在同一空间区域内的作业。

7. 重叠面积

深松机组作业过程中重叠作业的面积。

8. 作业深度

深松沟底距该点深松作业前地表面的垂直距离。

9. 达标深度

大于等于深松作业深度标准值的深度。

10. 达标面积

作业深度大于等于达标深度的作业面积。

11. 达标比

达标面积占作业面积的百分比。

12. 平均深度

深松机组工作状态下，单个作业日采样点深度的平均值。

13. 跨区域作业

深松机组在所属县级行政区域外进行的深松作业。

14. 机组号码

农机化主管管理部门核发的拖拉机号牌号码。

15. 在线机组

当前连接到平台，且正常定位的深松机组。

参考文献

安东森，赵溢墨 . 2018. 浅谈我国应用较广的几种节水灌溉技术［J］. 农家参谋（11）: 16.

安鹤峰 . 2018. 农机作业远程监测系统的开发与设计［J］. 农业科技与装备（01）: 47–49.

白由路 . 2018. 高效施肥技术研究的现状与展望［J］. 中国农业科学，51（11）: 2 116–2 125.

柏大团，孙佃亮，邱凤翔 . 2016. 自动控制在节水灌溉中的应用与研究［J］. 江苏理工学院学报，22（04）: 47–52.

查湘义 . 2018. 农用水泵使用中的若干问题研究［J］. 乡村科技（04）: 115–116.

车宇，伟利国，刘婞韬，等 . 2017. 免耕播种机播种质量红外监测系统设计与试验［J］. 农业工程学报，33（S1）: 11–16.

陈勇，胥付生，王维彪 . 2015. 玉米规模生产与病虫草害防治技术［M］. 北京：中国农业科学技术出版社 .

陈远鹏，龙慧，刘志杰. 2015. 我国施肥技术与施肥机械的研究现状及对策［J］. 农机化研究，37（4）: 255–260.

程小纯 . 2017. 自动控制系统在节水灌溉中的应用［J］. 电子技术与软件工程（12）: 149.

崔满强 . 2018. 浅谈加压泵站水泵机组选型设计［J］. 河北水利电力学院学报（01）: 60–62.

董秀香 . 2017. 论玉米地膜覆盖播种技术要点［J］. 农民致富之友（06）: 181.

董学虎，卢敬铭，李明，等 .2013. 3ZSP–2 型中型多功能甘蔗施肥培土机的结构设计［J］. 广东农业科学（15）: 180–182.

段友青，高广智 . 2015. 精准农业农机装备智能化配置［J］. 现代化农业（03）: 60–61.

房曙，石诚 . 2012. 关于灌溉泵站设计参数与水泵选型的问题探讨［J］. 中国水运（下半月），12（02）：159–160.

付国琪，杨貌亮 .2009. 花生覆膜播种机械化技术要点［J］. 山东农机化（04）：27.

郭康权 . 2015. 农产品加工机械学［M］. 北京：学苑出版社 .

韩建虎 . 2011. 我国节水灌溉技术的几种典型模式研究［J］. 北京农业（33）：198–199.

何雄奎 . 高效施药技术与机具［M］. 北京：中国农业大学出版社，2012.

胡巨辉，裴景龙 . 2011. 中耕机的改装［J］. 现代化农业（4）：36.

黄家怿，唐观荣，冯大春，等 . 2017. 农机深松整地作业监测系统的设计与实现［J］. 现代农业装备（03）：59–64.

贾剑，张志平 . 2017. 地膜覆盖花生高产栽培技术［J］. 农业技术与装备（05）：58–59.

孔德磊 . 2017. 自动控制技术在节水灌溉中的应用［J］. 科技风（18）：227.

来永见，王岩，冯艳辉 . 2014. 介绍一种高效的农家肥施用机械——厩肥抛撒机［J］. 现代化农业（4）：50–50.

李琪，许建中，李端明，等 . 2015. 中国灌溉排水泵站的发展与展望［J］. 中国农村水利水电（12）：6–10.

李强，李永奎 . 2009. 我国农业机械 GPS 导航技术的发展［J］. 农机化研究，31（08）：242–244.

李跃云 . 2015. 全覆膜精量播种机在北方地区使用的优势及注意事项［J］. 农业机械（09）：125–127.

罗锡文，廖娟，邹湘军，等 . 2016. 信息技术提升农业机械化水平［J］. 农业工程学报 32（20）：1–14.

吕小莲，王海鸥，刘敏基，等 . 2012. 国内花生铺膜播种机具的发展现状分析［J］. 安徽农业科学（03）：1747–1749.

孟志军，付卫强，陈竞平，等 . 2012. 精准农业智能装备技术及应用系统［J］. 新疆农机化（05）：32–35，37.

牛寅 . 2016. 设施农业精准水肥管理系统及其智能装备技术的研究［D］. 上海：上海大学 .

全国农业技术推广服务中心 . 2015. 植保机械与施药技术应用指南［M］. 北京：中国农业大学出版社 .

任珺，曹发海 . 2016. 大数据在农机作业质量管理中的应用［J］. 农机科技推广

（10）: 48–50.

沈再春 . 2006. 农产品加工机械与设备［M］. 北京：中国农业出版社 .

石文凯 . 2013. 玉米地膜覆盖播种技术［J］. 农村实用科技信息（04）: 13.

宋丽 . 2018. 上海庄行镇示范片农田灌溉设计及工程布置［J］. 中国水运（下半月），18（05）: 172–173.

田家治 . 2015. 农业灌溉用水泵的选择与应用［J］. 农业科技与装备（02）: 57–58.

王诚龙 . 2017. 北斗农机作业全信息质量在线监测终端［A］. 卫星导航定位与北斗系统应用 2017——深化北斗应用 开创中国导航新局面［C］. 中国卫星导航定位协会: 5.

王庆杰，何进 . 2013. 垄作保护性耕作 . 北京：中国农业科学技术出版社 .

王少农，庄卫东，王熙 . 2015. 农业机械远程监控管理信息系统研究［J］. 农机化研究 . 37（06）: 264–268.

王新华，杨学坤，蒋晓 . 2014. 节水灌溉自动控制技术的研究现状与发展趋势［J］. 农业开发与装备（12）: 80–81.

吴小伟，史志中，王工 . 2015. 农机自动驾驶导航系统研究概况［J］. 江苏农机化（03）: 31–33.

武宏文 . 2017. 农田水利灌溉工作中水泵动力系统的配套作用分析［J］. 科技资讯，15（06）: 123–124.

武洪峰 . 2015. 物联网技术在农机作业监控中的应用［J］. 现代化农业（01）: 64–66.

郗晓焕，王金武，郎春玲，等. 2011. 液态施肥机椭圆齿轮扎穴机构优化设计与仿真［J］. 农业机械学报，42（2）: 80–83.

谢留婉 . 2017. 农机作业数据采集系统设计与研究［J］. 电子世界（11）: 123，125.

邢方亮 . 2014. 节水灌溉太阳能无线智能控制系统的应用研究［D］. 广州：华南理工大学 .

杨立国，官少俊，2015. 农机综合配套与安全使用技术，中国农业科学技术出版社 . 12.

杨晓军，刘飞，吴玉秀，等 . 2014. 新疆农田节水灌溉系统首部过滤设备选型探讨［J］. 中国农村水利水电（05）: 76–80.

杨月超，米立红 . 2014. 新型农机使用与维修实用技术［M］. 中国农业科学技术出版社 . 06.

余暕浩 . 2018. 自动控制技术在园林节水灌溉中的应用［J］. 山东工业技术（08）: 230.

袁寿其，李红，王新坤 . 2015. 中国节水灌溉装备发展现状、问题、趋势与建议［J］. 排灌机械工程学报，33（01）: 78–92.

袁文胜，金梅，吴崇友，等. 2011. 国内种肥施肥机械化发展现状及思考［J］. 农机化研究，33（12）: 1–5.

苑严伟，张小超，吴才聪，等. 2011. 玉米免耕播种施肥机精准作业监控系统［J］. 农业工程学报，27（8）: 222 – 226.

旃雪莲 . 2018. 浅议微耕机在农业生产中的正确使用［J］. 农业与技术（2）: 76–76.

张超 . 2014. 卫星导航自动驾驶技术试验与研究［J］. 农机科技推广（06）: 36，38.

张东红，马友华，管飞，等 . 2018. 基于 GPS 的农机作业面积与轨迹监测管理系统［J］. 地理空间信息，16（02）: 68–70，11.

张强，梁留锁 . 2016. 农业机械学 . 北京：化学工业出版社 .

张圣光 . 2014. 北斗卫星导航系统在农业机械化中的应用与发展前景［J］. 现代农业科技（04）: 184，189.

张伟宝. 2013. 关于的施肥机械技术性能的探讨［J］. 科技创业家（24）: 183.

周江，王昕，任丽丽 . 2015. 农产品加工原理及设备［M］. 北京：化学工业出版社 .

周晓明 . 2015. 地膜玉米高产栽培技术的调研与探究［J］. 中国农业信息（22）: 109–110.

朱春华 . 2013. 春玉米机械化播种技术要点［J］. 农业机械（12）: 90.

朱继平，袁栋 . 2012. 深松机械作业质量评价标准存在的问题及建议［J］. 农机质量与监督（01）: 30–31.